岩土工程可靠度设计：理论、方法及应用

李典庆　曹子君　等　著

U0249568

科学出版社

北京

内 容 简 介

岩土工程可靠度理论起源于 20 世纪 60 年代，历经半个多世纪的发展，岩土工程可靠度设计已被正式纳入国际标准，成为下一阶段岩土工程设计规范发展的重要方向。尽管如此，在工程实践中推行岩土工程可靠度设计仍存在一定的问题，主要包括可靠度设计方法不完善、设计判据不一致、设计规范难校准等难题。本书介绍作者及其研究团队在岩土工程可靠度设计理论、方法及应用方面取得的一系列成果，包括基于蒙特卡罗模拟的岩土工程全概率可靠度设计与高效更新方法、岩土工程确定性设计和可靠度设计安全判据的理论联系、岩土工程半概率极限状态设计规范校准方法等，相关成果能够为岩土工程可靠度理论发展与规范制定提供参考和借鉴。

本书可供水利工程、水电工程、岩土工程、结构工程和交通工程等相关专业的教师、研究人员、工程技术人员参考与阅读，也可作为高等院校和科研院所相关专业研究生的教学参考书。

图书在版编目（CIP）数据

岩土工程可靠度设计：理论、方法及应用 / 李典庆等著. -- 北京：
科学出版社, 2024. 11. -- ISBN 978-7-03-079728-5

I. TU4

中国国家版本馆 CIP 数据核字第 2024SB0311 号

责任编辑：何 念 张 湾/责任校对：高 嵘
责任印制：彭 超/封面设计：无极书装

科学出版社 出版

北京东黄城根北街 16 号
邮政编码：100717
http://www.sciencep.com

武汉精一佳印刷有限公司印刷
科学出版社发行 各地新华书店经销

*

开本：787×1092 1/16
2024 年 11 月第 一 版 印张：16 3/4
2024 年 11 月第一次印刷 字数：393 000
定价：228.00 元
（如有印装质量问题，我社负责调换）

我国经济高速发展，对各类基础设施（包括水利工程、交通工程、市政工程等）的安全建设和可靠运行提出了高要求与高标准。基础设施建设中涉及大量岩土工程结构物或构筑物，包括基础结构、支挡结构、库岸边坡、堤防、路基等。岩土工程结构物或构筑物通常具有隐蔽、认知程度低、施工难度大、服役环境恶劣等特点，是各类基础设施的薄弱环节，其变形与稳定性对保障各类基础设施的安全运行至关重要。

岩土工程结构物或构筑物的变形与稳定性受到诸多不确定性因素的影响，包括荷载不确定性、岩土体参数变异性和施工不确定性等。基于安全系数的确定性设计方法难以合理地考虑上述不确定性因素，导致设计结果的可靠度水平不明。基于可靠度理论的岩土工程设计方法为科学、定量地考虑岩土工程不确定性因素提供了一条有效途径。20世纪60年代A. Casagrande教授在第2届"太沙基讲座"中提出了岩土工程"计算风险"的概念，岩土工程可靠度理论开始形成。历经半个多世纪的发展，国际上多个国家和地区陆续发布了基于可靠度理论的岩土工程设计规范，如美国、加拿大、日本和欧洲等，国际标准化组织在2015年颁布了《结构可靠性的一般原则》（ISO 2394：2015），将岩土工程可靠度设计纳入附录D中，这成为岩土工程可靠度设计方法发展的里程碑。

尽管我国水利、港口、建筑、铁路和公路行业分别制定了统一的可靠度设计标准，但我国岩土工程设计规范中主要采用基于安全系数的确定性设计方法，如《水利水电工程边坡设计规范》（SL 386—2007）和《建筑边坡工程技术规范》（GB 50330—2013）等。陈祖煜院士在第9届"陈宗基讲座"中指出："岩土力学有其独有的理论体系和框架，在纳入可靠度分析理论体系和推进分项系数极限状态设计方法方面也有特殊的问题需要处理。"

为此，作者及其研究团队针对岩土工程可靠度设计理论、方法及应用等开展了深入研究，以岩土工程全概率可靠度设计方法研究为起点，以岩土工程设计安全判据理论研究为桥梁，以岩土工程半概率极限状态分项系数校准与规范标定应用研究为落脚点，取得了一系列创新成果。本书总结过去十余年作者及其研究团队在相关领域的研究成果，共分9章。第1章介绍岩土工程设计方法及可靠度设计规范的发展概况；第2章介绍基于蒙特卡罗模拟的全概率可靠度设计方法，包括扩展可靠度设计和基于可靠度理论的鲁棒性设计；第3章介绍基于子集模拟的全概率可靠度设计方法，阐述子集模拟方法和广义子集模拟方法的计算原理及其在全概率可靠度设计中的应用；第4章介绍变化条件下岩土工程可靠度设计更新方法，采用概率密度加权法高效计算不同设计条件下岩土工程结构的失效概率，实现可靠度设计高效更新；第5章提出岩土工程广义可靠指标相对安全率及其高效计算方法，突破可靠指标相对安全率在分布类型上的限制；第6章介绍确定性设计与可靠度设计安全判据的等价性充分条件，论述研究确定性设计和可靠度设计安全判据等价性的理论意义，为岩土工程设计规范向可靠度设计转轨提供理论依据；第

7 章介绍基于广义可靠指标相对安全率的目标可靠度校准方法及应用，为基于容许安全系数校准目标可靠度提供方法和流程；第 8 章介绍岩土工程可靠度设计点计算方法，提出基于蒙特卡罗模拟样本确定设计点的新方法，论述采用高效蒙特卡罗模拟方法识别设计点的必要性；第 9 章介绍岩土工程分项系数校准方法，探讨设计响应的相关性及鲁棒性设计对分项系数校准的影响。相关成果能够为岩土工程可靠度设计理论、方法和应用的发展提供参考与借鉴。

本书由李典庆、曹子君等著，其研究团队数位研究生参与了相关研究和撰写工作，主要包括彭兴、高国辉、周强三位博士。中国科学院陈祖煜院士、新加坡工程院方国光院士、香港城市大学王宇教授、新加坡南洋理工大学区兆驹教授、香港科技大学张利民教授、美国克莱姆森大学庄长贤教授、台湾大学卿建业教授等专家学者对相关研究提供了指导与帮助，在此表示衷心的感谢！此外，在本书编辑过程中林鑫、宋怀博、马晨哲给予了极大的帮助，对他们的认真付出表示感谢！本书参考引用了国内外其他学者的研究成果，在此向广大研究工作者和同仁一并表示感谢！

本书涵盖的相关研究得到了国家自然科学基金国家杰出青年科学基金项目"岩土力学与岩土工程"（51225903）、国家自然科学基金长江水科学研究联合基金重点项目"长江上游梯级水电站强震灾害链演化机制与风险防控研究"（U2240211）、国家自然科学基金面上项目"软土地区高铁路基工后沉降的不确定性分析理论与可靠度设计方法研究"（52278368）、国家自然科学基金面上项目"基于广义相对安全率的空间变异土坡稳定可靠度设计控制标准与方法"（51879205）的资助，在此表示衷心的感谢！

由于作者水平有限，书中疏漏和不足之处在所难免，恳请专家同仁批评指正！

李典庆 武汉大学
曹子君 西南交通大学
2024 年 6 月 5 日

目　录

第 1 章

岩土工程设计方法

1.1 引 言

岩土工程是力学、地学和工程学等交叉融合的学科，涵盖与土力学、岩石力学和工程地质学等学科分支相关的工程技术和内容。相比于土力学固结理论、地基承载力分析、边坡稳定性分析和地下洞室稳定性分析等研究，尽管岩土工程可靠度理论研究起步较晚，但对于保障岩土结构物（如坝基、边坡、地下洞室）的安全性和可靠性来说具有十分重要的意义。

岩土工程勘察设计主要包括场地勘察、分析计算和设计决策三个方面，如图 1.1.1 所示。首先，通过现场勘察了解地下岩土体的分布和性质，获取岩土体的空间分布特征，并通过现场试验和室内试验获取岩土体物理力学参数（如抗剪强度、压缩模量、含水率等）；其次，根据现场勘察获取的地层岩性和岩土体参数，计算地基承载力、土压力和变形沉降等响应，分析岩土工程结构物的安全性；最后，基于现场勘察和分析计算结果，依据规范中的设计判据（包括承载力和正常使用要求）确定合理的设计方案。

图 1.1.1 岩土工程勘察设计步骤

在岩土工程勘察设计过程中，不可避免地存在诸多不确定性因素（Gong et al.，2019；Wang et al.，2016；Phoon and Kulhawy，1999）。如图 1.1.2 所示，岩土工程不确定性主要包括物理不确定性和认知不确定性。第一类不确定性称为物理不确定性，指的是地质条件和岩土体参数的固有变异性。在结构工程设计中，混凝土、钢材等是人工材料，材质相对均匀，材料类型和性质可选、可控，计算分析的边界条件明确。不同于结构工程的材料，岩土体材料是经历了复杂地质作用形成的天然材料，其性质不可选、不可控，具有很强的空间变异性和场地依赖性。第二类不确定性称为认知不确定性，如统计不确定性、模型不确定性和测量误差等。在岩土工程试验和测试分析过程中，由于仪器精度、模型假设和信息不完备（有限数据）等原因，人们对岩土体地层分布、属性参数和变形破坏机理的认知不清，认知不确定性必然伴随着岩土工程勘察设计的全过程。

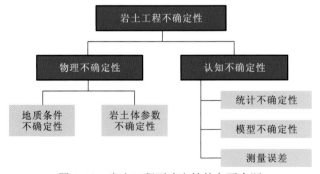

图 1.1.2 岩土工程不确定性的主要来源

目前，我国大部分岩土工程设计规范中仍然采用基于安全系数的设计方法，将特定的安全系数阈值（即容许安全系数）作为安全判据。例如，在水利水电工程中，正常使用工况下一级水工建筑物挡土墙的安全系数阈值为 1.35，其能够定性地考虑岩土工程设计过程中的不确定性因素，但是无法量化各种不确定性因素的影响，导致设计结果对应的可靠度水平不明。可靠度理论以概率论和统计学为基础，能够定量地考虑岩土工程设计中各类不确定性因素对岩土工程安全的影响，它能提供统一度量工程安全性和可靠性的标准（陈祖煜，2018）。

给定设计方案，采用可靠度理论计算对应的失效概率或可靠指标，评估结构的安全性和可靠性的过程称为可靠度分析；给定目标可靠度，根据设计工况确定满足目标可靠度的设计方案的过程称为可靠度设计。可靠度设计可视为可靠度分析的逆过程或可靠度反分析，能够定量地考虑岩土工程设计中的不确定性因素。近年来，岩土工程可靠度设计理论与方法发展迅速，已被多个国家和地区的岩土工程设计规范采纳。本章将介绍确定性设计和可靠度设计方法，并综述可靠度设计的关键要素，以及岩土工程可靠度设计规范的发展现状，为本书论述内容提供基础。

1.2　确定性设计

基于安全系数的确定性设计（safety factor-based design，SFBD）方法概念简单、使用方便，在岩土工程中广泛采用。岩土工程设计中的安全系数包括计算安全系数和容许安全系数。计算安全系数是在给定工况下通过计算分析得到的岩土工程结构安全系数，反映了设计方案对应的安全裕幅，受种种不确定性因素和各种假定的影响，计算安全系数不等于岩土工程的真实安全系数；容许安全系数是相关规范中规定的安全系数设计（最小）容许值。单一安全系数法通过预留一定的安全裕幅来考虑工程设计中包含的不确定性因素，包括荷载作用、材料性质、设计和施工不确定性等，此外，其还要满足经济、政治、社会和环境等要求。换言之，单一安全系数法考虑了设计过程中不可预估的因素与风险（李广信，2021），但是不能定量地考虑不确定性因素对岩土工程安全的影响。

单一安全系数法的基本思想是工程结构的抗力与荷载的比值不低于某一给定的安全系数。例如，在《水利水电工程结构可靠性设计统一标准》（GB 50199—2013）中，单一安全系数法的定义为"使结构或地基的抗力标准值与作用标准值的效应之比不低于某一规定的安全系数的设计方法"。确定性设计中安全系数的基本表达式为

$$FS = \frac{R_k}{Q_k} \geqslant FS_a \tag{1.2.1}$$

式中：FS 为工程结构（计算）安全系数；R_k 和 Q_k 分别为抗力和荷载标准值（或代表值）；FS_a 为规范中规定的容许安全系数。

单一安全系数法定性地考虑了与设计有关的不确定性因素，并采用容许安全系数控制设计安全裕幅。然而，安全系数是一个综合指标，难以定量地反映岩土工程结构物的

安全等级、工况及其他不确定性因素，即使满足容许安全系数的要求，仍无法合理地反映不同设计方案的可靠度水平。对于具有相同安全系数的设计方案，其可靠度水平可能存在较大差异（Low and Phoon，2015；张璐璐 等，2011）。

尽管确定性设计方法存在诸多局限性，但其计算简便且可操作性强，容易被广大设计人员所接受，因而国内岩土工程设计大多采用此类方法。我国《水利水电工程边坡设计规范》（SL 386—2007）、《铁路路基支挡结构设计规范》（TB 10025—2019）和《建筑地基基础设计规范》（GB 50007—2011）等国家标准和行业规范中主要采用的岩土工程确定性设计方法为单一安全系数法。

1.3 岩土可靠度设计

可靠度设计以概率论和统计学为基础，能够合理地定量考虑设计中各种不确定性因素的影响，定量反映工程结构的可靠性，是对确定性设计方法的有益补充。例如，美国国家工程院院士 Duncan（2000）写道：失效概率不能看成是安全系数的替代品，而是一种补充。同时计算安全系数和失效概率比单独计算任何一个更好。尽管难以准确地计算安全系数和失效概率，但是两者互补能够提高设计决策的有效性。近年来，岩土工程设计规范正逐渐向基于可靠度设计的方向发展，并在实际工程中得到了应用。可靠度设计方法主要包括两种：一种是基于概率论的极限状态设计方法，又称为半概率可靠度设计方法；另一种是直接采用可靠度分析方法，计算不同设计方案的可靠指标或失效概率，称为全概率可靠度设计方法。

半概率可靠度设计方法概念简单、使用方便，在岩土工程设计中得到了大部分国家和地区可靠度设计规范的推荐，如《美国州公路及运输协会荷载与抗力系数桥梁设计规范》（American Association of State Highway and Transportation Officials Load and Resistance Factor Design Bridge Design Specifications）（LRFDBDS-2017）、《加拿大公路桥梁设计规范》（Canadian Highway Bridge Design Code）(CSA S6-19)和日本《岩土结构设计规范》（Geotechnical Design Code 21）（JGS 4001-2010）等。相较于半概率可靠度设计方法，全概率可靠度设计方法能够解决可靠度设计方法在推广应用中存在的诸多难题，正逐渐从理论研究走向工程应用，如荷兰的防洪堤设计规范已允许采用全概率可靠度设计方法进行堤防设计。

1.3.1 半概率可靠度设计方法

半概率可靠度设计方法是一种简化的可靠度设计方法，设计过程与确定性设计方法类似，无须进行可靠度分析，其根据给定的目标可靠条件下标定的分项系数进行设计，又称为概率极限状态设计法。半概率可靠度设计方法主要包括分项安全系数法（Baikie，1985）、荷载抗力分项系数法（Paikowsky，2004）、多重抗力分项系数法（Phoon et al.，

2003）、鲁棒性荷载抗力分项系数法（Gong et al.，2016）、分位值法（Ching and Phoon，2011）等。

如图 1.3.1 所示，半概率可靠度设计方法主要包括四个关键内容：确定极限状态方程、选择目标可靠度、标定分项系数和确定极限状态设计表达式（魏永幸 等，2017）。基于所选定的目标可靠指标，采用可靠度分析方法标定分项系数，将原始的极限状态方程转化为由随机变量标准值和分项系数表示的极限状态设计表达式，理论上满足极限状态设计表达式的设计方案对应的可靠度水平为目标可靠度。半概率可靠度设计方法不需要对设计方案进行可靠度分析，设计流程与确定性设计方法类似，均采用试错法（Phoon and Retief，2016）。以荷载抗力分项系数法为例，首先选择候选设计方案，根据分项系数和随机变量标准值计算荷载与抗力设计值，判断设计方案是否满足设计要求：如果满足设计要求，则确定为最终设计方案；否则，重新选择设计方案，直至找到满足极限状态设计表达式的设计方案。

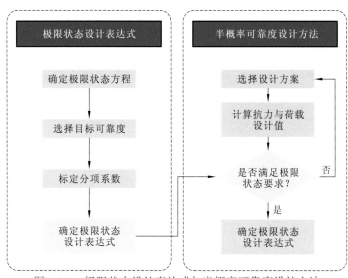

图 1.3.1　极限状态设计表达式与半概率可靠度设计方法

1.3.2　全概率可靠度设计方法

全概率可靠度设计方法能够定量地考虑影响设计过程的多种不确定性因素，具有普适性，其目的是在设计空间中寻找一种设计方案，使该设计方案的失效概率小于或等于目标失效概率，或者可靠指标大于或等于目标可靠指标［《结构可靠性的一般原则》（General Principles on Reliability for Structures）（ISO 2394: 2015）］。全概率可靠度设计方法首先采用可靠度分析方法计算不同设计方案的失效概率或可靠指标，然后根据目标失效概率或目标可靠指标识别可行设计方案，最后根据经济性准则确定最优设计方案（Wang et al.，2013）。

近年来，不少学者提出了基于近似解析方法、随机模拟方法和响应面法等不同可靠度分析方法的全概率可靠度设计方法。近似解析方法仅使用随机变量的低阶统计矩进行可靠度分析。例如，将功能函数在参数均值点处通过泰勒（Taylor）级数展开，并取一次项来近似功能函数，然后使用随机变量的前两阶矩计算可靠指标，该方法称为中心点法。中心点法仅使用了随机变量的低阶矩（均值和方差）信息，不能考虑随机变量分布类型的影响。Hasofer 和 Lind（1974）对中心点法进行了改进，在标准正态空间的设计验算点处展开功能函数并求解可靠指标，此方法称为验算点法。中心点法和验算点法通常假设随机变量服从正态分布，为了克服该局限性，Rackwitz 和 Fiessler（1978）将非正态随机变量当量正态化，要求在设计验算点处原随机变量与当量正态随机变量的概率密度函数值和累积分布函数值相等，提出了改进的验算点法。尽管近似解析方法计算简单并且在结构工程和岩土工程等领域应用广泛（张璐璐 等，2011；Baecher and Christian，2003），但其在功能函数非线性程度较高时难以保证求解精度，对高维和缺乏显式功能函数的可靠度问题适用性较差。

基于随机模拟的全概率可靠度设计方法能够较好地解决上述问题。其中，蒙特卡罗（Monte Carlo）模拟方法是最常用的随机模拟方法，该方法通过随机抽样求解工程结构的失效概率，并且其分析结果常作为"基准值"来检验其他可靠度分析方法的准确性（Cao et al.，2019a；苏永华 等，2013）。已有文献中基于蒙特卡罗模拟方法发展出了多种可靠度设计方法，如扩展可靠度设计方法（Wang et al.，2011）。尽管基于蒙特卡罗模拟的可靠度设计方法具有普适性，但其在解决高可靠度水平（小失效概率）问题时需要大量的抽样样本来保证求解的准确性和精度，导致计算量显著增加（Cao et al.，2019b）。通过重要性抽样方法、拉丁（Latin）超立方抽样方法和子集模拟方法等改进抽样策略能够有效地提高蒙特卡罗模拟方法的计算效率，降低失效概率的统计误差。Shinozuka（1983）提出了基于重要性抽样的可靠度分析方法；姬建等（2021）采用概率密度加权法改进了重要性抽样方法，使其适用于小概率岩土工程可靠度问题的分析，并直接获取多个随机参数设计点；吴振君等（2010）将拉丁超立方抽样方法应用于边坡可靠度分析，并验证了其高效性；Toufigh 和 Pahlavani（2018）基于拉丁超立方抽样方法评估了挡土墙稳定可靠度，并说明了其高效性。子集模拟方法（Cao et al.，2017；曹子君，2009；Au and Beck，2001）和广义子集模拟方法（杨智勇 等，2018；Li H S et al.，2015）将小失效概率计算问题转化为若干中间失效事件发生概率的计算问题，逐层逼近失效区，降低了模拟所需的样本数，显著提高了小失效概率问题的计算效率。Wang 和 Cao（2013）提出了基于子集模拟的扩展可靠度设计方法，并将其应用于考虑土体空间变异性的桩基设计问题。此外，Cao 等（2019a）采用概率密度加权法高效计算了不同工况下设计方案的失效概率，提高了变化条件下全概率可靠度设计的更新效率。可靠度设计中确定岩土体参数的统计分布是必要的前提条件，由于勘察数据有限，岩土体参数的统计不确定性不可避免，已有研究提出了基于双目标优化和可靠度理论的岩土工程鲁棒性设计方法，其同时考虑了设计的可靠性、经济性和鲁棒性（Gong et al.，2016；黄宏伟 等，2014；Juang and Wang，2013），为考虑统计不确定性条件下的岩土工程设计提供了有益的借鉴。

此外，响应面能够近似表达功能函数或极限状态方程，提高岩土工程可靠度分析和设计的计算效率（Li et al.，2016；李典庆 等，2010）。多项式响应面是最常用的响应面之一。苏永华等（2006）采用不含交叉项的二阶多项式响应面分析了边坡稳定可靠度问题；谭晓慧等（2005）提出在一次可靠度方法的验算点处拟合多项式响应面来提高响应面法的计算精度；李典庆等（2010）和 Li D Q 等（2015）提出了基于混沌多项式的随机响应面和多重随机响应面边坡稳定可靠度分析方法，提高了响应面法在高维、低失效概率下对边坡系统可靠度进行分析的计算精度和效率。响应面法的准确性和精度依赖于所分析的问题，为了降低响应面法的问题依赖性，Zhou 等（2021）提出了基于稀疏响应面的自适应方法，在可靠度分析过程中逐渐更新响应面，降低响应面法的问题依赖性，提高了基于响应面的可靠度分析方法的适用性。类似于响应面法，人工神经网络、支持向量机和高斯（Gauss）过程等机器学习方法近年来在岩土工程可靠度分析与设计中也被广泛用于构建代理模型（Kang et al.，2015；Samui et al.，2013；Luo et al.，2012）。

全概率可靠度设计方法在考虑岩土工程不确定性、设计鲁棒性等方面具有显著优势，但在设计过程中需要对不同设计方案进行可靠度分析，因此需要较完备的参数统计信息（如统计特征和概率分布）。然而，岩土工程师通常欠缺不确定性建模和可靠度分析等知识，导致全概率可靠度设计方法在工程应用中仍具有一定的挑战性（Cao et al.，2019a；Phoon and Retief，2016）。

1.4　可靠度设计的关键要素

可靠度设计的关键要素包括：目标可靠度、设计点（设计值）、标准值和分项系数。目标可靠度是判断设计方案是否满足可靠度设计要求的依据，确定目标可靠度是可靠度设计的前提；根据给定的目标可靠度标定分项系数通常需要先确定随机变量的设计点和标准值，其中设计点可以视为连接全概率可靠度设计与半概率可靠度设计的桥梁；标准值和分项系数用于计算不确定性参数或抗力的设计值。本节将分别介绍可靠度设计的上述四个关键要素。

1.4.1　目标可靠度

目标可靠度（或目标失效概率）代表了设计中预期达到的可靠度水平。确定目标可靠度通常需要综合考虑多种因素，包括失效后果（包括生命、经济损失等）、环境影响、公众对失效的预期、社会承受能力及降低风险所需费用（Holický et al.，2021；魏永幸 等，2017）。国际标准《结构可靠性的一般原则》（ISO 2394：2015）第 8.4 条规定：确定目标失效概率应综合考虑失效后果和性质、经济损失、社会影响、环境影响、自然资源的可持续利用，以及降低失效概率所需付出的代价（Phoon and Retief，2016）。《欧洲规范：岩土工程设计》（Eurocode 7：Geotechnical Design）（EN 1997：2004）根据生命和经济损失将失效后果划分为三类，并给出了每类后果的目标失效概率（Holický et al.，2021）。

我国规范中依据结构安全级别和破坏类型给出了目标可靠度建议值，如《水利水电工程结构可靠性设计统一标准》（GB 50199—2013）第 4.3.16 条给出了不同安全级别在承载能力极限状态下两种破坏类型的目标可靠度建议值。

受多种因素影响，确定目标可靠度的合理取值十分具有挑战性。目标可靠度确定方法包括经济分析法、风险类别法和经验校准法（魏永幸 等，2017；周建平 等，2015；杜效鹄和杨健，2010）。经济分析法和风险类别法考虑结构的建设与失效损失，通过类比其他风险事件来确定目标可靠度，其要求具有完善的基于概率论的设计体系。经验校准法概念简单、直观，便于执行，能够充分利用从确定性设计实践中积累的工程经验，要求得到与现行规范保持一致的可靠度水平的设计，是从确定性设计初步转为可靠度设计时常采用的目标可靠度确定方法。在铁路工程由确定性设计向可靠度设计转轨过程中，形成了"形式转轨"和"优化校准"两步走的工作思路（周诗广和张玉玲，2011）。"形式转轨"阶段采用经验校准法确定目标可靠度，形成平稳的设计框架，然后积累大量的经验并逐步完善设计框架，为"优化校准"奠定基础。基于上述思想，陈胜（2018）校准了高速铁路桩网复合地基正常使用极限状态的目标可靠度。铁路工程设计规范转轨过程中采用的目标可靠度校准思路为确定岩土工程可靠度设计安全判据提供了有益参考。

诸多学者研究了安全系数与可靠度之间的对应关系。骆飞等（2015）和章荣军等（2018）研究了不同条件下路基稳定安全系数与可靠度之间的对应关系；Yi 等（2015）对比了不同坝高和坡比条件下坝坡稳定安全系数与可靠度的对应关系；陈祖煜等（2012a）在安全系数服从正态分布和对数正态分布的条件下提出了相对安全率和相对安全率准则，并将其成功用于重力坝抗滑稳定（陈祖煜 等，2012b）、加筋土坡稳定（陈祖煜 等，2019，2016）、土石坝坝坡稳定（陈祖煜 等，2019）和重力式挡土墙稳定（陈祖煜 等，2018）等岩土工程安全判据的校准问题。

1.4.2　设计点

设计点在分项系数标定过程中具有重要作用。Freudenthal（1956）最早定义了设计点，并指明了其几何意义（设计点为多维独立标准正态空间中极限状态面上距坐标原点最近的点）和统计学意义（对于服从独立标准正态分布的随机变量，设计点为极限状态面上的最大似然点）。Shinozuka（1983）随后验证了设计点的统计学意义，并研究了随机变量服从相关正态分布和相关非正态分布时的情况，发现：如果随机变量服从正态分布，无论其相关与否，设计点总是极限状态面上的最大似然点；如果随机变量服从非正态分布，极限状态面上的最大似然点是设计点的近似值。Low（2017）、Low 和 Tang（2004，1997）基于扩展椭球体进一步解释了设计点的概念，指出设计点为概率密度等值线与极限状态面的首个接触点，位于失效区内概率密度值最大的等值线上。已有研究主要关注设计点的定义和几何意义，对其统计学意义关注较少，一般认为设计点无法从随机模拟样本中获取，该问题被视为基于随机模拟的全概率可靠度设计方法的局限性之一。Gao

等（2023）指出，充分利用设计点的统计学意义，能够根据随机模拟样本确定设计点，这样可以有效地克服上述局限性，为确定设计点提供有效途径。

1.4.3　标准值

在岩土工程设计中，确定岩土体参数或抗力的标准值是半概率可靠度设计方法中计算设计值的重要前提。在材料分项系数设计中，需要根据岩土体参数标准值和材料分项系数计算材料性质设计值；在抗力分项系数设计中，需要根据岩土体抗力（如桩基承载力）标准值和抗力分项系数计算抗力设计值（Orr，2017）。岩土体参数和抗力的选择问题引起了广泛的关注与研究（Hicks and Samy，2002），表 1.4.1 总结了不同国家和地区的规范对岩土体参数标准值的定义。尽管上述研究对岩土体参数和抗力标准值确定提供了有益参考，但在岩土工程实践中如何合理地确定岩土体参数和抗力标准值仍然存在争议，主要难点包括：

（1）岩土体为天然材料，空间变异性显著，勘察数据离散性较大；

（2）岩土工程勘察数据中通常包含测量误差，且一般为间接数据，需要通过转换模型估计相关设计参数，估计值不可避免地受到模型转换不确定性的影响；

（3）岩土体性质的不确定性（含变异性）因场地而异，具有场地依赖性；

（4）岩土工程勘察数据通常十分有限，基于有限数据难以准确估计岩土体参数和抗力的统计特征；

（5）岩土体抗力由设计响应影响区内岩土体性质的空间平均值控制，而非由某一点的性质控制，然而不同场地的设计响应影响区通常难以确定，从而难以定量考虑空间平均效应。

表 1.4.1　岩土体参数标准值的定义

来源	条款	描述
《欧洲规范：岩土工程设计》（Eurocode 7: Geotechnical Design）（EN 1997：2004）	2.4.5.2（4）P	岩土体参数标准值是极限状态影响区内的审慎估计值
	2.4.5.2（11）	采用统计学方法确定的标准值应使影响极限状态的较不利值的发生概率不超过 5%
《加拿大公路桥梁设计规范》（Canadian Highway Bridge Design Code）（CSA S6-19）	6.2	岩土体参数标准值是荷载影响区范围内某个地层岩土体参数平均值的审慎估计值
《加拿大基础工程手册》（Canadian Foundation Engineering Manual）（CGS 2006）		岩土工程师通常选择平均值或略小于平均值的参数值作为岩土体参数标准值
《澳大利亚桥梁设计规范》（Australian Standard: Bridge Design）（AS 5100）		岩土体参数标准值应采用该参数的保守估计值
《美国州公路及运输协会荷载与抗力系数桥梁设计规范》（American Association of State Highway and Transportation Officials Load and Resistance Factor Design Bridge Design Specifications）（LRFDBDS-2017）	C10.4.6.1	对于承载力极限状态，校准中将相关室内试验数据、现场测试数据或两者平均值作为参数估计值，但是难以合理地估计设计所需参数平均值。在这种情况下，工程师只能选择相对保守的参数值，以减小潜在不确定性或数据匮乏导致的额外风险

续表

来源	条款	描述
中国《岩土工程勘察规范》（GB 50021—2001）	2.1.13	岩土体参数的基本代表值，通常取概率分布的 5% 分位值

注：一般而言，具有 95%单侧置信度的参数平均值可以作为参数平均值的审慎估计值；当局部失效发生时，可将参数概率分布的 5%分位值作为审慎估计值。

在数据有限条件下，工程师需要基于工程判断和经验确定标准值，所选标准值具有主观性。在给定一组勘察或现场测试数据的条件下，不同工程师确定的标准值可能存在显著差异（Orr，2017；Bond and Harris，2008），该差异可归因于试验差异、设计保守度和认知偏差（Cao et al.，2016；Vick，2002）。在国际土力学与岩土工程学会风险评估与管理工程实践专业委员会（TC304）关于岩土体参数和抗力标准值的技术咨询报告中，Cao 等（2021）系统地讨论了岩土工程设计中标准值的取值方法，并对比了包括我国《岩土工程勘察规范》（GB 50021—2001）推荐方法等在内的 25 种岩土体参数标准值计算方法。

1.4.4 分项系数

在给定目标可靠度的条件下，半概率可靠度设计方法采用简化的可靠度分析方法或随机模拟方法标定分项系数（包括抗力分项系数或材料分项系数），并采用分项系数进行可靠度设计，无须进行可靠度分析。简化的可靠度分析方法（如一次二阶矩法）适用于荷载效应和抗力（或不确定性参数）服从正态分布或近似正态分布的标定工况，能够建立荷载分项系数、抗力分项系数与目标可靠度的解析表达式，根据预设的荷载分项系数确定抗力分项系数。例如，Paikowsky（2004）采用一次二阶矩法校准了桩基抗力分项系数；Dithinde 和 Retief（2015）对比了不同可靠度分析方法校准的桩基设计分项系数；Lin 和 Bathurst（2019）采用简化的可靠度分析方法校准了土钉墙荷载分项系数和抗力分项系数。

通过随机模拟方法标定分项系数的方法主要包括试错法和设计点法。试错法通过不断调整预设的分项系数，得到多个包含分项系数的极限状态设计表达式及其对应的设计方案，采用随机模拟方法计算不同设计方案的失效概率，直到根据分项系数确定的设计方案满足目标可靠度要求为止；设计点法采用随机模拟方法获取随机变量的验算点，进而根据标准值计算分项系数。例如，Roberts 和 Misra（2009）采用蒙特卡罗模拟方法校准了考虑不均匀沉降的桩基正常使用极限状态分项系数；郑俊杰等（2012）对比了采用中心点法、验算点法和蒙特卡罗模拟方法校准的打入桩抗力分项系数，给出了打入桩抗力分项系数建议值；Ching 和 Phoon（2011）采用分位值校准分项系数，并与基于设计点的校准方法进行了比较；Fenton 等（2015）利用蒙特卡罗模拟方法校准了考虑空间变异性的桩基设计分项系数；Takenobu 等（2019）基于蒙特卡罗模拟方法识别的设计点，标定了重力式码头抗倾覆和抗滑稳定分项系数；Gao 等（2019）基于广义子集模拟方法产生的大量失效样本近似求解设计点，计算了挡土墙抗倾覆和抗滑稳定分项系数。此外，相对安全率和相对安全率准则也被用于分项系数校准。陈祖煜等（2012a，2012b）基于相对安全率准则探讨了重力坝坝基抗剪强度参数分项系数的取值，并验证了校准结果的有效性。

1.5　岩土工程可靠度设计规范发展概况

随着可靠度与风险控制理论的发展，世界各国和多个地区的岩土工程设计规范已经或正在由确定性设计向可靠度设计转轨。图 1.5.1 汇总了国内外可靠度设计规范发展概况，灰色部分为已废止的规范，其中国外可靠度设计规范的具体名称见表 1.5.1。《结构

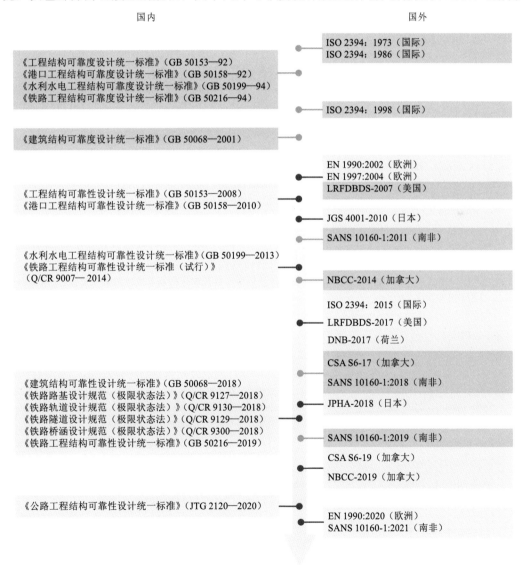

图 1.5.1　国内外可靠度设计规范发展概况

表 1.5.1　国外可靠度设计规范全称

规范简称	规范全称
ISO 2394：1973（国际）	《结构安全验证的一般原则》（General Principles for the Verification of the Safety of Structures）（ISO 2394：1973）
ISO 2394：1986（国际）	《结构可靠性的一般原则》（General Principles on Reliability for Structures）（ISO 2394：1986）
ISO 2394：1998（国际）	《结构可靠性的一般原则》（General Principles on Reliability for Structures）（ISO 2394：1998）
EN 1990：2002（欧洲）	《欧洲规范：结构设计准则》（Eurocode：Basis of Structural Design）（EN 1990：2002）
EN 1997：2004（欧洲）	《欧洲规范：岩土工程设计》（Eurocode 7：Geotechnical Design）（EN 1997：2004）
LRFDBDS-2007（美国）	《美国州公路及运输协会荷载与抗力系数桥梁设计规范》（American Association of State Highway and Transportation Officials Load and Resistance Factor Design Bridge Design Specifications）（LRFDBDS-2007）
JGS 4001-2010（日本）	《岩土结构设计规范》（Geotechnical Design Code 21）（JGS 4001-2010）
SANS 10160-1：2011（南非）	《建筑和工业结构的结构设计基础和作用　第 1 部分：结构设计基础》（Basis of Structural Design and Actions for Buildings and Industrial Structures Part 1：Basis of Structural Design）（SANS 10160-1：2011）
NBCC-2014（加拿大）	《加拿大国家建筑规范 2014》（National Building Code of Canada 2014）（NBCC-2014）
ISO 2394：2015（国际）	《结构可靠性的一般原则》（General Principles on Reliability for Structures）（ISO 2394：2015）
LRFDBDS-2017（美国）	《美国州公路及运输协会荷载与抗力系数桥梁设计规范》（American Association of State Highway and Transportation Officials Load and Resistance Factor Design Bridge Design Specifications）（LRFDBDS-2017）
DNB-2017（荷兰）	《荷兰防洪标准》（Dutch Flood Protection Standards）（DNB-2017）
CSA S6-17（加拿大）	《加拿大公路桥梁设计规范》（Canadian Highway Bridge Design Code）（CSA S6-17）
SANS 10160-1：2018（南非）	《建筑和工业结构的结构设计基础和作用　第 1 部分：结构设计基础》（Basis of Structural Design and Actions for Buildings and Industrial Structures Part 1: Basis of Structural Design）（SANS 10160-1：2018）
JPHA-2018（日本）	《日本抗震设计标准》（Japanese Standards for Seismic Design）（JPHA-2018）
SANS 10160-1：2019（南非）	《建筑和工业结构的结构设计基础和作用　第 1 部分：结构设计基础》（Basis of Structural Design and Actions for Buildings and Industrial Structures Part 1：Basis of Structural Design）（SANS 10160-1：2019）
CSA S6-19（加拿大）	《加拿大公路桥梁设计规范》（Canadian Highway Bridge Design Code）（CSA S6-19）
NBCC-2019（加拿大）	《加拿大国家建筑规范 2019》（National Building Code of Canada 2019）（NBCC-2019）

续表

规范简称	规范全称
EN 1990：2020（欧洲）	《结构与岩土工程设计基础》（Basis of Structural and Geotechnical Design）（EN 1990：2020）
SANS 10160-1：2021（南非）	《建筑和工业结构的结构设计基础和作用　第 1 部分：结构设计基础》（Basis of Structural Design and Actions for Buildings and Industrial Structures Part 1：Basis of Structural Design）（SANS 10160-1：2021）

安全验证的一般原则》（ISO 2394：1973）颁布于 1973 年，历经 4 次修订，2015 年颁布了《结构可靠性的一般原则》（ISO 2394：2015），将岩土工程可靠度设计正式纳入国际标准。该规范是结构工程和岩土工程可靠度设计规范的引领性文件，对各国和各地区制定可靠度设计规范具有指导性作用。美国、欧洲、日本、南非等陆续颁布了岩土工程可靠度设计规范及修订版本。

我国可靠度设计的发展起步于 20 世纪 90 年代，1992 年颁布了《工程结构可靠度设计统一标准》（GB 50153—92）。在此基础上，不同行业陆续颁布了相应的可靠度设计统一标准，包括《港口工程结构可靠度设计统一标准》（GB 50158—92）、《水利水电工程结构可靠度设计统一标准》（GB 50199—94）、《铁路工程结构可靠度设计统一标准》（GB 50216—94）和《建筑结构可靠度设计统一标准》（GB 50068—2001）。为了适应行业发展，2000 年后我国对上述标准进行修编形成了现行标准，包括《工程结构可靠性设计统一标准》（GB 50153—2008）、《港口工程结构可靠性设计统一标准》（GB 50158—2010）、《水利水电工程结构可靠性设计统一标准》（GB 50199—2013）、《铁路工程结构可靠性设计统一标准（试行）》（Q/CR 9007—2014）等。近年来，由于高铁走出国门的需求不断增强，铁路行业率先完成了设计规范的"形式转轨"。在《铁路工程结构可靠性设计统一标准（试行）》（Q/CR 9007—2014）的基础上，中国国家铁路集团有限公司先后颁布了一系列与国际接轨的铁路设计规范，包括《铁路路基设计规范（极限状态法）》（Q/CR 9127—2018）、《铁路轨道设计规范（极限状态法）》（Q/CR 9130—2018）、《铁路隧道设计规范（极限状态法）》（Q/CR 9129—2018）、《铁路桥涵设计规范（极限状态法）》（Q/CR 9300—2018）等。

综上所述，相比于国外，我国岩土工程可靠度设计规范的发展相对落后，目前正处于规范转轨的探索时期，亟须开展岩土工程可靠度设计规范制定的相关研究。

1.6　本书主要内容

第 1 章介绍岩土工程设计理论和方法，包括确定性设计方法和可靠度设计方法。尽管确定性设计方法具有概念简单、便于使用的优点，但是难以定量地考虑设计中的诸多不确定性因素，无法定量反映工程结构的可靠性。相对而言，包括全概率可靠度设计方法和半概率可靠度设计方法在内的可靠度设计方法能够定量地考虑岩土工程不确定性。因此，近年来，世界各国的岩土工程设计规范逐渐由确定性设计向可靠度设计转轨。

然而，岩土工程可靠度设计在理论、方法和应用方面仍存在一系列挑战性问题，包括：如何高效、准确、便捷地开展岩土工程可靠度设计；如何由确定性设计向可靠度设计平稳转轨，实现可靠性的有效控制；如何合理地标定极限状态设计分项系数；等等。本书系统地总结了近年来作者在相关方面的研究工作。

第 2 章介绍基于蒙特卡罗模拟的全概率可靠度设计方法，概述了蒙特卡罗模拟方法的原理、基于蒙特卡罗模拟的扩展可靠度设计方法和基于可靠度理论的鲁棒性设计方法，并通过算例说明了基于蒙特卡罗模拟的全概率可靠度设计方法的流程。

第 3 章介绍基于子集模拟的全概率可靠度设计方法，描述了子集模拟方法和广义子集模拟方法的计算原理及其在全概率可靠度设计中的应用，显著地提高了基于蒙特卡罗模拟的全概率可靠度设计方法的计算效率。

第 4 章介绍变化条件下的岩土工程可靠度设计更新方法，该方法采用概率密度加权法高效计算不同设计条件下岩土工程结构设计方案的失效概率，实现了可靠度设计的高效更新，为可靠度设计变更提供了一条有效途径。

第 5 章介绍广义可靠指标相对安全率及其高效计算方法，提出了基于累积分布函数的广义可靠指标相对安全率，并从理论上证明了相对安全率准则的有效性，拓宽了相对安全率和相对安全率准则的应用范围。

第 6 章介绍确定性设计与可靠度设计安全判据的等价性充分条件，阐述了研究确定性设计和可靠度设计安全判据等价的必要性，描述了所提充分条件的含义及其验证方法，为实现由确定性设计向可靠度设计平稳转轨提供了理论依据。

第 7 章介绍基于广义可靠指标相对安全率的目标可靠度校准方法及应用，描述了在满足所提充分条件（第 6 章）的前提下根据确定性设计规范中的容许安全系数确定目标可靠度的校准流程，并将其应用于土质边坡和土石坝坝坡稳定设计。

第 8 章介绍岩土工程可靠度设计点计算方法，系统地梳理了设计点的概念（包括经典定义、扩展椭球体定义和最可能失效点），发展了基于蒙特卡罗模拟方法的随机样本确定设计点的计算方法，为在概率极限状态设计中标定分项系数提供了支撑。

第 9 章介绍岩土工程分项系数校准方法，包括基于一次二阶矩的分项系数校准方法、基于设计点的分项系数校准方法和基于鲁棒性的分项系数校准方法三种方法，并探讨了设计响应的相关性对分项系数校准的影响。

参 考 文 献

曹子君, 2009. 子集模拟在边坡可靠性分析中的应用[D]. 成都: 西南交通大学.

陈胜, 2018. 高速铁路桩网复合地基正常使用极限状态可靠度研究[D]. 武汉: 中国地质大学(武汉).

陈祖煜, 2018. 建立在相对安全率准则基础上的岩土工程可靠度分析与安全判据[J]. 岩石力学与工程学报, 37(3): 521-544.

陈祖煜, 黎康平, 李旭, 等, 2018. 重力式挡土墙抗滑稳定容许安全系数取值标准初探[J]. 岩土力学,

39(1): 1-10.

陈祖煜, 徐佳成, 陈立宏, 等, 2012b. 重力坝抗滑稳定可靠度分析: (二)强度指标和分项系数的合理取值研究[J]. 水力发电学报, 31(3): 160-167.

陈祖煜, 徐佳成, 孙平, 等, 2012a. 重力坝抗滑稳定可靠度分析: (一)相对安全率方法[J]. 水力发电学报, 31(3): 148-159.

陈祖煜, 姚栓喜, 陆希, 等, 2019. 特高土石坝坝坡抗滑稳定安全判据和标准研究[J]. 水利学报, 50(1): 12-24.

陈祖煜, 章吟秋, 宗露丹, 等, 2016. 加筋土边坡稳定分析安全判据和标准研究[J]. 中国公路学报, 29(9): 1-12.

杜效鹄, 杨健, 2010. 我国水电站大坝溃坝生命风险标准讨论[J]. 水力发电, 36(5): 68-70, 94.

黄宏伟, 龚文平, 庄长贤, 等, 2014. 重力式挡土墙鲁棒性设计[J]. 同济大学学报(自然科学版), 42(3): 377-385.

姬建, 王乐沛, 廖文旺, 等, 2021. 基于 WUS 概率密度权重法的边坡稳定系统可靠度分析[J]. 岩土工程学报, 43(8): 1492-1501.

李典庆, 周创兵, 陈益峰, 等, 2010. 边坡可靠度分析的随机响应面法及程序实现[J]. 岩石力学与工程学报, 29(8): 1513-1523.

李广信, 2021. 岩土工程安全系数法稳定分析中的荷载与抗力[J]. 岩土工程学报, 43(5): 918-925.

骆飞, 罗强, 蒋良潍, 等, 2015. 土体抗剪强度指标变异水平对边坡稳定安全系数取值的影响[J]. 土木建筑与环境工程, 37(4): 77-83.

苏永华, 罗正东, 杨红波, 等, 2013. 基于响应面法的边坡稳定逆可靠度设计分析方法[J]. 水利学报, 44(7): 764-771.

苏永华, 赵明华, 蒋德松, 等, 2006. 响应面方法在边坡稳定可靠度分析中的应用[J]. 岩石力学与工程学报, 25(7): 1417-1424.

谭晓慧, 王建国, 刘新荣, 2005. 改进的响应面法及其在可靠度分析中的应用[J]. 岩石力学与工程学报, 24(S2): 5874-5879.

魏永幸, 罗一农, 刘昌清, 2017. 支挡结构设计的可靠性[M]. 北京: 人民交通出版社.

吴振君, 王水林, 葛修润, 2010. LHS 方法在边坡可靠度分析中的应用[J]. 岩土力学, 31(4): 1047-1054.

杨智勇, 李典庆, 曹子君, 等, 2018. 基于广义子集模拟的土坡系统可靠度分析[J]. 岩土力学, 39(3): 957-966, 984.

张璐璐, 张洁, 徐耀, 等, 2011. 岩土工程可靠度理论[M]. 上海: 同济大学出版社.

章荣军, 于同生, 郑俊杰, 2018. 材料参数空间变异性对水泥固化淤泥填筑路堤稳定性影响研究[J]. 岩土工程学报, 40(11): 2078-2086.

郑俊杰, 徐志军, 刘勇, 等, 2012. 基桩抗力系数的贝叶斯优化估计[J]. 岩土工程学报, 34(9): 1716-1721.

周建平, 王浩, 陈祖煜, 等, 2015. 特高坝及其梯级水库群设计安全标准研究 I: 理论基础和等级标准[J]. 水利学报, 46(5): 505-514.

周诗广, 张玉玲, 2011. 我国铁路工程结构设计方法转轨的认识与思考[J]. 铁道经济研究(3): 27-32.

AU S K, BECK J L, 2001. Estimation of small failure probabilities in high dimensions by subset simulation[J]. Probabilistic engineering mechanics, 16(4): 263-277.

BAECHER G B, CHRISTIAN J T, 2003. Reliability and statistics in geotechnical engineering[M]. Hoboken: John Wiley & Sons.

BAIKIE L D, 1985. Total and partial factors of safety in geotechnical engineering[J]. Canadian geotechnical journal, 22(4): 477-482.

BOND A, HARRIS A, 2008. Decoding Eurocode 7[M]. London: Taylor & Francis.

CAO Z J, CHING J, GAO G H, et al., 2021. Determining characteristic values of geotechnical parameters and resistance: An overview[R]//CHING J, SCHWECKENDIEK T. State-of-the-art review of inherent variability and uncertainty in geotechnical properties and models. London: Engineering Practice of Risk Assessment and Management: 181-203.

CAO Z J, GAO G H, LI D Q, et al., 2019b. Values of Monte Carlo samples for geotechnical reliability-based design[C]//7th International Symposium on Geotechnical Safety and Risk. Singapore City: Research Publishing: 11-13.

CAO Z J, PENG X, LI D Q, et al., 2019a. Full probabilistic geotechnical design under various design scenarios using direct Monte Carlo simulation and sample reweighting[J]. Engineering geology, 248: 207-219.

CAO Z J, WANG Y, LI D Q, 2016. Quantification of prior knowledge in geotechnical site characterization[J]. Engineering geology, 203: 107-116.

CAO Z J, WANG Y, LI D Q, 2017. Practical reliability analysis of slope stability by advanced Monte Carlo simulations in a spreadsheet[M]. Berlin: Springer.

CHING J, PHOON K K, 2011. A quantile-based approach for calibrating reliability-based partial factors[J]. Structural safety, 33(4/5): 275-285.

DITHINDE M, RETIEF J, 2015. Comparison of methods for reliability calibration of partial resistance factors for pile foundations[C]//5th International Symposium on Geotechnical Safety and Risk. Amsterdam: IOS Press: 470-475.

DUNCAN J M, 2000. Factors of safety and reliability in geotechnical engineering[J]. Journal of geotechnical and geoenvironmental engineering, 126(4):307-316.

FENTON G A, NAGHIBI F, DUNDAS D, et al., 2015. Reliability-based geotechnical design in 2014 Canadian highway bridge design code[J]. Canadian geotechnical journal, 53(2): 236-251.

FREUDENTHAL A M, 1956. Safety and the probability of structural failure[J]. Transactions of the American society of civil engineers, 121(1): 1337-1397.

GAO G H, LI D Q, CAO Z J, 2023. Identification of the design point based on Monte Carlo simulation[J]. Computers and geotechnics, 159: 105438.

GAO G H, LI D Q, CAO Z J, et al., 2019. Full probabilistic design of earth retaining structures using generalized subset simulation[J]. Computers and geotechnics, 112: 159-172.

GONG W P, JUANG C H, KHOSHNEVISAN S, et al., 2016. R-LRFD: Load and resistance factor design considering robustness[J]. Computers and geotechnics, 74: 74-87.

GONG W P, TANG H M, WANG H, et al., 2019. Probabilistic analysis and design of stabilizing piles in slope considering stratigraphic uncertainty[J]. Engineering geology, 259: 105162.

HASOFER A M, LIND N C, 1974. An exact and invariant first-order reliability format[J]. Journal of engineering mechanics, 100(1): 111-121.

HICKS M A, SAMY K, 2002. Influence of heterogeneity on undrained clay slope stability[J]. Quarterly journal of engineering geology and hydrogeology, 35(1): 41-49.

HOLICKÝ M, RETIEF J V, VILJOEN C, 2021. Reliability basis for assessment of existing building structures with reference to sans 10160[J]. South African institution of civil engineering, 63(1): 2-10.

JUANG C H, WANG L, 2013. Reliability-based robust geotechnical design of spread foundations using multi-objective genetic algorithm[J]. Computers and geotechnics, 48: 96-106.

KANG F, HAN S X, SALGADO R, et al., 2015. System probabilistic stability analysis of soil slopes using Gaussian process regression with Latin hypercube sampling[J]. Computers and geotechnics, 63: 13-25.

LI D Q, JIANG S H, CAO Z J, et al., 2015. A multiple response-surface method for slope reliability analysis considering spatial variability of soil properties[J]. Engineering geology, 187: 60-72.

LI D Q, ZHENG D, CAO Z J, et al., 2016. Response surface methods for slope reliability analysis: Review and comparison[J]. Engineering geology, 203: 3-14.

LI H S, MA Y Z, CAO Z J, 2015. A generalized subset simulation approach for estimating small failure probabilities of multiple stochastic responses[J]. Computers and structures, 153: 239-251.

LIN P Y, BATHURST R J, 2019. Calibration of resistance factors for load and resistance factor design of internal limit states of soil nail walls[J]. Journal of geotechnical and geoenvironmental engineering, 145(1): 04018100.

LOW B K, 2017. Insights from reliability-based design to complement load and resistance factor design approach[J]. Journal of geotechnical and geoenvironmental engineering, 143(11): 04017089.

LOW B K, PHOON K K, 2015. Reliability-based design and its complementary role to Eurocode 7 design approach[J]. Computers and geotechnics, 65: 30-44.

LOW B K, TANG W H, 1997. Efficient reliability evaluation using spreadsheet[J]. Journal of engineering mechanics, 123(7): 749-752.

LOW B K, TANG W H, 2004. Reliability analysis using object-oriented constrained optimization[J]. Structural safety, 26(1): 69-89.

LUO X F, LI X, ZHOU J, et al., 2012. A Kriging-based hybrid optimization algorithm for slope reliability analysis[J]. Structural safety, 34(1): 401-406.

ORR T L L, 2017. Defining and selecting characteristic values of geotechnical parameters for designs to Eurocode 7[J]. Georisk: Assessment and management of risk for engineered systems and geohazards, 11(1): 103-115.

PAIKOWSKY S G, 2004. Load and resistance factor design (LRFD) for deep foundations[R]. Washington, D. C.: Transportation Research Board of the National Academies.

PHOON K K, KULHAWY F H, 1999. Characterization of geotechnical variability[J]. Canadian geotechnical journal, 36(4): 612-624.

PHOON K K, RETIEF J V, 2016. Reliability of geotechnical structures in ISO 2394[M]. Boca Raton: CRC Press.

PHOON K K, KULHAWY F H, GRIGORIU M D, 2003. Multiple resistance factor design for shallow transmission line structure foundations[J]. Journal of geotechnical and geoenvironmental engineering, 129(9): 807-818.

RACKWITZ R, FIESSLER B, 1978. Structural reliability under combined random load sequences[J]. Computers and structures, 9(5): 489-494.

ROBERTS L A, MISRA A, 2009. Reliability-based design of deep foundations based on differential settlement criterion[J]. Canadian geotechnical journal, 46(2): 168-176.

SAMUI P, LANSIVAARA T, BHATT M R, 2013. Least square support vector machine applied to slope reliability analysis[J]. Geotechnical and geological engineering, 31(4): 1329-1334.

SHINOZUKA M, 1983. Basic analysis of structural safety[J]. Journal of structural engineering, 109(3): 721-740.

TAKENOBU M, MIYATA M, OTAKE Y, et al., 2019. A basic study on the application of LRFD in 'the technical standard for port and harbour facilities in Japan': A case of gravity type quay wall in a persistent design situation[J]. Georisk: Assessment and management of risk for engineered systems and geohazards, 13(3): 195-204.

TOUFIGH V, PAHLAVANI H, 2018. Probabilistic-based analysis of MSE walls using the Latin hypercube sampling method[J]. International journal of geomechanics, 18(9): 04018109.

VICK S G, 2002. Degrees of belief: Subjective probability and engineering judgment[M]. Virginia: ASCE Press.

WANG L, HWANG J H, JUANG C H, et al., 2013. Reliability-based design of rock slopes: A new perspective on design robustness[J]. Engineering geology, 154: 56-63.

WANG Y, CAO Z J, 2013. Expanded reliability-based design of piles in spatially variable soil using efficient Monte Carlo simulations[J]. Soils and foundations, 53(6): 820-834.

WANG Y, AU S K, KULHAWY F H, 2011. Expanded reliability-based design approach for drilled shafts[J]. Journal of geotechnical and geoenvironmental engineering, 137(2): 140-149.

WANG Y, CAO Z J, LI D Q, 2016. Bayesian perspective on geotechnical variability and site characterization[J]. Engineering geology, 203: 117-125.

YI P, LIU J, XU C L, 2015. Reliability analysis of high rockfill dam stability[J]. Mathematical problems in engineering, 2015(16): 512648.

ZHOU Z, LI D Q, XIAO T, et al., 2021. Response surface guided adaptive slope reliability analysis in spatially varying soils[J]. Computers and geotechnics, 132: 103966.

第 2 章

基于蒙特卡罗模拟的全概率
可靠度设计方法

2.1 引　言

早期的岩土工程设计完全根据经验，缺乏理性认识。随着土力学的发展及更多合理的稳定分析方法的提出，岩土工程设计方法逐渐变为容许应力设计（allowable stress design，ASD）方法。20 世纪末，为了与结构设计使用相同的方法从而获得一致的设计安全水平，岩土工程领域仿照结构领域开始了从 ASD 到可靠度设计的转换。

ASD 方法又称工作应力设计方法，其基本原理是确保作用于结构上的荷载产生的应力小于规定的容许应力。通常情况下，采用安全系数 FS（即抗力与荷载的比值）来反映保证应力不超过容许应力的水平，即 ASD 方法通过安全系数来考虑与设计有关的所有不确定性因素，将安全系数作为衡量工程安全水平的指标。虽然安全系数概念简单且简便易用，但在实际工程问题中，单一的安全系数并不能为结构的安全水平提供统一的度量标准（Cao et al.，2016；Fenton et al.，2015；李典庆 等，2010；El-Ramly et al.，2002；Duncan，2000）。为了在设计上做到安全适用、经济合理，工程结构设计宜采用以概率论或可靠度理论为基础的极限状态设计方法，用失效概率或可靠指标代替安全系数，从而更合理地评价结构的安全程度。

根据《工程结构可靠性设计统一标准》（GB 50153—2008）的定义，整个结构或构件超过某一特定状态，就不能满足设计规定的某一功能要求，此特定状态即该功能的极限状态。极限状态一般分为承载能力极限状态和正常使用极限状态两种。承载能力极限状态对应于结构或构件的承载力达到最大，或者变形过大不适于继续承载的状态。正常使用极限状态指的是在正常的工作荷载条件下，结构或构件的功能和使用受到影响的状态。通常认为，正常使用极限状态的出现概率要高于承载能力极限状态，主要是因为它出现在较低的荷载条件下（Duncan et al.，1989）。大多数常规设计都是基于特定的正常使用极限状态进行设计之后再进一步校核承载能力极限状态，但在桩基础的设计中，承载能力极限状态经常成为控制或关键极限状态（Baecher and Christian，2003；Becker，1996）。

ASD 方法没有明确交代针对何种极限状态进行设计，而极限状态设计方法能够明确区分这两种极限状态。但需要指出的是，这两种方法的区别不在于极限状态的定义和确定，而在于极限状态设计方法使用失效概率或可靠指标来衡量安全水平，能够考虑荷载与抗力的不确定性（张璐璐 等，2011；Baecher and Christian，2003）。值得说明的是，极限状态设计方法与 ASD 方法互为补充，极限状态设计方法并不是一种全新的设计方法，只是它更清楚地表达了一些被广泛接受的设计原则（包承纲，1989；Mortensen，1983）。

根据《工程结构可靠性设计统一标准》（GB 50153—2008），结构在规定时间和条件下完成预定功能的能力即结构的可靠性。结构在规定时间和条件下完成预定功能的概率，称为结构可靠度，不能完成预定功能的概率为失效概率 P_f。

结构按照极限状态进行设计应满足式（2.1.1）的要求：

$$G = g(\boldsymbol{X}) = g(X_1, X_2, \cdots, X_n) \geqslant 0 \tag{2.1.1}$$

式中：G 为结构功能函数；$\boldsymbol{X} = (X_1, X_2, \cdots, X_n)^{\mathrm{T}}$ 为基本随机变量。

当仅考虑抗力 R 和荷载 Q 这两个综合变量时，结构按照极限状态进行设计应满足式（2.1.2）的要求：

$$G = g(R,Q) = R - Q \geqslant 0 \tag{2.1.2}$$

根据失效概率的定义，其可由数值积分方法计算如下：

$$P_{\mathrm{f}} = \int \cdots \int_{G<0} f(X_1, X_2, \cdots, X_n)\,\mathrm{d}X_1\,\mathrm{d}X_2 \cdots \mathrm{d}X_n \tag{2.1.3}$$

或

$$P_{\mathrm{f}} = \int \cdots \int_{G<0} f(R,Q)\,\mathrm{d}R\,\mathrm{d}Q \tag{2.1.4}$$

式中：$f(X_1, X_2, \cdots, X_n)$ 为 $\boldsymbol{X}$ 的联合概率密度函数；$f(R,Q)$ 为 R 和 Q 的联合概率密度函数。

除了失效概率 P_{f}，岩土工程还采用可靠指标 β 来表示结构可靠度，且 β 与 P_{f} 常具有以下函数关系（Ang and Tang，2007）：

$$P_{\mathrm{f}} = \varPhi(-\beta) \tag{2.1.5}$$

式中：$\varPhi(\cdot)$ 为标准正态累积分布函数。

当结构的失效概率 P_{f} 低于指定的目标失效概率 P_{T}（或可靠指标 β 高于目标可靠指标 β_{T}）时，满足可靠度要求。目标失效概率 P_{T} 或目标可靠指标 β_{T} 的大小一般取决于失效的后果与性质、经济损失、对社会和环境的影响，以及降低失效概率所需的费用和投入（International Organization for Standardization，2015）。表 2.1.1 总结了美国陆军工程师兵团采用的可靠指标和失效概率及其相应的期望功能等级（U.S. Army Corps of Engineers，1997）。大多数岩土工程结构的可靠指标介于 1 和 4 之间，对应的失效概率介于 0.003% 和 16% 之间（Phoon et al.，2016）。我国《水利水电工程结构可靠性设计统一标准》（GB 50199—2013）（中华人民共和国住房和城乡建设部和中华人民共和国国家质量监督检验检疫总局，2013）对不同安全级别和破坏类型的水工结构构件持久设计条件承载力极限状态的目标可靠指标 β_{T} 进行了规定，如表 2.1.2 所示。值得注意的是，国内外规范都能通过不同的可靠指标区别结构的安全级别，但不同规范即使使用相同的可靠指标来衡量类似结构，也不能说明两者之间的结构安全水平相同，需谨慎选择目标可靠指标（冯兴中，2010）。

表 2.1.1　可靠指标、失效概率及其相应的期望功能等级（U.S. Army Corps of Engineers，1997）

项目	可靠指标 β	失效概率 $P_{\mathrm{f}} = \varPhi(-\beta)$	期望功能等级
	1.0	0.16	危险
	1.5	0.07	不满意
	2.0	0.023	差
取值	2.5	0.006	低于平均
	3.0	0.001	高于平均
	4.0	0.000 03	好
	5.0	0.000 000 3	高

表 2.1.2　水工结构构件持久设计条件承载力极限状态的目标可靠指标β_T

结构安全级别		I 级	II 级	III 级
破坏类型	第一类破坏	3.7	3.2	2.7
	第二类破坏	4.2	3.7	3.2

全概率可靠度设计方法一般包括以下步骤：①针对具体的岩土结构建立稳定性分析模型，即功能函数；②选定设计参数及不确定性随机变量（如岩土体参数、荷载等）；③利用随机变量的分布特征，针对设计空间 DS 内所有可能的设计方案 D 进行可靠度分析；④将设计方案的失效概率 P_f（或可靠指标β）与目标失效概率 P_T（或目标可靠指标β_T）对比，选出 $P_f < P_T$（或$\beta > \beta_T$）的可行设计方案；⑤在可行设计方案中选择经济成本 C 最低的设计方案作为最终设计方案。全概率可靠度设计方法通常可以表示为图 2.1.1 的形式。

求：设计方案D

约束条件：$D \in$ DS（设计空间）
$P_f < P_T$（安全性要求）

优化目标：$\min C$（经济成本最低）

图 2.1.1　全概率可靠度设计方法的一般形式

可靠度分析是进行全概率可靠度设计的基础，然而，基本随机变量的联合概率密度函数往往难以得到，计算多重积分也并非易事，利用数值积分方法［式（2.1.3）和式（2.1.4）］计算失效概率非常麻烦。岩土工程中一般采用近似方法计算失效概率和可靠指标，如一次二阶矩法、一次可靠度方法、点估计方法、蒙特卡罗模拟方法等（张璐璐 等，2011；Baecher and Christian，2003）。由于蒙特卡罗模拟方法具有原理简单、执行方便和误差可控的优点，故本章采用蒙特卡罗模拟方法计算失效概率，并提出了两种基于蒙特卡罗模拟的全概率可靠度设计方法。下面首先简要介绍蒙特卡罗模拟方法。

2.2　蒙特卡罗模拟方法

模拟是基于一系列假设和模型来重现真实世界的过程。通过重复模拟过程，可以得到结构响应的大量信息，以便用于结构的可靠度分析、设计等（张明，2009）。当已知功能函数及基本随机变量的联合概率密度函数时，利用蒙特卡罗模拟方法进行结构可靠度计算十分方便，失效概率 P_f 可以定义为

$$P_f = \int_{G<0} f(\boldsymbol{X}) \mathrm{d}\boldsymbol{X} = \int I(\boldsymbol{X}) f(\boldsymbol{X}) \mathrm{d}\boldsymbol{X} \tag{2.2.1}$$

式中：$f(\boldsymbol{X})$为基本随机变量 $\boldsymbol{X}$ 的联合概率密度函数；$I(\boldsymbol{X})$为结构失效的指示函数，规定结构失效即 $g(\boldsymbol{X}) < 0$ 时，$I(\boldsymbol{X}) = 1$，反之 $I(\boldsymbol{X}) = 0$。

式（2.2.1）可以看作求指示函数 $I(\boldsymbol{X})$ 的期望值。从抽样角度来看，该期望值可以按

如下方法求解：根据联合概率密度函数 $f(\boldsymbol{X})$ 抽取基本随机变量 $\boldsymbol{X}$ 的样本 $\boldsymbol{X}_i(i=1,2,\cdots,N_T)$，计算功能函数 $g(\boldsymbol{X}_i)$ 并确定对应的 $I(\boldsymbol{X}_i)$，从而获得 $I(\boldsymbol{X})$ 的样本，$I(\boldsymbol{X})$ 所有样本的均值即 $I(\boldsymbol{X})$ 期望的无偏估计。

$$P_f = \frac{1}{N_T} \sum_{i=1}^{N_T} I(\boldsymbol{X}_i) \qquad (2.2.2)$$

蒙特卡罗模拟方法不受随机变量维数和功能函数形式的影响，计算过程简单清晰，有效地回避了可靠度分析中的数学难题，且非常适用于解决复杂的岩土结构多失效模式系统可靠度问题，在岩土工程中得到了广泛应用（Naghibi and Fenton，2017；Tang et al.，2015；Jiang et al.，2015；Li et al.，2014；李典庆 等，2013a，2013b；Wang，2011；Fenton et al.，2005）。在执行蒙特卡罗模拟之前，需要确定随机样本总数 N_T 以保证计算结果的精度。由于 $I(\boldsymbol{X})$ 服从二项分布，因此由蒙特卡罗模拟方法估计的失效概率的变异系数为（Ang and Tang，2007）

$$\mathrm{COV}_{P_f} = \sqrt{\frac{1-P_f}{N_T P_f}} \qquad (2.2.3)$$

计算所得失效概率的变异系数 COV_{P_f} 越小，计算结果越精确。由式（2.2.3）可知，蒙特卡罗模拟方法的精度只与随机样本总数 N_T 有关；为满足指定的计算精度，随机样本总数 N_T 随失效概率的减小而迅速增加。由此可见，当失效概率较小或计算精度要求较高时，蒙特卡罗模拟方法的计算量较大。但随着计算机技术的飞速发展，这一难题已逐渐得到解决。此外，许多学者在蒙特卡罗模拟方法的基础上提出了减少抽样次数以提高计算效率的方法，如重要性抽样方法（Shinozuka，1983）、拉丁超立方抽样方法（McKay，1988）、线抽样方法（Koutsourelakis et al.，2004）、子集模拟方法（Au and Beck，2001）等。本章基于蒙特卡罗模拟方法提出了两种全概率可靠度设计方法，一是扩展可靠度设计，二是基于可靠度理论的鲁棒性设计，下面将分别进行详细介绍。

2.3　扩展可靠度设计

由于岩土工程受到多种不确定性因素的影响，可靠度设计将成为岩土工程设计规范发展的必然趋势。大多数岩土工程可靠度设计规范以半概率可靠度设计方法为主，通过使用分项系数来考虑不确定性因素的影响。虽然目前分项系数设计方法已广泛用于地基基础设计，但在边坡等岩土结构的应用相对有限，主要原因之一是边坡等岩土结构的荷载和抗力的来源往往相同，相互关联，这种相关性给分项系数的校准带来了极大的困难，对同一来源的荷载和抗力使用不同的分项系数不太合理。此外，由于工程师不参与分项系数校准，不清楚校准过程中采用的假设和简化，有可能误用分项系数。虽然我国规范建议了一种简化可靠度分析的辅助设计方法，但该方法忽略了岩土体参数的概率分布及参数间的相关性对边坡可靠度的影响，分析结果存在一定的误差。因此，亟须一种严格、简便的边坡可靠度设计方法，允许工程师直接进行边坡可靠度设计。

Wang 等（2011）提出了一种基于蒙特卡罗模拟的可靠度设计方法，通过执行一次蒙特卡罗模拟同时得到所有设计方案对应的失效概率，无须对不同的设计方案重复进行可靠度分析，计算过程相对简便。同时，该方法也允许工程师根据工程经验和实际工况灵活地调整设计假定，克服了分项系数设计方法的缺点。目前，这种基于蒙特卡罗模拟的可靠度设计方法已在地基基础设计中得到成功应用（Wang and Cao，2013；Wang，2011；Wang et al.，2011）。随着计算机技术的发展，蒙特卡罗模拟方法在边坡稳定可靠度分析中的应用日益广泛（吴振君 等，2009；李育超 等，2005；谭晓慧，2001；Tamimi et al.，1989）。值得注意的是，在边坡稳定可靠度分析中，通过蒙特卡罗模拟方法求解给定设计方案的失效概率是边坡可靠度设计的逆过程。在边坡可靠度设计中，需要根据目标失效概率和经济性要求确定合适的设计方案。如何采用蒙特卡罗模拟方法直接进行边坡可靠度设计在文献中未见报道。此外，需要进一步探讨不同的设计假定对边坡可靠度设计的影响，为完善现有边坡设计规范[如《水利水电工程边坡设计规范》（SL 386—2007）（中华人民共和国水利部，2007）]提供理论依据。

为此，本节提出了一种基于蒙特卡罗模拟的岩质边坡可靠度设计方法，该方法能合理地考虑边坡荷载和抗力的相关性，仅需执行一次蒙特卡罗模拟便可得到设计空间中所有设计方案对应的失效概率，并根据目标失效概率及经济性要求确定最终设计方案。采用本节所提方法进行岩质边坡可靠度设计时，可以灵活地选择目标失效概率和岩体参数的统计特征（如均值、标准差、变异系数及相关系数）。本节将基于蒙特卡罗模拟的岩质边坡可靠度设计过程分为若干个相互独立的模块，建立设计框架，设计过程清晰，便于工程师掌握和推广应用。2.5 节将通过一个岩质边坡实例说明本节所提方法和设计框架的有效性，并探讨岩体参数的变异性和相关性对岩质边坡可靠度设计的影响及其作用机理。

2.3.1 全概率扩展可靠度设计方法

岩质边坡可靠度设计的目的是确定既满足可靠性（或安全性）要求又符合经济性要求的设计方案或设计参数。坡高 H 和坡角 Ψ_f 是岩质边坡设计中最重要的设计参数。不同的 H 和 Ψ_f 对应了不同的失效概率，一组给定的 H 和 Ψ_f 对应的失效概率为 $P(F|H,\Psi_f)$。当 $P(F|H,\Psi_f)$ 小于目标失效概率 P_T 时，边坡满足可靠性要求，H 和 Ψ_f 对应的设计方案为可行的设计方案；否则，边坡不满足可靠性要求，设计方案不可行。确定可行设计方案需要计算设计空间内（即 H 和 Ψ_f 的可能值范围）不同设计方案对应的失效概率[即 $P(F|H,\Psi_f)$]。为此，本章所提方法将设计空间离散化，并用两个相互独立且服从均匀分布的离散随机变量表征 H 和 Ψ_f。根据贝叶斯（Bayes）定理（Ang and Tang，2007），$P(F|H,\Psi_f)$ 可以表达为

$$P(F|H,\Psi_f) = \frac{P(H,\Psi_f|F)}{P(H,\Psi_f)}P(F) \tag{2.3.1}$$

式中：$P(H,\Psi_f|F)$ 为边坡失稳条件下某一组 H 和 Ψ_f 出现的概率；$P(F)$ 为边坡失效概率；

$P(H,\varPsi_{\mathrm f})$ 为 H 和 $\varPsi_{\mathrm f}$ 的联合概率密度函数，计算公式为

$$P(H,\varPsi_{\mathrm f})=\frac{1}{N_H N_{\varPsi_{\mathrm f}}} \tag{2.3.2}$$

其中：N_H、$N_{\varPsi_{\mathrm f}}$ 分别为设计空间中 H 和 $\varPsi_{\mathrm f}$ 可能值的个数，这里将设计参数 H 和 $\varPsi_{\mathrm f}$ 用随机变量表示，但这并不代表它们具有不确定性，而是通过该方式表示可能的设计方案并产生设计所需信息 [即 $P(F|H,\varPsi_{\mathrm f})$]。然后，通过比较 $P(F|H,\varPsi_{\mathrm f})$ 与目标失效概率 $P_{\mathrm T}$ 确定可行设计方案，再从可行设计方案中选择经济成本最低的方案作为最终设计方案。

如式（2.3.1）所示，计算 $P(F|H,\varPsi_{\mathrm f})$ 需要首先确定 $P(H,\varPsi_{\mathrm f}|F)$ 和 $P(F)$，可通过蒙特卡罗模拟方法进行计算。蒙特卡罗模拟方法具有概念简单、适用性强等优点，可视作对确定性分析模型（如岩质边坡极限平衡分析模型）的重复计算。利用蒙特卡罗模拟方法产生的随机样本，$P(H,\varPsi_{\mathrm f}|F)$ 和 $P(F)$ 的计算过程如下：

$$P(H,\varPsi_{\mathrm f}|F)=\frac{N_1}{N_F} \tag{2.3.3}$$

$$P(F)=\frac{N_F}{N_{\mathrm T}} \tag{2.3.4}$$

式中：N_1 为某一组 H 和 $\varPsi_{\mathrm f}$ 对应的失效样本数；N_F 为失效样本总数；$N_{\mathrm T}$ 为蒙特卡罗模拟方法产生的随机样本总数。样本是否失效可以根据每一组 H 和 $\varPsi_{\mathrm f}$ 的样本值对应的岩质边坡稳定安全系数 FS 判断。当安全系数 FS<1 时，边坡发生失稳；否则，边坡保持稳定。将式（2.3.2）～式（2.3.4）代入式（2.3.1），可得

$$P(F|H,\varPsi_{\mathrm f})=\frac{N_1 N_H N_{\varPsi_{\mathrm f}}}{N_{\mathrm T}} \tag{2.3.5}$$

由于式（2.3.5）中 N_H、$N_{\varPsi_{\mathrm f}}$、$N_{\mathrm T}$ 为已知量，因此仅需对蒙特卡罗模拟方法产生的失效样本进行简单的统计分析，即可确定每一组 H 和 $\varPsi_{\mathrm f}$ 对应的失效样本数 N_1，进而得到设计空间中所有设计方案对应的失效概率 $P(F|H,\varPsi_{\mathrm f})$。本节将基于蒙特卡罗模拟的岩质边坡可靠度设计过程划分为若干个相互独立的模块，建立设计框架，使其在工程实践中便于应用。

2.3.2　可靠度设计框架

图 2.3.1 为本节建立的基于蒙特卡罗模拟的岩质边坡可靠度设计框架，主要包括蒙特卡罗模拟模块和可靠度设计模块，下面将分别介绍这两个模块。

1. 蒙特卡罗模拟模块

蒙特卡罗模拟模块包括两个子模块：不确定性分析模型和岩质边坡确定性分析模型。不确定性分析模型用于定量表征岩质边坡稳定分析中的不确定性参数，根据不确定性参数的统计信息进行概率建模并产生随机样本。在不确定性分析模型中，工程师可以根据工程经验和实际工况灵活地选择概率模型来定量描述不确定性参数。从输入和输出的角

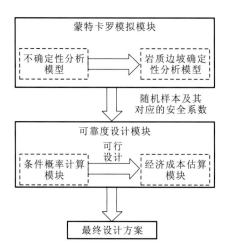

图 2.3.1　基于蒙特卡罗模拟的岩质边坡可靠度设计框架

度来看，不确定性分析模型的输入项是随机变量的统计信息，输出项是不确定性参数的随机样本。在蒙特卡罗模拟过程中，上述随机样本将作为岩质边坡确定性分析模型的输入信息，用于计算边坡稳定安全系数。对于一组给定的随机样本，岩质边坡确定性分析模型将其对应的安全系数作为输出项。重复产生 N_T 组随机样本，通过岩质边坡确定性分析模型可以得到 N_T 个安全系数。

值得注意的是，本节将不确定性分析模型与岩质边坡确定性分析模型刻意剥离，两者仅通过随机样本相互联系。在不确定性分析模型中，可以通过既有的商业软件（如MATLAB、Excel、@RISK）根据统计信息产生随机样本。工程师只需根据岩质边坡确定性分析模型计算每一组随机样本对应的安全系数即可。岩质边坡确定性分析模型不涉及概率和可靠度概念，工程师较为熟悉，便于掌握。

2. 可靠度设计模块

将蒙特卡罗模拟模块产生的随机样本及其对应的安全系数输入可靠度设计模块，计算设计空间中各个设计方案的失效概率。可靠度设计模块分为两个子模块：条件概率计算模块和经济成本估算模块。条件概率计算模块用于对各设计方案样本值对应的安全系数进行统计分析，得出每个设计方案的失效样本数 N_1，并根据式（2.3.5）计算失效概率 $P(F|H,\Psi_f)$。$P(F|H,\Psi_f)$ 的计算精度取决于失效样本数 N_1，随着 N_1 的增大，式（2.3.5）计算得到的 $P(F|H,\Psi_f)$ 的精确度逐渐提高。在蒙特卡罗模拟模块中，获取更多失效样本的直接方法是增大总样本数 N_T。采用蒙特卡罗模拟方法进行岩质边坡可靠度设计需要的最小样本数 N_{Tmin} 可按式（2.3.6）估计（Wang，2011；Ang and Tang，2007）：

$$N_{Tmin} = \frac{\left(\dfrac{1}{P_T}-1\right)N_H N_{\Psi_f}}{COV_T^2} \tag{2.3.6}$$

式中：COV_T 为失效概率的目标变异系数，代表了目标设计精度，一般可取为 0.3。

在条件概率计算模块得到每组设计方案的失效概率 $P(F|H, \Psi_f)$ 后,将其与目标失效概率 P_T 比较,确定可行设计方案,即 $P(F|H, \Psi_f)$ 小于 P_T 的设计方案,并在经济成本估算模块中计算每一组可行设计方案的经济成本,选择经济成本最低的设计方案作为最终设计方案。本章将设计方案对应的边坡开挖体积作为经济成本的估算指标(Wang and Cao, 2013),近似估计每一组设计方案对应的工程造价。开挖量越大,工程造价越高;开挖量越小,工程造价越低。

2.3.3　可靠度设计步骤

如图 2.3.2 所示,本节提出的基于蒙特卡罗模拟的岩质边坡可靠度设计方法主要包括以下步骤:

(1)针对具体的岩质边坡工程,建立岩质边坡确定性分析模型,用于计算边坡稳定安全系数;

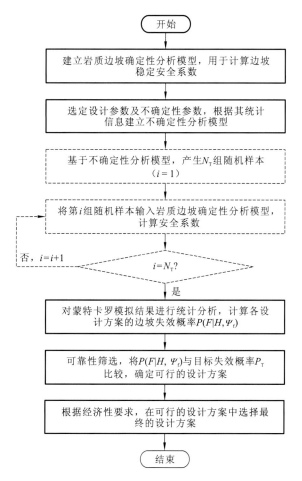

图 2.3.2　基于蒙特卡罗模拟的岩质边坡可靠度设计方法流程图

（2）选定设计参数及边坡稳定分析中涉及的不确定性参数，根据其统计信息建立不确定性分析模型；

（3）执行蒙特卡罗模拟，产生 N_T 组随机样本，并计算每组随机样本对应的安全系数，如图2.3.2中虚线边框所示；

（4）统计各设计方案对应的失效样本数 N_1，根据式（2.3.5）计算失效概率 $P(F|H, \varPsi_f)$；

（5）根据目标失效概率 P_T 确定可行设计方案，计算每个可行设计方案对应的经济成本，选择经济成本最低的可行方案作为最终设计方案。

2.4 基于可靠度理论的鲁棒性设计

在 2.3 节基于蒙特卡罗模拟的扩展可靠度设计中，需要将岩土体参数的统计特征作为基础。然而，受技术经济条件限制，岩土工程勘察中所获取的数据十分有限，导致所确定的岩土体参数的统计特征不可避免地具有不确定性，因而难以获得其准确的统计特征参数。岩土体参数不确定性的高估或低估会产生偏保守或偏危险的设计方案。因此，合理考虑数据有限造成的统计不确定性对岩土工程结构可靠度设计的影响是十分有必要的。

尽管全概率可靠度设计方法能以某种形式明确、定量地考虑岩土体参数不确定性，但其需要岩土体参数的不确定性被准确表征，进而基于这些统计特征计算失效概率。然而，由于复杂的土体天然沉积历史及有限的工程勘察试验数据，通常难以获得准确的岩土体参数规律（黄宏伟 等，2014；Juang et al.，2013a，2013b）。当低估岩土体参数变异性时，由可靠度设计方法得到的设计方案偏危险，不能满足安全性要求，造成所谓的"可靠度设计不可靠"的问题（陈祖煜，2010）。

为充分考虑因数据有限而无法准确表征岩土体参数概率分布对设计的影响，Juang 等（2013a，2013b）提出了一种岩土工程鲁棒性设计的理念。岩土工程鲁棒性设计旨在使岩土体系统响应对岩土体参数统计特征不确定性具有鲁棒性或不敏感性。它系统地调整设计参数，由一个明确考虑安全性、鲁棒性和经济成本等所有设计要求的多目标优化实现，优化后的结果表示为帕累托（Pareto）前沿（Ghosh and Dehuri，2004），其定义了经济成本与鲁棒性之间权衡关系的最优设计集合。由于经济成本通常随鲁棒性的提高而增加，因此鲁棒性可以被认为是投资在设计中的额外保守性，以考虑那些难以控制和难以表征的岩土体参数不确定性（Phoon and Retief，2016）。鲁棒性设计的概念最早由 Taguchi（1986）提出，用于提高和改进产品质量，近年来已在多个领域得到了迅速推广与发展（Lee et al.，2010；Beyer and Sendhoff，2007；Park et al.，2006；Doltsinis et al.，2005；Chen et al.，1996；Tsui，1992）。

根据岩土体参数不确定性的表征程度，可实现不同层次的鲁棒性设计：①特定场地数据或认知相当有限，只知道岩土体参数上下限，此时采用基于模糊集的鲁棒性设计方法（Gong et al.，2014a，2014b）；②当有了更多数据，岩土体参数可用概率分布表征，但不能准确获得其统计信息（如变异系数和相关系数）时，可采用基于可靠度理论的岩土工程鲁棒性设计方法（Juang et al.，2013a，2013b；Juang and Wang，2013）。

基于可靠度理论的岩土工程鲁棒性设计方法已应用于地基基础（Juang et al.，2013b；Juang and Wang，2013）和岩质边坡设计。上述研究对岩土结构功能进行了概率分析，将岩土结构失效概率的变异性作为衡量设计方案鲁棒性的指标。该设计方法的基本理念是在满足目标失效概率（即安全性要求）的条件下，寻求一个最佳设计方案，同时使失效概率变异性（即鲁棒性要求）和经济成本（即经济性要求）最低。现有的基于可靠度理论的岩土工程鲁棒性设计方法主要包括：①在给定岩土体参数统计特征的条件下，利用一次可靠度方法（Ang and Tang，2007）计算岩土结构失效概率 P_f；②将岩土体参数统计特征视为随机变量，利用点估计方法（Zhao and Ono，2000）分别计算失效概率的均值 μ_P 和标准差 σ_P；③利用非支配排序遗传算法（Deb et al.，2002）进行鲁棒性设计优化。虽然既有方法已被证明是一种有效的设计工具，但其包含一次可靠度方法、点估计方法及非支配排序遗传算法等多个概念，理解和应用困难。因此，亟须提出一种更为简单、直接的鲁棒性设计方法。

本节提出了一种基于蒙特卡罗模拟的岩土工程鲁棒性设计方法，并进行了单目标优化，显著提高了可靠性和鲁棒性指标（即 μ_P 和 σ_P）的计算效率，简化了设计优化过程。本节首先综述了既有方法，然后对鲁棒性指标计算及多目标优化程序分别进行了改进，给出了鲁棒性设计流程图。2.5 节将以考虑单一失效模式的岩质边坡和考虑多失效模式的半重力式挡土墙为例证明本节所提方法的有效性。

2.4.1　基于可靠度理论的岩土工程鲁棒性设计方法概述

对岩土工程结构进行可靠度设计时，主要考虑安全性和经济性要求，通常在满足安全性要求的可行设计方案中选择经济成本最低的设计方案作为最终设计方案，如图 2.4.1 所示。作为可靠度设计方法的补充，基于可靠度理论的岩土工程鲁棒性设计方法在满足安全性和经济性要求的同时，寻求一个最优设计方案以使岩土结构功能对岩土体参数变化的敏感性最低。岩土工程鲁棒性设计方法可以由一个明确考虑安全性、经济性和鲁棒性等所有设计要求的多目标优化实现，如图 2.4.1 所示（Juang et al.，2013a，2013b；Juang and Wang，2013）。岩土工程鲁棒性设计方法就是在满足安全性要求（失效概率均值 μ_P 小于目标失效概率 P_T）的前提下，在设计空间 DS 中寻求一个最佳设计方案 D，使岩土结构的鲁棒性最强（即失效概率标准差 σ_P 最小）且经济成本 C 最低。

$$
\begin{aligned}
&\text{求：} \quad 设计方案 D \\
&约束条件：\ D \in \mathrm{DS}（设计空间）\\
&\qquad\qquad\quad \mu_P < P_T（安全性要求）\\
&优化目标：\ \min \sigma_P（鲁棒性最强）\\
&\qquad\qquad\quad \min C（经济成本最低）
\end{aligned}
$$

图 2.4.1　基于可靠度理论的岩土工程鲁棒性设计多目标优化

在现有的基于可靠度理论的岩土工程鲁棒性设计方法中，经济成本 C 可参考当地经验估算，失效概率均值 μ_P 与标准差 σ_P 则通过循环套用一次可靠度方法与点估计方法计算（Juang et al.，2013b）。在得到设计空间中每一个设计方案对应的失效概率均值 μ_P 和标准差 σ_P 及经济成本 C 后，便可执行图 2.4.1 所示的多目标优化以得到最佳设计方案。由于鲁棒性与经济性通常相互冲突，Juang 等（2013b）利用非支配排序遗传算法筛选出一系列优化设计方案构成帕累托前沿，帕累托前沿上"关节点"（Deb and Gupta，2011）所代表的设计方案即最优设计方案，实现了鲁棒性和经济性的最佳平衡。

2.4.2　基于蒙特卡罗模拟的岩土工程鲁棒性设计方法

基于蒙特卡罗模拟的岩土工程鲁棒性设计方法能够评估岩土结构在不同岩土体参数统计特征下的失效概率 P_f，从而简单、高效地计算设计方案的安全性和鲁棒性评价指标（失效概率均值 μ_P 和标准差 σ_P），避免了现有的基于可靠度理论的岩土工程鲁棒性设计方法对一次可靠度方法和点估计方法的嵌套使用。此外，该方法使用一系列单目标优化代替非支配排序遗传算法来进行鲁棒性优化，简化了优化过程。

1. 失效概率均值和标准差

岩土工程鲁棒性设计方法将岩土体不确定性参数 X 的统计特征 θ（变异系数、相关系数）视为服从一定分布的随机变量，以考虑其不确定性对岩土结构功能的影响。在本节所提方法中，首先通过蒙特卡罗模拟方法抽取 N_j 个统计特征样本 $\theta_j(j=1,2,\cdots,N_s)$，然后针对某一设计方案，利用蒙特卡罗模拟方法计算相应的失效概率 $P_f(\theta_j)$：

$$P_f(\theta_j)=\frac{1}{N_T}\sum_{i=1}^{N_T}I(X_i) \tag{2.4.1}$$

式中：$X_i(i=1,2,\cdots,N_T)$ 为按照概率密度函数 $f(X|\theta_j)$ 抽取的不确定性参数的随机样本，N_T 为样本总数；$I(X_i)$ 为指示函数，如果结构失效，则 $I(X_i)$ 取值为 1，否则取值为 0。

评价鲁棒性设计安全性和鲁棒性所需的失效概率均值 μ_P 与标准差 σ_P 可根据式（2.4.2）、式（2.4.3）计算得到：

$$\mu_P=\frac{1}{N_s}\sum_{j=1}^{N_s}P_f(\theta_j) \tag{2.4.2}$$

$$\sigma_P=\sqrt{\frac{1}{N_s-1}\sum_{j=1}^{N_s}[P_f(\theta_j)-\mu_P]^2} \tag{2.4.3}$$

注意到利用蒙特卡罗模拟方法计算不同统计特征 θ_j 下岩土结构的失效概率 $P_f(\theta_j)$ 是一个重复过程，需要按照不同的 θ_j 产生不确定性参数 X 的 N_T 个随机样本，并代入功能函数计算相应的指示函数值，计算量大。为避免重复执行蒙特卡罗模拟，本节所提方法利用式（2.4.4）计算不同 θ_j 的岩土结构失效概率。假定用于初始抽样的统计特征为 θ_0，则 $P_f(\theta_j)$ 可以表示为

$$P_{\mathrm{f}}(\boldsymbol{\theta}_j)=\frac{1}{N_{\mathrm{T}}}\sum_{k=1}^{N_F}I(\boldsymbol{X}_k)\frac{f(\boldsymbol{X}_k\mid\boldsymbol{\theta}_j)}{f(\boldsymbol{X}_k\mid\boldsymbol{\theta}_0)} \tag{2.4.4}$$

式中：$f(\boldsymbol{X}_k|\boldsymbol{\theta}_0)$ 和 $f(\boldsymbol{X}_k|\boldsymbol{\theta}_j)$ 分别为统计特征为 $\boldsymbol{\theta}_0$ 和 $\boldsymbol{\theta}_j$ 时失效样本 $\boldsymbol{X}_k(k=1,2,\cdots,N_F)$ 的概率密度函数；N_F 为失效样本数。

由于 $P_{\mathrm{f}}(\boldsymbol{\theta}_j)$ 的估计建立在按 $f(\boldsymbol{X}|\boldsymbol{\theta}_0)$ 生成的失效样本的基础上，因此需要慎重选择初始抽样的统计特征 $\boldsymbol{\theta}_0$，由 $\boldsymbol{\theta}_0$ 生成的样本范围应尽可能涵盖由 $\boldsymbol{\theta}_j$ 生成的样本范围。Li 等（2015）提出，当假定不确定性参数 $\boldsymbol{X}$ 相互独立且在可能取值范围内服从均匀分布时，利用 $f(\boldsymbol{X}|\boldsymbol{\theta}_0)$ 生成的样本可以准确估计 $P_{\mathrm{f}}(\boldsymbol{\theta}_j)$。一旦指定 $\boldsymbol{\theta}_0$ 并随机生成 $\boldsymbol{\theta}_j$，就可以利用式（2.4.4）估计失效概率 $P_{\mathrm{f}}(\boldsymbol{\theta}_j)$，然后分别利用式（2.4.2）和式（2.4.3）来估计失效概率均值 μ_P 与标准差 σ_P。

2. 单目标优化程序

尽管非支配排序遗传算法等优化算法适用于鲁棒性设计中的多目标优化，但其较为复杂。本节所提方法采用了如图 2.4.2 所示的简化优化程序，与图 2.4.1 所示的优化问题不同，经济成本 C 被视为约束条件而不是优化目标。通过这种方式，多目标优化问题被转化为一系列单目标优化问题，可以很快地筛选出低于指定目标经济成本水平 C_{T} 时鲁棒性最强（失效概率标准差 σ_P 最小）的设计方案。

求：设计方案 D

约束条件：$D \in \mathrm{DS}$（设计空间）
　　　　　$\mu_P < P_{\mathrm{T}}$（安全性要求）
　　　　　$C < C_{\mathrm{T}}$（经济性要求）

优化目标：$\min \sigma_P$（鲁棒性最强）

图 2.4.2　基于可靠度理论的岩土工程鲁棒性设计单目标优化

3. 设计流程

如图 2.4.3 所示，本节提出的基于蒙特卡罗模拟的岩土工程鲁棒性设计方法的具体执行步骤如下：

（1）针对具体岩土工程结构建立确定性分析模型，明确不确定性参数。

（2）表征岩土体参数统计特征的不确定性并确定设计空间。岩土体参数统计特征的不确定性可以基于现有文献资料来估计。考虑施工方便，可根据工程经验将设计参数取值离散，因此设计空间中包含有限（N_{D}）个设计方案。

（3）选定用于初始抽样的统计特征 $\boldsymbol{\theta}_0$，针对某一设计方案执行蒙特卡罗模拟并识别存储失效样本，用于后续分析。

（4）计算失效概率均值 μ_P 和标准差 σ_P。首先生成一组统计特征的随机样本 $\boldsymbol{\theta}_j(j=1,2,\cdots,N_{\mathrm{S}})$，然后提取步骤（3）中的失效样本，根据式（2.4.1）～式（2.4.3）分别估计失效概率 $P_{\mathrm{f}}(\boldsymbol{\theta}_j)$ 及其均值 μ_P 和标准差 σ_P。

（5）重复步骤（3）和（4），计算设计空间中所有 N_D 个设计方案的 μ_P 和 σ_P。

（6）考虑安全性、经济性和鲁棒性，完成鲁棒性设计。首先，在满足安全性要求的可行设计方案中分别确定经济成本最低和最高的设计方案的成本；然后，在该经济成本范围内指定一系列的目标经济成本水平；最后，得到与每个目标经济成本水平相应的鲁棒性最强的设计方案。

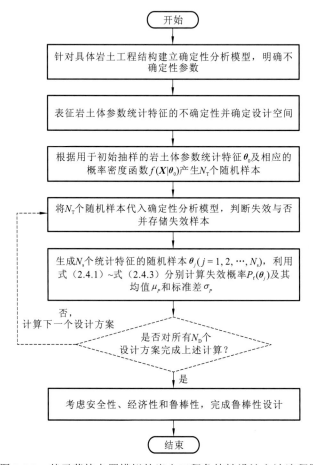

图 2.4.3　基于蒙特卡罗模拟的岩土工程鲁棒性设计方法流程图

在以上流程中，岩土工程鲁棒性设计可以在蒙特卡罗模拟方法的框架下直接完成，所提方法只需执行一次蒙特卡罗模拟便可得到不同统计特征下的岩土结构失效概率，突破了随机模拟方法在鲁棒性设计中的局限，避免了现有的基于可靠度理论的岩土工程鲁棒性设计方法对一次可靠度方法和点估计方法的重复嵌套，显著提高了计算效率。此外，通过将多目标优化问题转化为一系列单目标优化问题，简化了鲁棒性设计优化过程，便于掌握和执行。

2.5 算 例 分 析

2.5.1 扩展可靠度设计算例分析

本节以香港秀茂坪岩质天然边坡（Hoek，2006a）为例说明所提边坡可靠度设计方法。该边坡主要由有节理发育的未风化花岗岩构成，被诸多学者（李典庆 等，2014，2010；Low，2008，2007）当作案例进行了研究，具有代表性和典型性。为简化边坡稳定分析，文献中均对该边坡的坡面进行了简化，简化后的计算模型如图 2.5.1 所示，其坡高 H 为 60 m，坡角 $\varPsi_f$ 为 50°，滑面倾角 $\varPsi_p$ 为 35°，仅有一条竖直张裂缝，水沿张裂缝底部进入滑面，张裂缝底部与坡趾间的水压力按线性变化至 0，呈三角形分布。为了保证该边坡的安全性，需要对其进行开挖，本节将采用 2.3 节所提方法设计开挖方案。为了能够与文献中的计算结果进行有效比较，本节也采用如图 2.5.1 所示的计算模型进行边坡稳定分析。值得说明的是，天然边坡坡面并非如此规则，本节选用该算例和计算模型只是为了验证所提方法的有效性，在实际的复杂边坡设计中还需进一步检验。根据图 2.3.1 所示的设计框架，设计过程由四个子模块完成，即岩质边坡确定性分析模型、不确定性分析模型、条件概率计算模块、经济成本估算模块，分述如下。

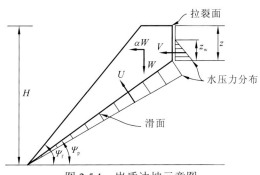

图 2.5.1 岩质边坡示意图

1. 岩质边坡确定性分析模型

为简化该岩质边坡安全系数的计算，假设该边坡沿滑面发生平面破坏，边坡安全系数的计算如下（李典庆 等，2010；Hoek，2006a）：

$$\mathrm{FS} = \frac{cA + [W(\cos\varPsi_p - \alpha\sin\varPsi_p) - U - V\sin\varPsi_p]\tan\varphi}{W(\sin\varPsi_p + \alpha\cos\varPsi_p) + V\cos\varPsi_p} \tag{2.5.1}$$

式中：c 为滑面的黏聚力；A 为滑面单宽面积；W 为滑块自重；$\varPsi_p$ 为滑面和水平面的夹角，取 35°；α 为水平地震加速度系数；U 为作用在滑面上水压力的合力；V 为作用在拉裂面上水压力的合力；φ 为滑面的内摩擦角。式（2.5.1）中 A、W、U、V 的计算公式如下：

$$A = (H - z) / \sin\varPsi_p \tag{2.5.2}$$

$$W = 0.5\gamma H^2 \{[1-(z/H)^2]\cot\Psi_p - \cot\Psi_f\} \tag{2.5.3}$$

$$U = 0.5\gamma_w z_w A \tag{2.5.4}$$

$$V = 0.5\gamma_w z_w^2 \tag{2.5.5}$$

式中：z 为张裂缝的深度；$z_w = zi_w$ 为张裂缝的充水深度，i_w 为张裂缝中充水深度系数；γ 为岩体的重度，取 26 kN/m³；γ_w 为水的重度，取 10 kN/m³。如式（2.5.1）所示，滑块自重、水平地震加速度均是抗力和荷载的影响因素，因此抗力与荷载具有一定的相关性，若使用基于分项系数的半概率可靠度设计方法进行设计，对抗力和荷载使用不同的分项系数，则无法合理考虑其相关性。

2. 不确定性分析模型

根据 Wang 和 Cao（2013），在对该边坡进行可靠度设计时，将滑面的黏聚力 c 和内摩擦角 φ、张裂缝的深度 z、张裂缝中充水深度系数 i_w 及水平地震加速度系数 α 视作随机变量，其中 c、φ、z 服从正态分布，i_w、α 服从截尾指数分布，分布参数如表 2.5.1 所示。Low（2008，2007）、Wang 和 Cao（2013）指出，c 与 φ、z 与 i_w 之间具有负相关性，假定相关系数 $\rho_{c,\varphi} = \rho_{z,i_w} = -0.5$。此外，在所提可靠度设计方法中将坡高 H 和坡角 Ψ_f 作为服从均匀分布的离散随机变量。根据 Wang 和 Cao（2013），H 的取值范围为 $[50\ m，60\ m]$，以 0.2 m 为间距离散成 51 个可能值（即 $N_H = 51$）；Ψ_f 的取值范围为 $[44°，50°]$，以 0.2° 为间距离散成 31 个可能值（即 $N_{\Psi_f} = 31$）。每一组 H 和 Ψ_f 的可能值代表一种可能的设计方案，共计 1 581 个设计方案。

表 2.5.1　随机变量分布参数汇总

随机变量	概率分布类型	均值	标准差	下界	上界	相关系数
滑面的黏聚力 c	正态分布	100 kPa	20 kPa	—	—	−0.5
滑面的内摩擦角 φ	正态分布	35°	5°	—	—	
张裂缝的深度 z	正态分布	14 m	3 m	—	—	−0.5
张裂缝中充水深度系数 i_w	截尾指数分布	0.5	—	0	1	
水平地震加速度系数 α	截尾指数分布	0.08	—	0	0.16	

注：i_w、α 的均值为截尾前指数分布的均值。

在本次设计中，与 Wang 和 Cao（2013）保持一致，将边坡目标失效概率定为 $P_T = 6.2 \times 10^{-3}$，由式（2.3.6）可知执行蒙特卡罗模拟所需的最小样本数 N_{Tmin} 约为 2.82×10^6。为保证设计精度，在本次设计中共生成 $N_T = 10^8$ 个随机样本，平均每个设计方案对应 63 251 个样本。本节根据 c、φ、z、i_w、α、H 和 Ψ_f 的统计信息，采用 MATLAB 建立不确定性分析模型，产生 $N_T = 10^8$ 个随机样本，并通过岩质边坡确定性分析模型[即式（2.5.1）]计算它们对应的安全系数。需要指出的是，虽然随机样本总数较多，在配有主频为 3.2 GHz 的 intel(R) CORE(TM) i5-4460 处理器和 8 GB 内存的常规台式计算机上完成整个蒙特卡罗模拟过程只需 46 s。

3. 条件概率计算模块

对蒙特卡罗模拟方法产生的随机样本进行统计分析，确定每一组设计方案的失效样本数 N_1，统计结果如图 2.5.2 所示。图 2.5.2 为每个设计方案对应的失效样本数的直方图，图中水平坐标分别表示坡高 H 和坡角 Ψ_f，纵坐标表示失效样本数 N_1。根据图 2.5.2 所示的每个设计方案的失效样本数 N_1，采用式（2.3.5）计算每个设计方案的失效概率 $P(F|H,\Psi_f)$。图 2.5.3（a）为各个设计方案（即不同的 H 和 Ψ_f）的失效概率和目标失效概率为 $P_T=6.2\times10^{-3}$ 时对应的水平面（虚线）。失效概率低于目标失效概率的设计方案为可行设计方案，用圆形符号表示；相反，失效概率高于目标失效概率的设计方案不可行，用三角形符号表示。图 2.5.3（b）为设计空间中各设计方案的可行性，圆形和三角形符号分别表示当 $P_T=6.2\times10^{-3}$ 时的可行设计方案和不可行设计方案。

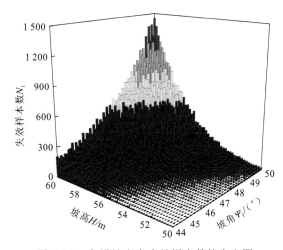

图 2.5.2　各设计方案失效样本数的直方图

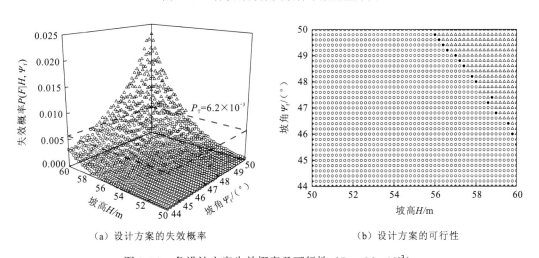

（a）设计方案的失效概率　　　　　　　　　（b）设计方案的可行性

图 2.5.3　各设计方案失效概率及可行性（$P_T=6.2\times10^{-3}$）

4. 经济成本估算模块

将条件概率计算模块中得到的可行设计方案（即图 2.5.3 中圆形符号对应的设计方案）作为经济成本估算模块的输入信息，计算每个可行设计方案对应的经济成本。如 2.3 节所述，本章将岩体开挖体积作为经济成本估算的近似指标。对于给定的设计坡角，设计坡高越大，开挖量越小，经济成本越低；对于给定的设计坡高，设计坡角越大，开挖量越小，经济成本越低。因此，确定最终设计方案只需要计算图 2.5.3（b）实心圆形符号对应的可行设计方案的开挖体积。表 2.5.2 汇总了图 2.5.3（b）中实心圆形符号对应的设计方案的单宽开挖体积。如表 2.5.2 所示，当 $H=55.8$ m 和 $\Psi_f=50.0°$ 时经济成本最低，单宽开挖体积为 71.9 m^3/m，故将其作为本算例的最终设计方案。值得说明的是，本节所提方法通过使用蒙特卡罗模拟方法对边坡进行全概率可靠度设计，规避了分项系数设计方法无法处理荷载和抗力相关性的难题。

表 2.5.2　可行设计方案的经济成本估算

坡高 H/m	坡角 Ψ_f/(°)	单宽开挖体积/(m^3/m)
55.8	50.0	71.9
56.0	49.8	77.5
56.2	49.6	83.3
56.4	49.4	89.3
56.6	49.2	95.6
57.0	49.0	98.9
57.2	48.8	105.7
57.4	48.6	112.8
57.8	48.2	127.7
58.0	48.0	135.5
58.8	47.4	158.1
58.6	47.2	171.5
59.0	46.8	189.8
59.6	46.4	207.2
59.8	46.0	229.4
60.0	45.6	252.3

5. 结果对比

本节采用蒙特卡罗模拟方法对设计空间中的所有 1 581 个设计方案分别进行可靠度分析，对每个设计方案重复执行蒙特卡罗模拟，分别产生 10^6 个随机样本并计算相应的失效概率，将计算结果与本章所提方法的计算结果进行对比。由于设计方案较多，在二维图上表示所有方案的计算结果十分困难。图 2.5.4（a）仅给出了设计坡高 H 为 52 m、56 m 和 60 m 时不同坡角 Ψ_{f} 对应的失效概率，实线为采用本章所提方法仅通过一次蒙特卡罗模拟得到的失效概率，虚线为对每个设计方案重复执行蒙特卡罗模拟并进行可靠度分析得到的失效概率。如图 2.5.4（a）所示，两种方法的计算结果基本一致，验证了所提方法的有效性。然而，与对每个设计方案重复执行蒙特卡罗模拟并进行可靠度分析的方法相比，本章所提方法将设计参数视为离散型随机变量，只需在设计空间内执行一次蒙特卡罗模拟便可得到所有设计方案的失效概率。需要指出的是，由于样本数的差异，相比于重复执行蒙特卡罗模拟的结果，根据本章所提方法得到的失效概率在较小的失效概率区域内表现出了一定的随机波动，这种随机波动将随着随机样本总数 N_{T} 的增大而减小。然而，这种随机波动并不影响目标失效概率 $P_{\mathrm{T}}=6.2\times10^{-3}$ 下的边坡设计，由式（2.3.6）确定的最小样本数 N_{Tmin} 已经保证了在目标失效概率 P_{T} 附近计算结果的精度。

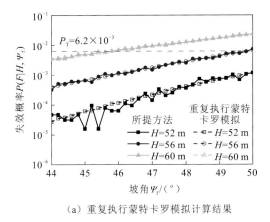 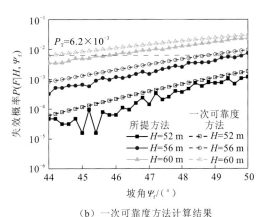

（a）重复执行蒙特卡罗模拟计算结果　　　　　　（b）一次可靠度方法计算结果

图 2.5.4　计算结果验证与比较

此外，Wang 和 Cao（2013）采用基于可靠度理论的岩土工程鲁棒性设计方法对该边坡进行了设计。在设计中，Wang 和 Cao（2013）使用一次可靠度方法对每个设计方案重复进行了可靠度分析并计算了它们相应的失效概率，计算结果如图 2.5.4（b）中的虚线所示。与图 2.5.4（a）类似，图 2.5.4（b）中实线为采用本章所提方法仅通过一次蒙特卡罗模拟得到的失效概率。对于给定的坡高 H 和坡角 Ψ_{f}，采用一次可靠度方法得到的失效概率比采用本章所提方法得到的失效概率大，进而得到了相对保守的设计方案，在经济上造成了一定的浪费。例如，仅考虑设计的经济性和安全性时，根据一次可靠度方法得到的最终设计方案 $H=54.8$ m，$\Psi_{\mathrm{f}}=50°$，单宽开挖体积为 91.1 m^3/m。此设计方案比根据本章所提方法得到的最终设计方案（$H=55.8$ m，$\Psi_{\mathrm{f}}=50°$，单宽开挖体积为 71.9 m^3/m）保守（设计坡高较小），开挖量较大。因此，在本算例中采用本章所提方法进行边坡可靠度设计得到的设计方案的经济成本较低。在考虑设计的经济性、安全性及鲁棒性条件下，Wang 和 Cao（2013）给出的最终设计方案坡高 H 为 50 m，坡角 Ψ_{f} 为 50°，单宽开挖体积为 195.1 m^3/m。此设计方案比只考虑设计的经济性和安全性条件下的最终设计方案（如 $H=55.8$ m，$\Psi_{\mathrm{f}}=50°$ 及 $H=54.8$ m，$\Psi_{\mathrm{f}}=50°$）保守，开挖量大。

2.5.2 基于可靠度理论的鲁棒性设计算例分析

1. 算例 I：单一失效模式鲁棒性设计算例

1）算例介绍

本节仍以 2.5.1 小节中的岩质边坡为例说明本章所提基于蒙特卡罗模拟的岩土工程鲁棒性设计方法。边坡的几何形状如图 2.5.1 所示，原始坡高和坡角分别是 $H=60\text{ m}$ 和 $\varPsi_f=50°$，滑面倾角 $\varPsi_p=35°$，岩体和水的重度分别为 $\gamma=26\text{ kN/m}^3$ 和 $\gamma_w=10\text{ kN/m}^3$。该岩质边坡被模拟为包含一条充水张裂缝的单一不稳定滑块，只考虑边坡沿滑面发生平面破坏的单一失效模式，边坡安全系数的计算见式（2.5.1）。

根据 Hoek（2006b），本节将滑面的黏聚力 c 和内摩擦角 φ、张裂缝的深度 z、张裂缝中充水深度系数 i_w 及水平地震加速度系数 α 视为随机变量，相关统计特征如表 2.5.1 所示。但在岩土工程实践中，一般难以准确获得包括滑面的黏聚力 c 和内摩擦角 φ 在内的岩土体参数的变异系数与相关系数（Lee et al.，2011）。因此，c、φ 的变异系数（COV_c 和 COV_φ）和两者之间的相关系数 $\rho_{c,\varphi}$ 存在不确定性，基于这些参数进行可靠度设计得到的结果不一定能满足安全性要求（Juang et al.，2013a）。为考虑统计特征不确定性对可靠度设计的影响，基于可靠度理论的岩土工程鲁棒性设计方法将统计特征参数视为服从一定分布的随机变量。

与 Wang 和 Cao（2013）一致，本节将 COV_c、COV_φ 和 $\rho_{c,\varphi}$ 视为服从正态分布的随机变量，均值分别为 0.2、0.14 和-0.5，变异系数分别是 0.17、0.12 和 0.25，具体分布参数如表 2.5.3 所示。由此得到的 COV_c、COV_φ 和 $\rho_{c,\varphi}$ 可覆盖文献中它们的常见取值范围（Low，2008），其他随机变量的统计特征见表 2.5.1。将坡高 H（50～60 m，每隔 0.2 m 取一个设计值）和坡角 $\varPsi_f$（44°～50°，每隔 0.2°取一个设计值）视为设计参数。因此，设计空间内共有 $N_D=1\,581$ 个设计方案，即 1 581 种 H 和 $\varPsi_f$ 的组合。

表 2.5.3　COV_c、COV_φ 和 $\rho_{c,\varphi}$ 的分布参数汇总

随机变量	概率分布类型	均值	变异系数
滑面的黏聚力 c 的变异系数 COV_c	正态分布	0.2	0.17
滑面的内摩擦角 φ 的变异系数 COV_φ	正态分布	0.14	0.12
c 和 φ 的相关系数 $\rho_{c,\varphi}$	正态分布	-0.5	0.25

2）失效概率均值和标准差

假定滑面的黏聚力 c 和内摩擦角 φ 是相互独立且在可能取值范围内服从均匀分布的随机变量并产生相应的随机样本，以确保估计不同统计特征时失效概率的精度（Li et al.，2015）。由 Hoek（2006b）可知，c 和 φ 的常见取值范围分别为[0，250 kPa]和[15°，70°]。同时，z、i_w 和 α 的随机样本按照表 2.5.1 所示的统计特征产生。由于蒙特卡罗模拟方法的计算精度随着样本数的增加而增加，本节对设计空间内的每个设计方案生成 $N_T=10^6$ 个样本。通过岩质边坡确定性分析模型即式（2.5.1）计算 10^6 个样本对应的安全系数，并识别出失效样本。以 $H=60$ m，$\varPsi_f=50°$ 的设计方案为例，共有 136 130 个随机样本被识别为失效样本。为了估计失效概率均值 μ_P 和标准差 σ_P，根据表 2.5.3 所示的统计特征，生成了 1 000 组（即 $N_s=1\,000$）COV_c、COV_φ 和 $\rho_{c,\varphi}$ 的随机样本。结合识别出的失效样本利用式（2.4.4）计算相应的失效概率 $P_f(\boldsymbol{\theta}_j)$。以表 2.5.3 所示的统计特征为例，图 2.5.5 给出了本章所提方法计算得到的坡高 $H=52$ m、56 m 和 60 m 时不同坡角 $\varPsi_f$ 对应的失效概率，如图 2.5.5 中实线所示，失效概率随着坡高 H 和坡角 $\varPsi_f$ 的增加而增加。为验证本章所提方法的计算结果，本节对设计空间内 1 581 个设计方案分别重复执行蒙特卡罗模拟，根据表 2.5.1 产生 10^6 个随机样本并计算相应的失效概率，计算结果如图 2.5.5 中虚线（重复执行蒙特卡罗模拟）所示，由图 2.5.5 可知，两种方法的计算结果保持一致，验证了本章所提方法的准确性。

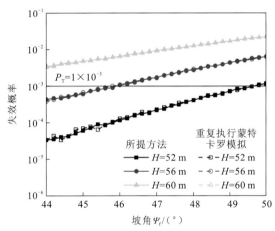

图 2.5.5　本章所提方法和重复执行蒙特卡罗模拟得到的失效概率

根据得到的 1 000 组失效概率 $P_f(\boldsymbol{\theta}_j)$，利用式（2.4.2）和式（2.4.3）计算失效概率均值 μ_P 与标准差 σ_P。图 2.5.6 给出了由所提方法计算得到的坡高 $H=52$ m、56 m 和 60 m 时

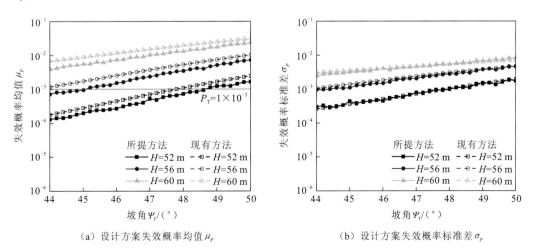

（a）设计方案失效概率均值 μ_P　　　　　　　　（b）设计方案失效概率标准差 σ_P

图 2.5.6　设计方案失效概率均值和标准差

不同坡角 Ψ_f 对应的 μ_P 和 σ_P，可以看出，μ_P 和 σ_P 均随着坡高 H 和坡角 Ψ_f 的增加而增加。所提方法除了对每个设计方案执行一次蒙特卡罗模拟以产生失效样本外，不需要额外重复执行蒙特卡罗模拟，计算量显著降低，突破了随机模拟方法在鲁棒性设计中的局限性。

3）鲁棒性设计优化方法

如 2.4 节所述，将经济成本 C 由优化目标变为约束条件，鲁棒性设计优化可以通过一系列的单目标优化实现。本节将岩体单宽开挖体积作为估算经济成本 C 的近似指标，且指定目标失效概率 $P_T = 1 \times 10^{-3}$，则该边坡的鲁棒性设计优化如图 2.5.7 所示。一旦得到每个设计方案的 μ_P（安全性指标）、σ_P（鲁棒性指标）和 C（经济性指标），就可以很快得到低于指定目标经济成本水平 C_T 条件下，鲁棒性最强的最优设计方案。

$$
\begin{array}{l}
\text{求：设计参数}[H, \Psi_f] \\
\text{约束条件：} H \in \{50 \text{ m}, 50.2 \text{ m}, 50.4 \text{ m}, \cdots, 60 \text{ m}\} \\
\qquad\qquad \Psi_f \in \{44°, 44.2°, 44.4°, \cdots, 50°\} \\
\qquad\qquad \mu_P < P_T = 1 \times 10^{-3} \\
\qquad\qquad C < C_T \\
\text{优化目标：} \min \sigma_P
\end{array}
$$

图 2.5.7 岩质边坡算例的鲁棒性设计优化

在本岩质边坡算例中的 1 581 个设计方案中，共有 612 个可行设计方案满足安全性要求，即 $\mu_P < P_T$。可行设计方案中经济成本最低设计方案（$H = 50.8$ m，$\Psi_f = 49.8°$）和最高设计方案（$H = 50$ m，$\Psi_f = 44°$）的经济成本 C 分别为 184.4 m³/m 和 441.0 m³/m。在该经济成本范围内，指定 11 个目标经济成本水平 C_T，最后得到相应的鲁棒性最强的设计方案，设计结果如表 2.5.4 所示。图 2.5.8 给出了最终设计方案的经济成本 C 与失效概率标准差 σ_P 的关系。可以看到，随着经济成本的增加，岩质边坡的鲁棒性水平显著提高（σ_P 降低）。因此，鲁棒性可以被认为是投资在设计中的额外保守性，以考虑难以控制和表征的岩土体参数不确定性。

表 2.5.4 各目标经济成本水平相应的岩质边坡鲁棒性设计结果

目标经济成本水平 C_T /(m³/m)	所提方法				现有方法			
	H/m	Ψ_f /(°)	实际经济成本 /(m³/m)	σ_P	H/m	Ψ_f /(°)	实际经济成本 /(m³/m)	σ_P
184.4	50.8	49.8	184.4	1.2×10^{-3}			—a	
210.0	50	49.8	202.9	9.1×10^{-4}			—a	
235.0	50	49	233.2	6.9×10^{-4}	50	49	233.2	7.5×10^{-4}
260.0	50	48.4	256.4	6.2×10^{-4}	50	48.4	256.4	6.1×10^{-4}
285.0	50.8	47.4	280.5	5.1×10^{-4}	50.2	47.6	284.0	4.9×10^{-4}
310.0	50.2	47	308.4	3.5×10^{-4}	50.2	47	308.4	3.9×10^{-4}
335.0	50.2	46.4	333.3	2.8×10^{-4}	50.2	46.4	333.3	3.2×10^{-4}
360.0	50.2	45.8	358.8	2.6×10^{-4}	50.2	45.8	358.8	2.6×10^{-4}

续表

目标经济成本水平 C_T /（m³/m）	所提方法				现有方法			
	H/m	Ψ_f /（°）	实际经济成本 /（m³/m）	σ_P	H/m	Ψ_f /（°）	实际经济成本 /（m³/m）	σ_P
385.0	50	45.6	370.7	2.3×10^{-4}	50.2	45.2	384.7	2.1×10^{-4}
410.0	50.4	44.6	408.2	1.8×10^{-4}	50	44.8	405.3	1.7×10^{-4}
441.0	50.4	44	435.5	1.5×10^{-4}	50	44	441.0	1.3×10^{-4}

a：无方案满足安全性要求（即 $\mu_P < P_T = 1 \times 10^{-3}$）。

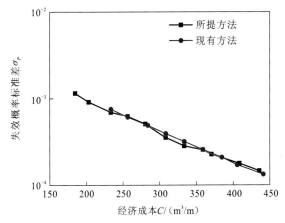

图 2.5.8　各目标经济成本水平下最终设计方案的经济成本与失效概率标准差的关系

4）设计结果比较

图 2.5.6 给出了通过嵌套点估计方法和一次可靠度方法得到的 μ_P 与 σ_P，如图 2.5.6 中虚线所示。可以看出，两种方法得到的 σ_P 基本一致，但现有方法得到的 μ_P 要高于所提方法。注意到，所提方法由 1 000 个失效概率统计得到 μ_P，故可以将其视作精确解，两种方法在 μ_P 的评估上的差异表明现有方法由于点估计方法和一次可靠度方法进行了简化，会高估 μ_P。此外，现有方法在计算 μ_P 和 σ_P 时需重复进行可靠度分析，在本算例中根据点估计方法的要求，需对每个设计方案进行 21 次一次可靠度方法计算，而所提方法只需要对每个设计方案进行一次可靠度分析，显著降低了计算量。

为进一步比较两种方法的设计结果，表 2.5.4 和图 2.5.8 给出了由现有方法得到的最终设计方案及其相应的经济成本和失效概率标准差。可以看到，除了当 $C_T = 184.4$ m³/m 和 210.0 m³/m 时，现有方法不能得到可行设计方案外，两种方法的最终设计结果相差不大。现有方法在 1 581 个设计方案中共有 447 个可行设计方案，其中经济成本最低为 233.2 m³/m。如前所述，现有方法高估了失效概率均值 μ_P，使得在校核安全性要求时会筛除一些实际可行且经济成本较低的设计方案，导致经济成本不必要的增加。

本节也和传统可靠度设计方法得到的结果进行了对比。在传统的可靠度设计中，每个设计方案失效概率的计算建立在岩土体参数具有明确的统计特征（表 2.5.1）的基础上，因此失效概率是一个确定值，计算结果如图 2.5.5 所示。传统的可靠度设计方法仅考虑安全性和经济性要求，可行设计方案中经济成本最低的方案即最终设计方案，即 $H=$ 51.8 m，$\varPsi_f=49.8°$，$C=162.1$ m³/m（方案 A）。相比于所提方法获得的经济成本最低的设计方案，即 $H=50.8$ m，$\varPsi_f=49.8°$，$C=184.4$ m³/m（方案 B），方案 A 更经济。在基于可靠度理论的鲁棒性设计中，为了降低最终设计对参数不确定性的敏感度，在一定程度上牺牲了设计的经济性，提高了工程造价。然而，如果低估岩土体参数的变异性，由传统可靠度设计方法得到的设计结果将不符合安全性要求。考虑统计特征不确定性，图 2.5.9（a）和（b）分别给出了与方案 A 和方案 B 相应的 1 000 组失效概率的相对频率直方图。可以看出，方案 A 失效概率的分布更为分散、范围更宽，而方案 B 失效概率的分布更集中。相比于方案 B，方案 A 能否满足安全性要求仍存在较大的不确定性。图 2.5.9（c）进一步给出了两个设计方案失效概率的累积频率曲线，由图 2.5.9（c）可知，方案 A 和方案 B 失效概率大于 $P_T=1\times10^{-3}$ 的频率分别是 0.475 和 0.318，方案 A 比方案 B 有更大可能不满足安全性要求，即满足安全性要求的置信水平更低。

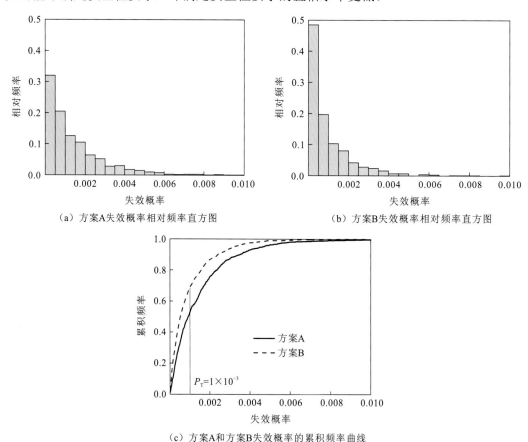

（a）方案A失效概率相对频率直方图　　　（b）方案B失效概率相对频率直方图

（c）方案A和方案B失效概率的累积频率曲线

图 2.5.9　不同设计方案失效概率相对频率直方图和累积频率曲线

5）基于失效概率置信水平的鲁棒性设计优化

为在鲁棒性设计中避免进行多目标优化，所提方法将优化目标之一的经济成本转变为约束条件，从而通过一系列的单目标优化完成鲁棒性设计。若工程师更注重设计方案的鲁棒性，则可将鲁棒性指标转变为约束条件，筛选出满足鲁棒性要求且经济成本最低的设计方案。这里将失效概率 P_f 满足安全性要求的置信水平 P_p 作为鲁棒性水平评价指标（黄宏伟 等，2014）：

$$P\{P_f \geqslant P_T\} \geqslant P_p \tag{2.5.6}$$

根据式（2.5.6）可以定义鲁棒性指标 β_p，其与 P_p 的关系可以表示为

$$P_p = \Phi(\beta_p) \tag{2.5.7}$$

假定失效概率服从对数正态分布，则鲁棒性指标 β_p 可以进一步表示为

$$\beta_p = \frac{\ln\left[\dfrac{P_T}{\mu_P}\sqrt{1+(\sigma_P/\mu_P)^2}\right]}{\sqrt{\ln[1+(\sigma_P/\mu_P)^2]}} \tag{2.5.8}$$

由式（2.5.7）计算得到 612 个可行设计方案鲁棒性指标的范围是[0.44，2.71]。在该范围指定 5 个目标鲁棒性指标，相应的最终设计方案如表 2.5.5 所示，可以看到，随着鲁棒性水平的提高，鲁棒性设计结果的经济成本显著增加。

表 2.5.5　各失效概率置信水平下岩质边坡鲁棒性设计结果

目标鲁棒性指标	失效概率置信水平 P_p/%	H/m	Ψ_f/(°)	β_p	C/(m³/m)
0.44	67.00	50.8	49.8	0.52	184.4
1	84.13	50	49.4	1.02	218.0
1.5	93.32	50	48.2	1.52	264.2
2	97.72	50.8	47.4	2.16	333.3
2.71	99.65	50.4	44	2.71	435.5

2. 算例 II：多失效模式鲁棒性设计算例

1）算例介绍

2.5.1 小节中的岩质边坡算例只考虑了边坡沿滑面发生平面破坏的单一失效模式。本节以一个半重力式挡土墙为例（黄宏伟 等，2014），进一步说明本章所提方法在多失效模式岩土工程结构设计中的应用。该半重力式挡土墙的剖面如图 2.5.10 所示，算例中确定性变量的取值如下：墙高 $h=6$ m；砂土倾斜角度 $\lambda=10°$；墙背与水平方向的夹角 $\theta=90°$；墙体混凝土重度 $\gamma_{wall}=24$ kN/m³。将地基与墙体底部黏聚力 c_a、墙后土体摩擦角 ϕ、墙背与砂土之间的摩擦角 δ 及砂土重度 γ_s 视为随机变量。墙顶宽度 a 和墙底宽度 b 为设计参数。

本算例仅考虑墙体倾覆和墙体滑移这两种半重力式挡土墙最主要的破坏模式（或失效模式）（杜永峰 等，2008；黄太华和袁健，2004）。根据 Low（2005），在不考虑墙底与地基的摩擦力作用时，该半重力式挡土墙墙体倾覆和墙体滑移两种失效模式的安全系数分别为

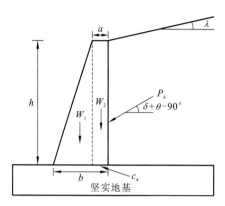

图 2.5.10 半重力式挡土墙剖面示意图

$$FS_1 = \frac{W_1 A_1 + W_2 A_2 + P_{av} A_{ah}}{P_{ah} A_{av}} \qquad (2.5.9)$$

$$FS_2 = \frac{b c_a}{P_{ah}} \qquad (2.5.10)$$

式中：$W_1 = 0.5\gamma_{wall}(b-a)h$ 和 $W_2 = \gamma_{wall}ah$ 为墙体两部分的重力，其作用点与墙趾的水平距离分别为 $A_1 = 2(b-a)/3$ 和 $A_2 = b - 0.5a$；$P_{ah} = P_a\cos\delta$ 和 $P_{av} = P_a\sin\delta$ 分别为土压力 P_a 的水平分力和竖直分力，且 P_a 作用点与墙趾的水平距离和竖直距离分别为 $A_{ah} = b$ 和 $A_{av} = h/3$。墙后土压力为 $P_a = 0.5K_a\gamma_s h^2$，土压力系数 K_a 为（Low，2005）

$$K_a = [\sin(\theta - \phi')/\sin\theta]^2 \Big/ \left[\sqrt{\sin(\theta+\delta)} + \sqrt{\sin(\phi'+\delta)\sin(\phi'-\lambda)/\sin(\theta-\lambda)}\right]^2 \qquad (2.5.11)$$

根据黄宏伟等（2014），假定随机变量 γ_s、ϕ'、δ 和 c_a 均服从正态分布，其具体分布参数如表 2.5.6 所示，此外 ϕ' 和 δ 存在较强相关性，取相关系数为 0.8。设计参数墙顶宽度 a 取 0.2 m、0.4 m 和 0.6 m，墙底宽度 b 从 1.6～3 m 每隔 0.2 m 取一个设计值，因此设计空间共有 $N_D = 24$ 个设计方案。该半重力式挡土墙设计将每米混凝土体积（m³/m）作为经济成本 C 的近似估计，即 $C = 0.5(a+b)h$。

表 2.5.6 半重力式挡土墙设计随机变量分布参数汇总

随机变量	概率分布类型	均值	变异系数均值	变异系数标准差
砂土重度 γ_s	正态分布	18 kN/m³	6.5%	1.17%
墙后土体摩擦角 ϕ'	正态分布	35°	10%	2.5%
墙背与砂土之间的摩擦角 δ	正态分布	20°	10%	2.5%
地基与墙体底部黏聚力 c_a	正态分布	100 kPa	15%	3.33%

2）考虑多失效模式的鲁棒性设计

由于半重力式挡土墙的两种失效模式包含一些相同的随机变量（即 γ_s、ϕ' 和 δ），两种失效模式之间将存在一定的相关性（李典庆和周创兵，2009），因此失效模式并不是相互独立的，半重力式挡土墙的系统失效概率并不等于上述两种失效模式的失效概率之和。一次可靠度方法通常只考虑单一失效模式，在进行系统可靠度设计时，黄宏伟等（2014）

利用现有的基于可靠度理论的鲁棒性设计方法分别针对两种失效模式进行了设计，取更保守的设计方案作为最终设计方案。蒙特卡罗模拟方法作为一种随机模拟方法，能简单、有效地进行系统可靠度评估，无须单独对某一失效模式进行分析，基于此，利用本章所提方法能直接得到系统可靠度设计结果。按照平均值加减 3 倍标准差 σ 的 3σ 法则可大致确定 γ_s、ϕ'、δ 和 c_a 的取值范围，分别为[12.6 kN/m³，23.4 kN/m³]、[28°，42°]、[18°，32°]和[10 kPa，190 kPa]。与岩质边坡类似，假定随机变量相互独立且在取值范围内服从均匀分布，对设计空间内的每个设计方案生成 $N_T=10^6$ 个随机样本。通过确定性分析模型[即式（2.5.9）和式（2.5.10）]计算 10^6 个样本对应的安全系数，只要 FS_1 或 FS_2 小于 1，对应的样本即失效样本。

　　假定随机变量的变异系数服从正态分布，按照表 2.5.6 生成 1 000 组变异系数值。结合识别出的失效样本，利用式（2.4.4）计算相应的失效概率。在此基础上，利用式（2.4.2）和式（2.4.3）计算得到各设计方案系统的失效概率均值 μ_P 和标准差 σ_P，如图 2.5.11 所示。可以看出，当 $b<2$ m 时，失效概率均值 μ_P 和标准差 σ_P 均随着墙顶宽度 a 与墙底宽度 b 的增加而减小；当 $b\geqslant2$ m 时，失效概率均值 μ_P 和标准差 σ_P 与 a 的变化无关，仅随 b 的增加而减小。因此，相比于墙顶宽度 a，墙底宽度 b 更为关键。由式（2.5.9）和式（2.5.10）可以看出，墙体滑移失效模式的安全系数只与 b 有关，由图 2.5.11 可知，当 $b\geqslant2$ m 时，半重力式挡土墙鲁棒性设计的控制失效模式为墙体滑移。

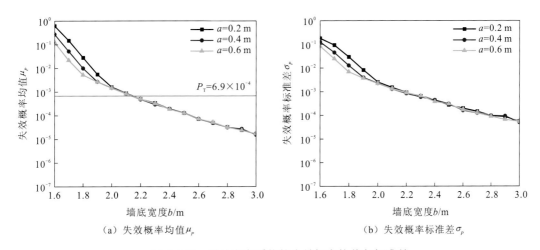

（a）失效概率均值 μ_P　　　　　　　（b）失效概率标准差 σ_P

图 2.5.11　设计方案系统的失效概率均值与标准差

　　指定目标失效概率 $P_T=6.9\times10^{-4}$，由图 2.5.11（a）可知，$b\geqslant2.2$ m 的设计方案为可行设计方案。图 2.5.12 给出了所有可行设计方案（三角形符号）的经济成本与失效概率标准差的关系，可以看出，半重力式挡土墙的鲁棒性水平随经济成本的增加显著提高（失效概率标准差降低）。

　　由于方案较少，不使用非支配排序遗传算法便可建立针对系统失效的帕累托前沿，如图 2.5.12 中实线所示。经统计发现，位于帕累托前沿上的点均是 $a=0.2$ m 的设计方案，因此在相同的经济成本下，墙底宽度 b 越大、墙顶宽度 a 越小，半重力式挡土墙的鲁棒性水平越高。据此可以得到不同目标经济成本水平下的鲁棒性设计结果，选取 $C_T =$ 8 m³/m、9 m³/m 和 10 m³/m 为目标经济成本水平，相应的最终设计方案如表 2.5.7 所示。

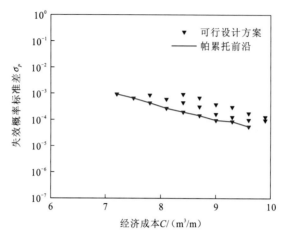

图 2.5.12　半重力式挡土墙多失效模式可行设计方案经济成本与失效概率标准差的关系

表 2.5.7　各目标经济成本水平下重力式挡土墙鲁棒性设计结果

目标经济成本水平 C_T/(m³/m)	设计结果	经济成本/(m³/m)	失效概率标准差 σ_P
8	a=0.2 m，b=2.4 m	7.8	4.35×10^{-4}
9	a=0.2 m，b=2.8 m	9	9.52×10^{-5}
10	a=0.2 m，b=3.0 m	9.6	5.49×10^{-5}

同样，若工程师更看重设计方案的鲁棒性指标，也可以根据失效概率置信水平进行鲁棒性设计。图 2.5.13 给出了可行设计方案鲁棒性指标与经济成本的关系。图 2.5.13 中实线为帕累托前沿，同样位于帕累托前沿上的点均是 a=0.2 m 的设计方案。据此选取 3 个目标鲁棒性指标（1.5、2 和 2.5）进行设计，设计结果如表 2.5.8 所示，可以看出，随着鲁棒性要求的提高，鲁棒性设计结果的经济成本显著增加。

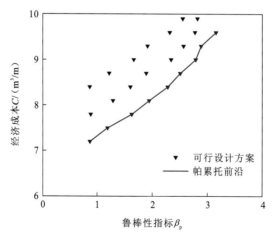

图 2.5.13　半重力式挡土墙多失效模式可行设计方案鲁棒性指标与经济成本的关系

表 2.5.8　各目标鲁棒性指标下的半重力式挡土墙鲁棒性设计结果

目标鲁棒性指标	设计结果	实际鲁棒性指标	经济成本/（m³/m）
1.5	$a=0.2$ m，$b=2.4$ m	1.62	7.8
2	$a=0.2$ m，$b=2.6$ m	2.27	8.4
2.5	$a=0.2$ m，$b=2.7$ m	2.5	8.7

3）关键失效模式识别

本小节对单独考虑两种失效模式时的失效概率均值和标准差进行了对比，以识别鲁棒性设计中安全性要求和鲁棒性要求的控制失效模式。在 10^6 个随机样本中分别识别出 $FS_1<1$ 和 $FS_2<1$ 的失效样本，进一步计算设计方案失效概率均值和标准差，结果如图 2.5.14 所示。

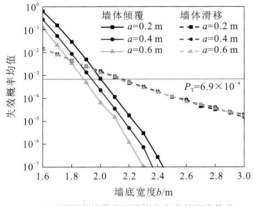

（a）不同失效模式下设计方案失效概率均值　　　（b）不同失效模式下设计方案失效概率标准差

图 2.5.14　不同失效模式下设计方案失效概率均值和标准差

由图 2.5.14（a）可以看出，增加墙顶宽度 a 和墙底宽度 b 可以显著降低墙体倾覆失效概率；墙体滑移失效概率仅与 b 有关，且随着 b 的增加而减小，这是由于没考虑墙底与地基摩擦力的作用。当 $b \geqslant 2$ m 时墙体滑移失效概率远大于墙体倾覆失效概率，墙体滑移为主要失效模式，这也解释了图 2.5.11（a）中系统的失效概率均值在 $b \geqslant 2$ m 后不随 a 变化的现象。当两种失效模式的目标失效概率均为 $P_T=6.9\times10^{-4}$ 时，可行的设计方案分别为 $b \geqslant 2$ m 和 $b \geqslant 2.2$ m。与考虑多失效模式时 $b \geqslant 2.2$ m 为可行设计方案相比，墙体滑移为半重力式挡土墙安全性要求的控制失效模式。

由图 2.5.14（b）可以得出类似结论，即增加 a 和 b 可以显著降低墙体倾覆失效概率标准差，提高结构的鲁棒性水平；而墙体滑移失效概率标准差仅随 b 的增加而减小。在 $P_T=6.9\times10^{-4}$ 的可行设计方案 $b \geqslant 2.2$ m 中，相比于墙体倾覆，墙体滑移失效概率标准差更大，即墙体滑移为半重力式挡土墙鲁棒性要求的控制失效模式。

参 考 文 献

包承纲, 1989. 谈岩土工程概率分析法中的若干基本问题[J]. 岩土工程学报, 11(4): 94-98.

陈祖煜, 2010. 水利水电工程风险分析及可靠度设计技术进展[M]. 北京: 中国水利水电出版社.

杜永峰, 余钰, 李慧, 2008. 重力式挡土墙稳定性的结构体系可靠度分析[J]. 岩土工程学报, 30(3): 349-353.

冯兴中, 2010. 用可靠指标 β 衡量结构安全级别前提条件的探讨[J]. 西北水电(3): 75-83.

黄宏伟, 龚文平, 庄长贤, 等, 2014. 重力式挡土墙鲁棒性设计[J]. 同济大学学报(自然科学版), 42(3): 377-385.

黄太华, 袁健, 2004. 关于重力式挡土墙截面尺寸确定方法的探讨[J]. 岩土工程技术, 18(5): 242-243.

李典庆, 周创兵, 2009. 考虑多失效模式相关的岩质边坡体系可靠度分析[J]. 岩石力学与工程学报, 28(3): 541-551.

李典庆, 周创兵, 陈益峰, 等, 2010. 边坡可靠度分析的随机响应面法及程序实现[J]. 岩石力学与工程学报, 29(8): 1513-1523.

李典庆, 蒋水华, 张利民, 等, 2013a. 考虑锚杆腐蚀作用的岩质边坡系统可靠度分析[J]. 岩石力学与工程学报, 32(6): 1137-1144.

李典庆, 祁小辉, 周创兵, 等, 2013b. 考虑参数空间变异性的无限长边坡可靠分析[J]. 岩土工程学报, 35(10): 1799-1806.

李典庆, 唐小松, 周创兵, 2014. 基于 Copula 理论的岩土体参数不确定性表征与可靠度分析[M]. 北京: 科学出版社.

李育超, 凌道盛, 陈云敏, 等, 2005. 蒙特卡洛法与有限元相结合分析边坡稳定性[J]. 岩石力学与工程学报, 24(11): 1933-1941.

谭晓慧, 2001. 边坡稳定可靠度分析方法的探讨[J]. 重庆大学学报(自然科学版), 24(6): 40-44.

吴振君, 王水林, 葛修润, 2009. 约束随机场下的边坡可靠度随机有限元分析方法[J]. 岩土力学, 30(10): 3086-3092.

张璐璐, 张洁, 徐耀, 等, 2011. 岩土工程可靠度理论[M]. 上海: 同济大学出版社.

张明, 2009. 结构可靠度分析: 方法与程序[M]. 北京: 科学出版社.

中华人民共和国水利部, 2007. 水利水电工程边坡设计规范: SL 386—2007[S]. 北京: 中国水利水电出版社.

中华人民共和国住房和城乡建设部, 中华人民共和国国家质量监督检验检疫总局, 2013. 水利水电工程结构可靠性设计统一标准: GB 50199—2013[S]. 北京: 中国计划出版社.

ANG A H S, TANG W H, 2007. Probability concepts in engineering: Emphasis on applications to civil and environmental engineering[M]. Hoboken: John Wiley & Sons.

AU S K, BECK J L, 2001. Estimation of small failure probabilities in high dimensions by subset simulation[J]. Probabilistic engineering mechanics, 16(4): 263-277.

BAECHER G B, CHRISTIAN J T, 2003. Reliability and statistics in geotechnical engineering[M]. Hoboken:

John Wiley & Sons.

BECKER D E, 1996. Eighteenth Canadian geotechnical colloquium: Limit states design for foundations. Part I. An overview of the foundation design process[J]. Canadian geotechnical journal, 33(6): 956-983.

BEYER H G, SENDHOFF B, 2007. Robust optimization: A comprehensive survey[J]. Computer methods in applied mechanics and engineering, 196(33): 3190-3218.

CAO Z J, WANG Y, LI D Q, 2016. Quantification of prior knowledge in geotechnical site characterization[J]. Engineering geology, 203: 107-116.

CHEN W, ALLEN J K, TSUI K L, et al., 1996. A procedure for robust design: Minimizing variations caused by noise factors and control factors[J]. Journal of mechanical design, 118(4): 478-485.

DEB K, GUPTA S, 2011. Understanding knee points in bicriteria problems and their implications as preferred solution principles[J]. Engineering optimization, 43(11): 1175-1204.

DEB K, PRATAP A, AGARWAL S, et al., 2002. A fast and elitist multiobjective genetic algorithm: NSGA-II[J]. IEEE transactions on evolutionary computation, 6(2): 182-197.

DOLTSINIS I, KANG Z, CHENG G D, 2005. Robust design of non-linear structures using optimization methods[J]. Computer methods in applied mechanics and engineering, 194(12): 1779-1795.

DUNCAN J M, 2000. Factors of safety and reliability in geotechnical engineering[J]. Journal of geotechnical and geoenvironmental engineering, 126(4): 307-316.

DUNCAN J M, TAN C K, BARKER R M, et al., 1989. Load & resistance factor design for bridge foundations[C]// Symposium on Limit States Design in Foundation Engineering.[S. l.]: [s. n.]: 47-63.

EL-RAMLY H, MORGENSTERN N R, CRUDEN D M, 2002. Probabilistic slope stability analysis for practice[J]. Canadian geotechnical journal, 39(3): 665-683.

FENTON G A, GRIFFITHS D V, WILLIAMS M B, 2005. Reliability of traditional retaining wall design[J]. Géotechnique, 55(1): 55-62.

FENTON G A, NAGHIBI F, DUNDAS D, et al., 2015. Reliability-based geotechnical design in 2014 Canadian highway bridge design code[J]. Canadian geotechnical journal, 53(2): 236-251.

GHOSH A, DEHURI S, 2004. Evolutionary algorithms for multi-criterion optimization: A survey[J]. International journal of computing and information sciences, 2(1): 38-57.

GONG W P, WANG L, JUANG C H, et al., 2014a. Robust geotechnical design of shield-driven tunnels[J]. Computers and geotechnics, 56: 191-201.

GONG W P, WANG L, KHOSHNEVISAN S, et al., 2014b. Robust geotechnical design of earth slopes using fuzzy sets[J]. Journal of geotechnical and geoenvironmental engineering, 141(1): 04014084.

HOEK E, 2006a. A slope stability problem in Hong Kong[M]//HOEK E. Practical rock engineering. [S. l.]: [s. n.]:111-125.

HOEK E, 2006b. Factor of safety and probability of failure[M]//HOEK E. Practical rock engineering. [S. l.]: [s. n.]: 126-139.

International Organization for Standardization, 2015. General principles on reliability for structures: ISO 2394: 2015[S]. Geneva: ISO.

JIANG S H, LI D Q, CAO Z J, et al., 2015. Efficient system reliability analysis of slope stability in spatially variable soils using Monte Carlo simulation[J]. Journal of geotechnical and geoenvironmental engineering, 141(2): 04014096.

JUANG C H, WANG L, 2013. Reliability-based robust geotechnical design of spread foundations using multi-objective genetic algorithm[J]. Computers and geotechnics, 48: 96-106.

JUANG C H, WANG L, KHOSHNEVISAN S, et al., 2013a. Robust geotechnical design: Methodology and applications[J]. Journal of geoengineering, 8(3): 71-81.

JUANG C H, WANG L, LIU Z F, et al., 2013b. Robust geotechnical design of drilled shafts in sand: New design perspective[J]. Journal of geotechnical and geoenvironmental engineering, 139(12): 2007-2019.

KOUTSOURELAKIS P S, PRADLWARTER H J, SCHUËLLER G I, 2004. Reliability of structures in high dimensions, part I: Algorithms and applications[J]. Probabilistic engineering mechanics, 19(4): 409-417.

LEE J H, KIM T, LEE H, 2010. A study on robust indentation techniques to evaluate elastic-plastic properties of metals[J]. International journal of solids and structures, 47(5): 647-664.

LEE Y F, CHI Y Y, JUANG C H, et al., 2011. Reliability analysis of rock wedge stability: Knowledge-based clustered partitioning approach[J]. Journal of geotechnical and geoenvironmental engineering, 138(6): 700-708.

LI D Q, QI X H, PHOON K K, et al., 2014. Effect of spatially variable shear strength parameters with linearly increasing mean trend on reliability of infinite slopes[J]. Structural safety, 49: 45-55.

LI D Q, ZHANG F P, CAO Z J, et al., 2015. Efficient reliability updating of slope stability by reweighting failure samples generated by Monte Carlo simulation[J]. Computers and geotechnics, 69: 588-600.

LOW B K, 2005. Reliability-based design applied to retaining walls[J]. Géotechnique, 55(1): 63-75.

LOW B K, 2007. Reliability analysis of rock slopes involving correlated nonnormals[J]. International journal of rock mechanics and mining sciences, 44(6): 922-935.

LOW B K, 2008. Efficient probabilistic algorithm illustrated for a rock slope[J]. Rock mechanics and rock engineering, 41(5): 715-734.

MCKAY M D, 1988. Sensitivity and uncertainty analysis using a statistical sample of input values[M]//RONEN Y. Uncertainty analysis. Boca Raton: CRC Press: 145-186.

MORTENSEN K, 1983. Is limit state design a judgment killer?[R]. Copenhagen: Danish Geotechnical Institute.

NAGHIBI F, FENTON G A, 2017. Target geotechnical reliability for redundant foundation systems[J]. Canadian geotechnical journal, 54(7): 945-952.

PARK G J, LEE T H, LEE K H, et al., 2006. Robust design: An overview[J]. AIAA journal, 44(1): 181-191.

PHOON K K, RETIEF J V, 2016. Reliability of geotechnical structures in ISO 2394[M]. Boca Raton: CRC Press.

PHOON K K, RETIEF J V, CHING J, et al., 2016. Some observations on ISO 2394: 2015 Annex D (Reliability of Geotechnical Structures)[J]. Structural safety, 62: 24-33.

SHINOZUKA M, 1983. Basic analysis of structural safety[J]. Journal of structural engineering, 109(3):

721-740.

TAGUCHI G, 1986. Introduction to quality engineering: Designing quality into products and processes[M]. New York: White Plains.

TAMIMI S, AMADEI B, FRANGOPOL D M, 1989. Monte Carlo simulation of rock slope reliability[J]. Computers and structures, 33(6): 1495-1505.

TANG X S, LI D Q, ZHOU C B, et al., 2015. Copula-based approaches for evaluating slope reliability under incomplete probability information[J]. Structural safety, 52: 90-99.

TSUI K L, 1992. An overview of Taguchi method and newly developed statistical methods for robust design[J]. IIE transactions, 24(5): 44-57.

U.S. Army Corps of Engineers, 1997. Introduction to probability & reliability methods for geotechnical engineering[R]. Washington, D. C. : Dept of the Army.

WANG Y, 2011. Reliability-based design of spread foundations by Monte Carlo simulations[J]. Géotechnique, 61(8): 677-685.

WANG Y, CAO Z J, 2013. Expanded reliability-based design of piles in spatially variable soil using efficient Monte Carlo simulations[J]. Soils and foundations, 53(6): 820-834.

WANG Y, AU S K, KULHAWY F H, 2011. Expanded reliability-based design approach for drilled shafts[J]. Journal of geotechnical and geoenvironmental engineering, 137(2): 140-149.

ZHAO Y G, ONO T, 2000. New point estimates for probability moments[J]. Journal of engineering mechanics, 126(4): 433-436.

第 3 章

基于子集模拟的全概率可靠度
设计方法

3.1 引　言

　　近年来，岩土工程设计规范正逐渐向基于可靠度设计的方向转变，并且在实际工程中得到了广泛的应用和发展。由于概念简单且方便使用，大部分国家和地区的可靠度设计规范均推荐采用半概率可靠度设计方法，但采用半概率可靠度设计方法对岩土工程结构进行设计时存在许多挑战，本章以支挡结构为例进行说明，其挑战主要源于以下三个方面。首先，支挡结构的荷载和抗力具有相关性。支挡结构是一种特殊的结构，抗力和部分荷载来自土体有效应力，具有很强的相关性（Wang，2013；Christian and Baecher，2011）。当采用基于概率论的极限状态设计方法设计支挡结构时，上述相关性将给分项系数的校准和土体参数标准值的选取带来困难，这是岩土工程可靠度设计领域的未解难题之一（Christian and Baecher，2011）。然后，支挡结构存在相互耦合的多种失效模式。由于不同失效模式的荷载和抗力相互耦合，且不同失效模式之间存在相关性，因此支挡结构可靠度设计是一个系统可靠度问题。最后，岩土体参数空间变异性是岩土体参数不确定性的重要来源（Wang et al.，2016；Stuedlein et al.，2012；Baecher and Christian，2003；Phoon and Kulhawy，1999；Kulhawy，1996；Christian et al.，1994），对于桩基础（Stuedlein and Bong，2017；Li D Q et al.，2015；Wang and Cao，2013；Stuedlein et al.，2012；Fenton and Griffiths，2007，2003，2002）、挡土结构（Zevgolis and Bourdeau，2010；Fenton et al.，2005）、边坡等岩土工程结构（Li et al.，2016；Xiao et al.，2016；Li et al.，2014；Jiang et al.，2014；Wang et al.，2011a；Huang et al.，2010；Griffiths and Fenton，2009，2004），参数空间变异性对其可靠度设计结果具有重要影响。

　　针对上述挑战，基于蒙特卡罗模拟的全概率可靠度设计方法具有独特的优势（Wang，2013；Wang and Cao，2013；Wang et al.，2011b；Wang，2011）。应用基于蒙特卡罗模拟的全概率可靠度设计方法最大的挑战在于计算效率较低，在求解小失效概率问题或复杂的计算模型时尤为显著。例如，假设某种岩土结构的失效概率为 1.0×10^{-3}，应用蒙特卡罗模拟方法计算其失效概率时，至少需要产生 1.0×10^{5} 个随机样本来满足计算精度，同时也意味着需要对该结构重复进行 1.0×10^{5} 次确定性计算，对于复杂的计算模型，需要花费大量的计算时间。Wang 和 Cao（2013）、Li 等（2016）提出了一种基于子集模拟的扩展可靠度设计方法，采用子集模拟方法，大大提高了设计方法的计算效率。然而，该方法的效率和精度取决于驱动变量的构建，而其构建过程又高度依赖于计算模型，使得设计方法的通用性和实用性受到了一定的限制。

　　基于上述问题，本章提出了基于广义子集模拟的可靠度设计方法，通过半重力式挡土墙、重力式挡土墙和钢板桩三个设计案例对所提方法进行了验证，并从三个方面说明了所提方法的高效性：①不同可能设计方案之间的相关性和不同失效模式之间的相关性；②基于广义子集模拟的可靠度设计方法的算法特性；③全概率可靠度设计流程。

3.2 子集模拟方法

为了克服蒙特卡罗模拟方法计算效率低的不足，Au 和 Beck（2001）利用马尔可夫（Markov）链蒙特卡罗模拟方法对蒙特卡罗模拟方法进行了改进，提出了子集模拟方法。子集模拟方法的基本思想是将一个小概率的失效事件表达为一系列较大概率的中间失效事件 $\{E_1, E_2, \cdots, E_m\}$，并通过产生中间失效事件的条件样本逐步逼近目标失效区域。失效事件定义为系统驱动变量 Y 大于某一临界阈值 y，即 $P(E)=P\{Y>y\}$。将 $y_1, y_2, \cdots, y_m$ $(y=y_1<y_2<\cdots<y_m)$ 作为 m 个中间失效事件 $E_i=\{Y>y_i, i=1,2,\cdots,m\}$ 的临界阈值，则失效概率可以表达为 $P(E) = P\{Y>y\}\prod_{i=2}^{m}P\{Y>y_i \mid Y>y_{i-1}\}$（Li et al.，2016；Wang and Cao，2013；Au and Beck，2001）。子集模拟方法的原理如图 3.2.1 所示，计算过程如下：①在子集模拟的第 0 层使用蒙特卡罗模拟方法产生 N 个随机样本并计算每个样本对应的系统驱动变量，对系统驱动变量按照从大到小的顺序排序；②将第 p_0N（p_0 为初始条件概率）个系统驱动变量作为第一个临界阈值，同时选取前 p_0N 个系统驱动变量对应的随机样本作为种子样本；③根据选择的 p_0N 个种子样本，利用马尔可夫链蒙特卡罗模拟方法产生 $(1-p_0)N$ 个等效随机样本，它们与 p_0N 个种子样本一起构成第 1 层子集模拟的随机样本，其同样有 N 个随机样本，计算每个随机样本对应的系统驱动变量，对系统驱动变量按照从大到小的顺序排序；④重复步骤②和③，直至随机样本到达相应的失效区域。上述模拟过程的详细步骤和原理，众多学者已经做了详细的介绍与说明，此处不再赘述。

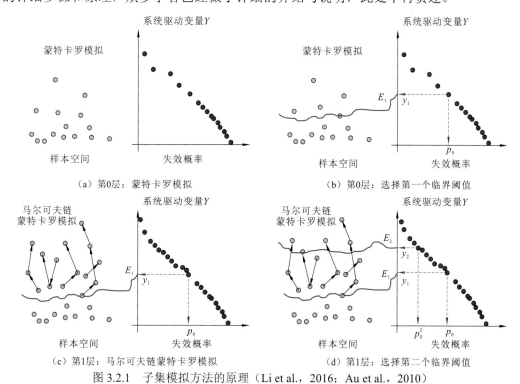

（a）第 0 层：蒙特卡罗模拟 　　　　　（b）第 0 层：选择第一个临界阈值

（c）第 1 层：马尔可夫链蒙特卡罗模拟 　　（d）第 1 层：选择第二个临界阈值

图 3.2.1　子集模拟方法的原理（Li et al.，2016；Au et al.，2010）

3.3 广义子集模拟方法

3.3.1 算法

广义子集模拟方法是在子集模拟方法的基础上发展而来的一种高效的失效概率计算方法，通过一次随机模拟即可计算出多个失效事件的失效概率（Li H S et al.，2015）。广义子集模拟方法已被成功用于计算边坡系统的失效概率（Li et al.，2017），但是该算例只是针对一个预先设计好的、固定设计方案的失效概率进行求解，并没有将广义子集模拟方法用于岩土工程可靠度设计问题，如挡土结构的可靠度设计。由 1.3.2 小节的讨论可知，可靠度设计问题针对设计空间中的 N_D 种可能设计方案，且每种可能设计方案都要计算相应的失效概率 $P_f^{(j)}(j=1,2,\cdots,N_D)$。尽管广义子集模拟方法可以高效地计算每种可能设计方案的失效概率，但是需要重复进行 N_D 次模拟才能求出所有可能设计方案的失效概率。本章提出了一种基于广义子集模拟的可靠度设计方法，其使用一次广义子集模拟方法即可求解所有可能设计方案的失效概率，进而确定可行设计方案，具体算法如下。

以一个挡土结构的可靠度设计问题为例，假设该挡土结构的设计空间被人为划分为 N_D 种可能设计方案（如 $D^{(j)}$，$j=1,2,\cdots,N_D$）。$Y^{(j)}$ 是第 j 种设计方案中设计者感兴趣的响应变量，如安全系数 $\mathrm{FS}^{(j)}$ 或安全系数的倒数 $1/\mathrm{FS}^{(j)}$，通常情况下被称为驱动变量 $Y^{(j)}$，详见子集模拟方法。为了与其他研究者保持一致，本章中驱动变量 $Y^{(j)}$ 采用 $1/\mathrm{FS}^{(j)}$。由于挡土结构的系统失效模式可以看作各子失效模式的串联，因此，$Y^{(j)}$ 作为一种系统响应，可由式（3.3.1）计算：

$$Y^{(j)} = \max\left\{1/\mathrm{FS}_1^{(j)},\cdots,1/\mathrm{FS}_k^{(j)},\cdots,1/\mathrm{FS}_{N_F}^{(j)}\right\} \qquad (3.3.1)$$

式中：$1/\mathrm{FS}_k^{(j)}, k=1,2,\cdots,N_F$ 为每种可能设计方案 $D^{(j)}$ 的第 k 种子失效模式的安全系数的倒数。此时，系统失效事件 $F^{(j)}$ 可以定义为

$$F^{(j)} = \{Y^{(j)} > y^{(j)}\} \qquad (3.3.2)$$

式中：$y^{(j)}$ 为可能设计方案 $D^{(j)}$ 的一个阈值（该阈值为一个固定值，如 $y^{(j)}=1$）。为了计算不同可能设计方案的失效概率 $P_f^{(j)}$，对不同的设计方案产生相应的失效样本以模拟它们各自的系统失效事件。为了达到这一目的，定义一个联合失效事件 F_U，该联合失效事件为所有 N_D 种可能设计方案的系统失效事件 $F^{(j)}$ 的并集，F_U 的定义如下：

$$F_U = F^{(1)} \bigcup F^{(2)} \bigcup \cdots \bigcup F^{(j)} \bigcup \cdots \bigcup F^{(N_D)} \qquad (3.3.3)$$

因此，基于广义子集模拟的可靠度设计方法可以驱动计算样本向所有可能设计方案的联合失效区域移动，计算过程中产生的失效样本将用来计算所有可能设计方案的失效概率 $P_f^{(j)}$，这些失效样本同时满足所有可能设计方案。

采用广义子集模拟方法时，联合失效事件 F_U 将通过一系列嵌套的中间失效事件 $F_{U,m}$ 逐步逼近联合失效区域，其中 $m=1,2,\cdots,M$，M 为中间失效事件的层数，中间失效事件满足如下关系：$F_{U,1} \supset F_{U,2} \supset \cdots \supset F_{U,m} \supset \cdots \supset F_{U,M}$。$F_{U,m}$ 为所有可能设计方案在第 m 层

模拟过程中的联合中间失效事件，可以由式（3.3.4）计算得出：

$$F_{U,m} = F_m^{(1)} \bigcup F_m^{(2)} \bigcup \cdots \bigcup F_m^{(j)} \bigcup \cdots F_m^{(N_D)} \tag{3.3.4}$$

式中：$F_m^{(j)}$ 为第 j 种可能设计方案 $D^{(j)}$ 在第 m 层模拟过程中产生的子中间失效事件，计算公式为

$$F_m^{(j)} = \{Y^{(j)} > y_m^{(j)}\} \tag{3.3.5}$$

其中：$y_m^{(j)}$ 为第 j 种可能设计方案 $D^{(j)}$ 在第 m 层模拟过程中的中间阈值。广义子集模拟执行过程中，利用程序生成的样本信息可以自动确定中间阈值 $y_m^{(j)}$，但是应满足下列两个条件：①随着模拟层数的增加，中间阈值 $y_m^{(j)}$ 单调递增，最终等于 1，通过这种方式将已确定的所有可能设计方案的样本空间逐步趋近于联合失效区域 $F^{(j)} = \{Y^{(j)} > y^{(j)}\}$ $(j = 1, 2, \cdots, N_D)$；②由样本估计的第 j 种可能设计方案 $D^{(j)}$ 的中间失效事件的概率 $P[F^{(j)}] = P\{Y^{(j)} > y^{(j)}\}$ 和条件失效概率 $P\left[F_{m+1}^{(j)} \mid F_{U,m}\right] = P\{Y^{(j)} > y_{m+1}^{(j)} \mid F_{U,m}\}$ 恒等于一个特定的值 p_0，p_0 为初始条件概率，通常可以取 0.1。

与原始子集模拟方法类似，广义子集模拟方法开始于蒙特卡罗模拟，首先产生 N 个独立的随机样本，并将其作为第 0 层模拟的样本。然后利用每个随机样本计算所有可能设计方案 $D^{(j)}(j = 1, 2, \cdots, N_D)$ 对应的系统响应 $Y^{(j)}$，并将其按照升序排列。将按照升序排列之后的第 $(1 - p_0)N$ 个 $Y^{(j)}$ 作为第 j 种可能设计方案 $D^{(j)}$ 在第 1 层模拟中的中间阈值 $y_1^{(j)}$，此时由样本估计的第 j 种可能设计方案 $D^{(j)}$ 的中间失效事件的概率 $P[F_1^{(j)}] = P\{Y^{(j)} > y_1^{(j)}\} = p_0$，因此事件 $F_1^{(j)} = \{Y^{(j)} > y_1^{(j)}\}$ 中共有 $p_0 N$ 个随机样本由蒙特卡罗模拟方法产生。根据蒙特卡罗模拟方法产生的 N 个随机样本对每种可能设计方案 $D^{(j)}$ 均重复执行上述过程，计算出每种设计方案的中间阈值 $y^{(j)}$，由该中间阈值，可以确定每种设计方案在事件 $F_1^{(j)} = \{Y^{(j)} > y_1^{(j)}\}$ 中的 $p_0 N$ 个随机样本，所有可能设计方案在第 1 层模拟过程中的联合中间失效事件 $F_{U,1}$ 可由 $F_1^{(j)}$ 的并集确定［式（3.3.4）］，该方法可以保证所有可能设计方案的事件样本 $F_1^{(j)} = \{Y^{(j)} > y_1^{(j)}\}$ 均包含于 $F_{U,1}$ 之中。定义 $F_{U,1}$ 中的样本数目为 N_1，因此事件 $F_{U,1}$ 发生的概率 $P(F_{U,1}) \approx N_1/N$。同时，将 $F_{U,1}$ 中的 N_1 个样本作为种子样本来产生额外的 $N-N_1$ 个条件样本，使得 $F_{U,1}$ 中共有 N 个条件样本，并将其作为第 1 层模拟的样本。因此，如何有效产生条件样本对于广义子集模拟方法的成功应用至关重要，本章通过马尔可夫链蒙特卡罗模拟方法来产生条件样本，详细的实现过程可参考 Au 和 Beck（2001）、Au 等（2010）、Au 和 Wang（2014），此处不再赘述。

根据 $F_{U,1}$ 中的 N 个条件样本，计算所有可能设计方案 $D^{(j)}(j = 1, 2, \cdots, N_D)$ 对应的系统响应 $Y^{(j)}$，并将其按照升序排列。将按照升序排列之后的第 $(1 - p_0)N$ 个 $Y^{(j)}$ 作为第 j 种可能设计方案 $D^{(j)}$ 在第 2 层模拟中的中间阈值 $y_2^{(j)}$，此时由样本估计的第 j 种可能设计方案 $D^{(j)}$ 的中间失效事件的条件概率 $P[F_2^{(j)} \mid F_{U,1}] = P\{Y^{(j)} > y_2^{(j)} \mid F_{U,1}\} = p_0$。同时，对于每种可能设计方案而言，都有 $p_0 N$ 个种子样本满足事件 $F_2^{(j)} = \{Y^{(j)} > y_2^{(j)}\}$，这些种子样本均来自 $F_{U,1}$。因此，通过式（3.3.4）可以确定 $F_{U,2}$，共有 N_2 个种子样本属于 $F_{U,2}$，这些种子

样本将被用于马尔可夫链蒙特卡罗模拟过程以产生额外的 $N-N_2$ 个条件样本，将其并入 $F_{U,2}$ 中作为第 2 层模拟的样本。

重复执行上述过程 M 次，以同时趋近于 N_D 种可能设计方案的联合失效区域，直至到达规定的概率空间，如 $P_f^{(j)} < P_T$。最终共有 $M+1$ 层模拟样本，包括 1 层蒙特卡罗模拟样本和 M 层马尔可夫链蒙特卡罗模拟样本，过程中共产生 $N + \sum_{m=1}^{M}(N - N_m)$ 个样本。根据产生的样本，可以确定不同可能设计方案 $D^{(j)}$ 的失效概率 $P_f^{(j)}$。

3.3.2 设计方案失效概率

在广义子集模拟过程中，不同可能设计方案的失效概率 $P_f^{(j)}$ 大小不一，因此不同的可能设计方案在不同的模拟层进入各自相应的失效区域（$F^{(j)}$，$j = 1, 2, \cdots, N_D$）。定义 $M^{(j)}$（$M^{(j)} \leq M$）为第 j 种可能设计方案进入失效区域 $F^{(j)}$ 时所在的模拟层数，通常情况下，$M^{(j)}$ 随着可能设计方案失效概率 $P_f^{(j)}$ 的减小而逐渐增大。根据广义子集模拟过程中产生的样本，可能设计方案的失效概率 $P_f^{(j)}$ 可用式（3.3.6）进行估算：

$$P_f^{(j)} = P[F^{(j)}] = P(F_{U,1})P(F_{U,2}|F_{U,1}) \cdots P[F_{U,M^{(j)}-1}|F_{U,M^{(j)}-2}]P[F^{(j)}|F_{U,M^{(j)}-1}] = \prod_{m=1}^{M^{(j)}-1} \frac{N_m}{N} \times \frac{N^{(j)}}{N}$$

（3.3.6）

其中，$P(F_{U,1}) \approx N_1/N$，$P(F_{U,m}|F_{U,m-1})$，$m = 1, 2, \cdots, M^{(j)} - 1$ 是给定 $F_{U,m-1}$ 样本下 $F_{U,m}$ 的条件概率，可以用第 m 层模拟过程中 $F_{U,m-1}$ 的种子样本数目 N_m 与 $F_{U,m-1}$ 的条件样本数目 N 的比值进行估算，即 $P(F_{U,m}|F_{U,m-1}) = N_m / N$，$P[F^{(j)}|F_{U,M^{(j)}-1}]$ 是给定联合中间事件 $F_{U,M^{(j)}-1}$ 样本下的 $F^{(j)}$ 的条件概率，可以用 $F^{(j)}$ 中的失效样本数目 $N^{(j)}$ 与 $F_{U,M^{(j)}-1}$ 中的条件样本数目 N 的比值进行估算，即 $P[F^{(j)}|F_{U,M^{(j)}-1}] = N^{(j)} / N$。随着模拟层数 m 的增加，具有较大失效概率 $P_f^{(j)}$ 的可能设计方案 $D^{(j)}$ 预先到达相应的失效区域，相应的失效概率 $P_f^{(j)}$ 可以用式（3.3.6）进行估算，在此后的模拟中，可将联合中间失效事件 $F_{U,m}$ 中这些可能设计方案的子中间失效事件 $F_m^{(j)}$ 移除。因此，随着模拟层数 m 的增加，联合中间失效事件 $F_{U,m}$ 中包含的子中间失效事件将逐渐减少，广义子集模拟方法的计算效率将越来越高。

通过式（3.3.6）可以发现，随着模拟层数 m 的增加，广义子集模拟方法将条件样本空间从大概率空间向小概率空间逐步逼近，进入失效区域 $F^{(j)}$ 的可能设计方案 $D^{(j)}$ 的失效概率 $P_f^{(j)}$ 逐步降低。随着模拟的进行，当失效概率空间的值（第 M 层模拟）小于目标失效概率 P_T 时，意味着处于该失效概率空间中的可能设计方案已经进入各自的失效区域，同时意味着没有进入失效区域的可能设计方案（全部为可行设计方案）的失效概率一定小于目标失效概率 P_T，相应的失效概率不需要进行额外的计算，此时程序即可终止。通常情况下，可行设计方案的失效概率较小，计算其准确的失效概率将花费大量的计算成本。由广义子集模拟方法的特性可知，当程序终止时，可行设计方案已经可以确定，这进一步提高了可靠度设计方法的计算效率。

更进一步来说,可能设计方案 $D^{(j)}$ 的不同失效模式 $F_k^{(j)} = \{1 / \mathrm{FS}_k^{(j)} > 1\}(k = 1, 2, \cdots, N_F)$ 的失效概率 $P[F_k^{(j)}]$ 也可以由一次广义子集模拟同时计算得出,只需要将相应的子中间失效事件加入联合中间失效事件的并集之中作为目标失效事件即可。由于在计算系统失效模式的响应时,不同失效模式的响应是必须进行计算的[式(3.3.1)],所以上述过程几乎不增加任何计算消耗。挡土结构系统失效模式是由不同子失效模式串联而成的,对于一种确定的可能设计方案而言,子失效模式进入其失效区域的时间要晚于系统失效模式进入其失效区域的时间,因为对于串联系统,子失效模式的失效概率总是小于或等于系统失效模式的失效概率。因此,当某可能设计方案的系统失效模式进入其失效区域之后,此可能设计方案的子中间失效事件 $F_m^{(j)}$ 不能从联合中间失效事件 $F_{U,m}$ 中移除,直到该可能设计方案的所有子失效模式均进入其相应的失效区域,才能获取子失效模式的失效概率。

3.3.3　最终设计方案确定原则

当从设计空间中选出可行设计方案之后,需要根据一定的原则寻求最优的设计方案,如经济最优原则(Wang,2011,2009;Wang and Kulhawy,2008)。一般情况下最优设计方案的选取应综合考虑结构的造价,结构失效后引起的风险、生命财产损失、对环境的危害、修复的投入等。然而,上述指标大部分已经在目标可靠指标中得到体现,因此本章仅将结构的造价作为寻求最优设计方案的原则。在得到结构的可行设计方案之后,计算出可以反映结构造价的指标,选取最小造价对应的可行设计方案作为最优设计方案。

3.4　算 例 分 析

本节对半重力式挡土墙、重力式挡土墙和钢板桩三种挡土结构进行可靠度设计,验证所提方法的正确性和高效性。

3.4.1　半重力式挡土墙设计

本节对如图 3.4.1 所示的半重力式挡土墙进行可靠度设计,Low(2005)以该结构为例,采用一次可靠度方法对其进行了可靠度设计。如图 3.4.1 所示,半重力式挡土墙的上顶宽度为 a,下底墙踵宽度为 b_h(等效下底宽度 $b = a + b_h$),墙高 $H = 6$ m。墙背与水平方向的夹角 $\theta = 90°$,墙后填土与水平方向之间的夹角为 $\alpha = 10°$,重度 $\gamma = 18$ kN/m³,内摩擦角为 φ。墙体由混凝土制成,重度为 $\gamma_c = 24$ kN/m³,墙背与墙后填土之间的摩擦角为 δ。假设墙体处于刚性黏土地基之上,具有足够的承载力,因此,本算例不考虑承载力破坏的失效模式。地基与墙体底部存在黏聚力 c_a 以抵抗墙体沿水平方向的滑动。

对于第 j 种可能设计方案(设计空间中 a 和 b_h 的组合),由挡土墙稳定条件可知,滑动失效模式的安全系数 $\mathrm{FS}_S^{(j)}$ 和倾覆失效模式的安全系数 $\mathrm{FS}_O^{(j)}$ 可由式(3.4.1)、式(3.4.2)

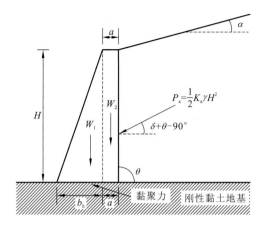

图 3.4.1　半重力式挡土墙设计算例（Low，2005）

计算得出：

$$\mathrm{FS}_{\mathrm{S}}^{(j)} = \frac{(a + b_{\mathrm{h}}) \times c_{\mathrm{a}}}{P_{\mathrm{ah}}} \tag{3.4.1}$$

$$\mathrm{FS}_{\mathrm{O}}^{(j)} = \frac{2b_{\mathrm{h}}W_1/3 + W_2(b_{\mathrm{h}} + a/2) + P_{\mathrm{av}}(b_{\mathrm{h}} + a)}{HP_{\mathrm{ah}}/3} \tag{3.4.2}$$

式中：$W_1 = \gamma_{\mathrm{c}}b_{\mathrm{h}}H/2$ 和 $W_2 = \gamma_{\mathrm{c}}aH$ 为半重力式挡土墙两部分的重力；$P_{\mathrm{ah}} = P_{\mathrm{a}}\cos\delta$ 为主动土压力 P_{a} 的水平分量，$P_{\mathrm{av}} = P_{\mathrm{a}}\sin\delta$ 为主动土压力 P_{a} 的竖向分量，主动土压力 P_{a} 的计算公式为

$$P_{\mathrm{a}} = \frac{1}{2}K_{\mathrm{a}}\gamma H^2 \tag{3.4.3}$$

其中：K_{a} 为主动土压力系数，计算公式为

$$K_{\mathrm{a}} = \left[\frac{\sin(\theta - \varphi)/\sin\theta}{\sqrt{\sin(\theta + \delta)} + \sqrt{\sin(\varphi + \delta)\sin(\varphi - \alpha)/\sin(\theta - \alpha)}}\right]^2 \tag{3.4.4}$$

此算例中 θ、α 分别为 90° 和 10°。

本算例将墙后填土的内摩擦角 φ、墙背与墙后填土之间的摩擦角 δ 和黏聚力 c_{a} 作为随机变量。假设 3 个参数均服从正态分布，统计特征与 Low（2005）保持一致，如表 3.4.1 所示。随机变量 φ 和 δ 之间具有正相关性，相关系数取 0.8。对于 $a=0.4$ m、$b_{\mathrm{h}}=1.4$ m 的设计方案，Low（2005）采用一次可靠度方法分别计算了挡土墙滑动失效模式和倾覆失效模式的失效概率，分别为 0.000 961 和 0.006 37；同时采用蒙特卡罗模拟方法验证了计算结果的准确性，随机样本数目为 80 万个，两种失效模式的失效概率分别为 0.001 08 和 0.006 33，系统失效概率为 0.007 15。同时，Low（2005）发现，半重力式挡土墙算例的系统失效概率处于不同子失效模式组成的最小系统失效概率（并联系统）和最大系统失效概率（串联系统）之间，表明此算例的滑动失效模式和倾覆失效模式之间既不完全相关又不完全独立。为了验证这一现象，采用蒙特卡罗模拟方法产生 1 000 组关于 φ、δ 和 c_{a} 的随机样本，选取均布于设计空间内的 5 种典型设计方案（$a=0.2$ m 和 $b_{\mathrm{h}}=1.0$ m、

$a=0.2$ m 和 $b_h=1.8$ m、$a=0.4$ m 和 $b_h=1.4$ m、$a=0.6$ m 和 $b_h=1.0$ m、$a=0.6$ m 和 $b_h=1.8$ m）分别计算相应的滑动失效模式的安全系数 $FS_S^{(j)}$ 和倾覆失效模式的安全系数 $FS_O^{(j)}$，绘制 $FS_S^{(j)}$ 和 $FS_O^{(j)}$ 的相关关系图，如图 3.4.2 所示。从图 3.4.2 中可以看出，$FS_S^{(j)}$ 和 $FS_O^{(j)}$ 之间具有明显的相关性，皮尔逊（Pearson）相关系数 ρ 在 0.74 左右。同时绘制 5 种典型设计方案两种失效模式安全系数之间的相关关系图，如图 3.4.3 所示。从图 3.4.3 中可以看出，在两种失效模式下，5 种典型设计方案的安全系数之间具有很强的相关性，皮尔逊相关系数几乎全部为 1。基于广义子集模拟的可靠度设计方法可以利用失效模式和设计方案之间的强相关性，实现更高的计算效率。

表 3.4.1　半重力式挡土墙算例随机变量的统计特征和分布类型（Low，2005）

随机变量	统计特征		分布类型	相关系数
	均值	变异系数		
φ	35°	0.1	正态分布	0.8
δ	20°	0.1	正态分布	
c_a	100 kPa	0.15	正态分布	

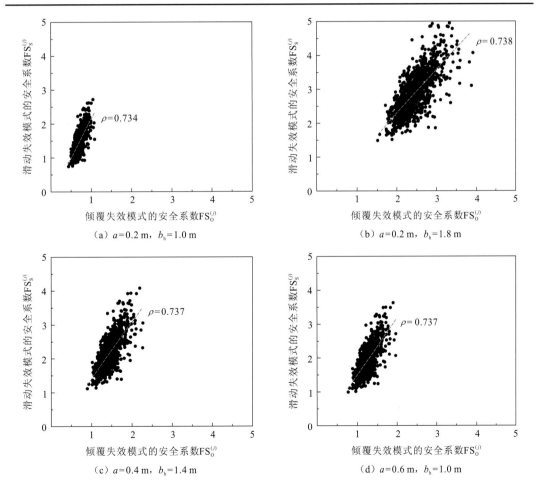

（a）$a=0.2$ m，$b_h=1.0$ m

（b）$a=0.2$ m，$b_h=1.8$ m

（c）$a=0.4$ m，$b_h=1.4$ m

（d）$a=0.6$ m，$b_h=1.0$ m

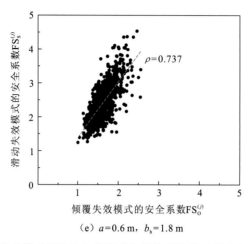

（e）$a=0.6$ m，$b_h=1.8$ m

图 3.4.2　倾覆失效模式和滑动失效模式之间的相关性（半重力式挡土墙算例）

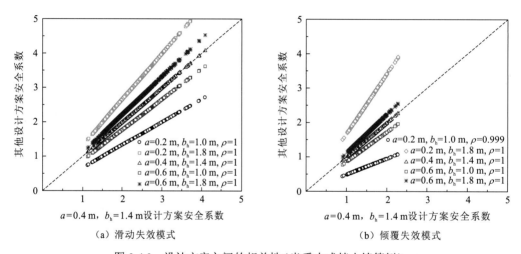

（a）滑动失效模式　　　　　　　　　（b）倾覆失效模式

图 3.4.3　设计方案之间的相关性（半重力式挡土墙算例）

　　下面采用本章所提的基于广义子集模拟的可靠度设计方法对半重力式挡土墙重新进行设计，假设 a 的可能取值范围为 0.2～0.6 m，间隔为 0.1 m，b_h 的取值范围为 1.0～1.8 m，间隔为 0.2 m，因此，共有 25 种可能设计方案。根据表 3.4.1 中的参数统计信息和式（3.4.1）～式（3.4.4），采用广义子集模拟方法（广义子集模拟方法中设置 $N=5\,000$，$p_0=0.1$）对该半重力式挡土墙开展可靠度设计。目标可靠指标设置为 3.0（相应的目标失效概率 $P_T=1.35\times10^{-3}$），通过对比设计方案的系统失效概率和目标失效概率的大小，判断设计方案是否为可行设计方案。当广义子集模拟方法计算完成之后，已到达失效区域的可能设计方案的失效概率可利用式（3.3.6）计算。计算结果的精度与广义子集模拟方法生成的失效样本密切相关（图 3.4.4），并将计算结果与由蒙特卡罗模拟方法（80 万组随机样本）所得的结果进行比较，分析计算结果的收敛性。通过分析发现，当设置 $N=5\,000$时，计算结果收敛性较好。

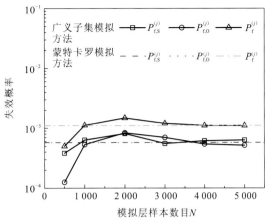

图 3.4.4　广义子集模拟方法计算结果收敛性分析（半重力式挡土墙算例）（a=0.5 m，b_h=1.4 m）

　　表 3.4.2 总结了半重力式挡土墙可靠度设计中广义子集模拟方法的实施过程，可以看出，广义子集模拟方法的实施过程共包括 5 个模拟层，其中包括一个蒙特卡罗模拟层（m=0）和 4 个马尔可夫链蒙特卡罗模拟层（m=1，2，3，4）。在图 3.4.5 中，实心三角形、空心三角形、实心正方形、空心正方形和实心圆形分别代表每个模拟层到达失效区域的设计方案，空心圆形代表在广义子集模拟方法运行结束时未到达失效区域的设计方案。随着广义子集模拟方法的实施，进入失效区域的设计方案从设计空间的左下部分区域向右上部分区域过渡，每个模拟层分别有 8 种、4 种、2 种、3 种和 4 种设计方案到达各自的失效区域，相应的失效概率 $P_f^{(j)}$ 逐步降低，直至目标失效概率 P_T=1.35×10^{-3}。当广义子集模拟方法实施到第 4 层时，处于此失效概率空间中的 4 种可能设计方案的失效概率 $P_f^{(j)}$ 全部小于目标失效概率 P_T。因此，广义子集模拟方法停止于第 4 层模拟，共生成 21 379 组随机样本，根据生成的样本，计算得出 21 种已经进入失效区域的设计方案的失效概率 $P_f^{(j)}$ 及相应的滑动失效模式的失效概率 $P_{f,S}^{(j)}$ 和倾覆失效模式的失效概率 $P_{f,O}^{(j)}$。对于剩余的 4 种设计方案（图 3.4.5 中空心圆形代表的设计方案），当广义子集模拟方法运行结束时未到达失效区域，虽然无法准确估计其失效概率，但是其必定小于目标失效概率 P_T，属于可行设计方案。

表 3.4.2　半重力式挡土墙可靠度设计中广义子集模拟方法的实施过程

模拟层数 m	种子样本数目 N_m	第 m 层产生的条件样本数目 $N-N_m$	联合中间失效事件的条件概率 $P(F_{U,m+1}|F_{U,m})$	第 m 层进入失效区域的设计方案数目
0	—	5 000	0.155 6	8
1	778	4 222	0.178 0	4
2	890	4 110	0.190 0	2
3	950	4 050	0.200 6	3
4	1 003	3 997	—	4

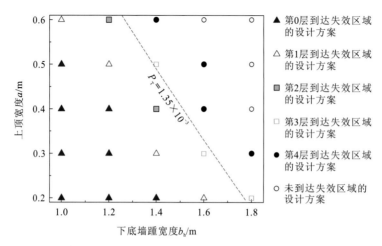

图 3.4.5　广义子集模拟方法实施过程中在不同模拟层到达失效区域的设计方案（半重力式挡土墙算例）

　　表 3.4.2 中的第 2～4 列分别记录了广义子集模拟方法实施过程中每一模拟层中的种子样本数目 N_m、生成的条件样本数目 $N-N_m$ 和联合中间失效事件的条件概率 $P(F_{U,m+1}|F_{U,m})$。从中可以看出，联合中间失效事件的条件概率位于 0.155 6～0.200 6 内，而初始条件概率 $p_0=0.1$，两者较为接近。由联合中间失效事件的定义［式（3.3.4）］和联合中间失效事件的条件概率估算公式 $P(F_{U,m}|F_{U,m-1})=N_m/N$ 可知，当联合中间失效事件的条件概率接近于初始条件概率时，说明在由各种可能设计方案的子中间失效事件构成的集合中重复的种子样本数目较多，其原因在于各失效模式之间和各设计方案之间具有强相关性，由于强相关性的存在，当以相同的样本计算各设计方案的各失效模式的结构响应时，响应之间存在强相关性，因此将各设计方案的响应按照升序排序并选出 p_0N 个样本后，样本重复的比例将很高。因此，取并集后计算所得联合中间失效事件的条件概率将接近于初始条件概率 p_0。由式（3.3.6）可知，当联合中间失效事件的条件概率较小时，广义子集模拟方法将以较快的速率使各设计方案的样本空间趋近于相应的失效区域。广义子集模拟方法实施的过程自然地利用了结构各失效模式之间和各设计方案之间的强相关性，提高了计算效率。

　　图 3.4.6（a）中的实线表示由广义子集模拟方法计算得到的不同设计方案的系统失效概率 $P_f^{(j)}$，水平坐标轴表示半重力式挡土墙上顶宽度 a，不同实心符号表示 5 种下底墙踵宽度 b_h 的系统失效概率 $P_f^{(j)}$。b_h 保持不变，半重力式挡土墙的系统失效概率将随着 a 的增大而降低；a 保持不变，半重力式挡土墙的系统失效概率随着 b_h 的增大而降低，挡土结构更安全。图 3.4.6（a）中水平实线代表了目标失效概率 $P_T=1.35\times10^{-3}$ 的位置，所有处于目标失效概率水平线之下的设计方案均为可行设计方案。完整的可行设计方案区域见图 3.4.5，设计空间被设计决策边界（目标失效概率 P_T 等值线）划分为两部分，右上部分为可行设计方案区域。当可行设计方案区域确定之后，通过经济最优原则（造价最低），在可行设计方案区域选择半重力式挡土墙横断面面积最小的设计方案作为最终设计方案，由此将 $a=0.2$ m，$b_h=1.8$ m 作为最终设计方案。图 3.4.6（b）和（c）中的实

线分别表示由广义子集模拟方法计算得到的不同设计方案的倾覆失效模式的失效概率 $P_{f,O}^{(j)}$ 和滑动失效模式的失效概率 $P_{f,S}^{(j)}$，两种失效模式的失效概率随 a 和 b_h 的变化规律与系统失效概率相似。

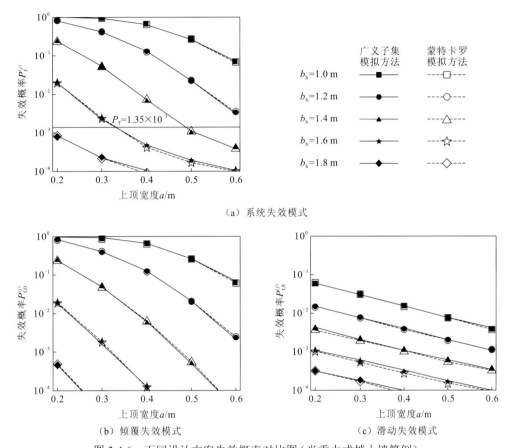

图 3.4.6　不同设计方案失效概率对比图（半重力式挡土墙算例）

　　为了验证采用广义子集模拟方法得到的计算结果的正确性，采用蒙特卡罗模拟方法对不同设计方案的 $P_f^{(j)}$、$P_{f,S}^{(j)}$ 和 $P_{f,O}^{(j)}$ 进行 25 次重复模拟，每次模拟的随机样本数目为 80 万个，随机变量的统计信息和确定性分析模型与上面保持一致。蒙特卡罗模拟方法的计算结果由图 3.4.6 中的虚线表示，从图 3.4.6 中可以看出，虚线和实线基本重合，表明广义子集模拟方法的计算结果和蒙特卡罗模拟方法的计算结果基本一致，验证了本章提出的广义子集模拟方法的正确性。相较于蒙特卡罗模拟方法需要生成 80×25=2 000 万组随机样本来满足可靠度设计的要求，广义子集模拟方法仅需要生成 21 379 组随机样本即可达到同样的效果，由此可见，基于广义子集模拟的可靠度设计方法具有较高的计算效率。

3.4.2　重力式挡土墙设计

　　本节对图 3.4.7 所示的重力式挡土墙进行可靠度设计，Bond 和 Harris（2008）采用该算例验证了《欧洲规范：岩土工程设计》（EN 1997：2004）中的设计方法。如图 3.4.7 所示，重力式挡土墙具有对称的截面形状，墙体上顶宽度为 a，下底墙踵宽度为 b_h，等效下底宽度为 $b=a+2b_h$，墙体高度不变，为 $H=4$ m。墙后填土为干燥砂土，内摩擦角为 φ，干重度为 γ_d，内摩擦角 φ 的标准值为 $\varphi_k=36°$，干重度 γ_d 的标准值为 $\gamma_k=19$ kN/m³。墙背与墙后填土间的摩擦角 δ 的标准值为 $\delta_k=30°$，墙背与竖直方向的夹角为 θ'，墙后填土与水平方向之间的夹角为 $\alpha=14°$，填土表面具有附加荷载 q_s，附加荷载的标准值为 $q_k=10$ kPa。墙体由混凝土制成，重度为 $\gamma_c=24$ kN/m³，墙体自重用 W 表示。由于重力式挡土墙建造于坚硬基岩之上，认为基底具有足够的承载力，因此不考虑基底承载力破坏的失效模式。基岩抗剪有效摩擦角 φ_{fdn} 的标准值为 $\varphi_{fdn,k}=40°$，墙体底部和基岩之间的摩擦角 δ_{fdn} 需要根据工程经验判断，通常通过对基岩抗剪有效摩擦角进行折减得到，本章取 $\delta_{fdn}=0.8\varphi_{fdn,k}$。

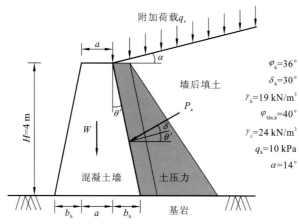

图 3.4.7　重力式挡土墙设计算例（Bond and Harris，2008）

本算例中，将 q_s、φ、δ、γ_d 和 φ_{fdn} 作为对数正态随机变量考虑，统计特征和分布类型见表 3.4.3。本算例假设墙后填土为无黏性砂土，需要指出的是，对于需要考虑土体黏聚力的设计案例，应将黏聚力作为随机变量考虑，因为土体黏聚力和内摩擦角之间存在不可忽视的负相关性。根据表 3.4.3 中随机变量的标准值，Bond 和 Harris（2008）利用《欧洲规范：岩土工程设计》（EN 1997：2004）中的三种设计方法对特定的设计方案（$a=1.0$ m，$b_h=0.5$ m）进行了验证，结果表明，该设计方案满足《欧洲规范：岩土工程设计》（EN 1997：2004）中的设计要求，为可行设计方案。采用广义子集模拟方法对该算例重新进行了可靠度设计，其中随机变量 q_s、φ、δ、γ_d 和 φ_{fdn} 的均值由各自的标准值反推得出，公式如下：

$$\mu_X = \exp(\mu_{\ln X} + \sigma_{\ln X}^2 / 2) \qquad (3.4.5)$$

式中：μ_X 为对数正态分布随机变量 X（q_s、φ、δ、γ_d 和 φ_{fdn}）的均值；$\mu_{\ln X}$ 和 $\sigma_{\ln X}$ 分别为 $\ln X$ 的均值和标准差。因此，$\mu_{\ln X}$ 可用式（3.4.6）、式（3.4.7）计算（Wang，2013；Bond and Harris，2008）：

$$\mu_{\ln X} = \ln X_k - 1.645\sigma_{\ln X}, \quad X = q_s, \gamma_d \qquad (3.4.6)$$

$$\mu_{\ln X} = \ln X_{\mathrm{k}} + 0.5\sigma_{\ln X}, \quad X = \varphi, \delta, \varphi_{\mathrm{fdn}} \tag{3.4.7}$$

式中：X_{k} 为随机变量 X 的标准值，q_{s}、φ、δ、γ_{d} 和 φ_{fdn} 的标准值分别为 10 kPa、36°、30°、19 kN/m³ 和 40°。$\sigma_{\ln X}$ 的计算公式为 $\ln(1+\mathrm{COV}_X^2)^{1/2}$，其中 COV_X 为随机变量 X 的变异系数，q_{s}、φ、δ、γ_{d} 和 φ_{fdn} 的变异系数分别为 0.2、0.1、0.1、0.1 和 0.1，各个随机变量的变异系数取值为文献中（Bond and Harris，2008；Phoon and Kulhawy，1999）推荐的典型值。由于墙后填土内摩擦角 φ 和墙背与墙后填土间的摩擦角 δ 之间存在密切关系，因此假设 φ 与 δ 之间的相关系数为 0.8，此相关系数的大小可能影响下面的可靠度设计结果。除此之外，假设 a 的可能取值范围为 0.5～1.5 m，间隔为 0.05 m，b_{h} 的取值范围为 0.1～0.5 m，间隔为 0.1 m，因此，共有 105 种可能设计方案。

表 3.4.3　重力式挡土墙算例随机变量统计特征和分布类型

随机变量	标准值	均值	变异系数	分布类型	相关系数
q_{s}	10 kPa	7.36 kPa	0.2	对数正态分布	
φ	36°	38°	0.1	对数正态分布	
δ	30°	31.7°	0.1	对数正态分布	0.8
φ_{fdn}	40°	42.3°	0.1	对数正态分布	
γ_{d}	19 kN/m³	16.2 kN/m³	0.1	对数正态分布	

对于第 j 种可能设计方案（设计空间中 a 和 b_{h} 的组合），该重力式挡土墙滑动失效模式的安全系数 $\mathrm{FS}_{\mathrm{S}}^{(j)}$ 和倾覆失效模式的安全系数 $\mathrm{FS}_{\mathrm{O}}^{(j)}$ 可由式（3.4.8）～式（3.4.13）计算得到。

$$\mathrm{FS}_{\mathrm{S}}^{(j)} = \frac{H_{\mathrm{R}}^{(j)}}{H_{\mathrm{E}}^{(j)}} \tag{3.4.8}$$

$$\mathrm{FS}_{\mathrm{O}}^{(j)} = \frac{M_{\mathrm{Stb}}^{(j)}}{M_{\mathrm{Dst}}^{(j)}} \tag{3.4.9}$$

$$H_{\mathrm{E}}^{(j)} = K_{\mathrm{a}\gamma}\frac{\gamma_{\mathrm{d}}H^2}{2} + K_{\mathrm{a}q}q_{\mathrm{s}}H \tag{3.4.10}$$

$$H_{\mathrm{R}}^{(j)} = W\mu + \left(K_{\mathrm{a}\gamma}\frac{\gamma_{\mathrm{d}}H^2}{2} + K_{\mathrm{a}q}q_{\mathrm{s}}H\right)\tan(\delta+\theta')\mu \tag{3.4.11}$$

$$M_{\mathrm{Dst}}^{(j)} = K_{\mathrm{a}\gamma}\frac{\gamma_{\mathrm{d}}H^2}{2}\times\frac{H}{3} + K_{\mathrm{a}q}q_{\mathrm{s}}H\times\frac{H}{2} \tag{3.4.12}$$

$$M_{\mathrm{Stb}}^{(j)} = W\frac{a}{2} + K_{\mathrm{a}\gamma}\frac{\gamma_{\mathrm{d}}H^2}{2}\left(a-\frac{b_{\mathrm{h}}}{3}\right)\tan(\delta+\theta') + K_{\mathrm{a}q}q_{\mathrm{s}}H\left(a-\frac{b_{\mathrm{h}}}{2}\right)\tan(\delta+\theta') \tag{3.4.13}$$

式中：$H_{\mathrm{E}}^{(j)}$ 和 $H_{\mathrm{R}}^{(j)}$ 分别为第 j 种可能设计方案沿墙底的水平方向荷载和抗力效应；$M_{\mathrm{Dst}}^{(j)}$ 和 $M_{\mathrm{Stb}}^{(j)}$ 分别为第 j 种可能设计方案对墙趾的倾覆和稳定力矩；$\mu=\tan\delta_{\mathrm{fdn}}$ 为基岩对于墙底的摩擦系数；θ' 为墙背与竖直方向的夹角；δ 为墙背与墙后填土间的摩擦角；$K_{\mathrm{a}\gamma}$ 和 $K_{\mathrm{a}q}$ 分

别为土体重度和附加荷载对墙体的主动土压力系数，计算公式为

$$K_{a\gamma} = K_n \times \cos\alpha \times \cos(\alpha - \theta') \tag{3.4.14}$$

$$K_{aq} = K_n \times \cos^2\alpha \tag{3.4.15}$$

其中：$\alpha = 14°$ 为墙后填土与水平方向之间的夹角；K_n 为竖直方向作用力对墙体产生的土压力系数，可用式（3.4.16）计算（Bond and Harris，2008）。

$$K_n = \frac{1 - \sin\varphi \times \sin(2m_\omega - \varphi)}{1 + \sin\varphi \times \sin(2m_t - \varphi)} \exp[-2(m_t + \alpha - m_\omega - \theta')\tan\varphi] \tag{3.4.16}$$

其中，m_t 和 m_ω 为辅助计算系数，可由式（3.4.17）、式（3.4.18）计算：

$$m_t = 0.5\left[\cos^{-1}\left(\frac{\sin\alpha}{\sin\varphi}\right) + \varphi - \alpha\right] \tag{3.4.17}$$

$$m_\omega = 0.5\left[\cos^{-1}\left(\frac{\sin\delta}{\sin\varphi}\right) + \varphi + \delta\right] \tag{3.4.18}$$

为了验证不同失效模式之间及不同设计方案之间的相关性，根据表 3.4.3 中随机变量的统计特征和分布类型，利用蒙特卡罗模拟方法产生 1 000 组随机样本，然后根据产生的随机样本和式（3.4.8）～式（3.4.18）分别计算设计空间中 5 种典型设计方案的滑动失效模式的安全系数 $FS_S^{(j)}$ 和倾覆失效模式的安全系数 $FS_O^{(j)}$。5 种典型设计方案为：$a = 0.5$ m 和 $b_h = 0.1$ m、$a = 1.5$ m 和 $b_h = 0.1$ m、$a = 1.0$ m 和 $b_h = 0.3$ m、$a = 0.5$ m 和 $b_h = 0.5$ m、$a = 1.5$ m 和 $b_h = 0.5$ m。然后绘制 $FS_S^{(j)}$ 和 $FS_O^{(j)}$ 之间的相关关系图，如图 3.4.8 所示。从图 3.4.8 中可以看出，$FS_S^{(j)}$ 和 $FS_O^{(j)}$ 之间具有明显的相关性，皮尔逊相关系数 ρ 在 0.8 左右。同时绘制 5 种典型设计方案两种失效模式安全系数之间的相关关系图，如图 3.4.9 所示。从图 3.4.9 中可以看出，在两种失效模式下，5 种设计方案的安全系数之间具有很强的相关性，皮尔逊相关系数几乎全部为 1。因此，基于广义子集模拟的可靠度设计方法可以利用失效模式和设计方案之间的强相关性，实现更高的计算效率。

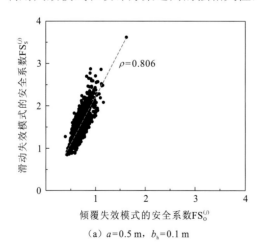

（a）$a = 0.5$ m，$b_h = 0.1$ m

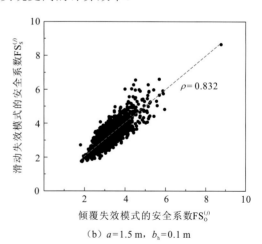

（b）$a = 1.5$ m，$b_h = 0.1$ m

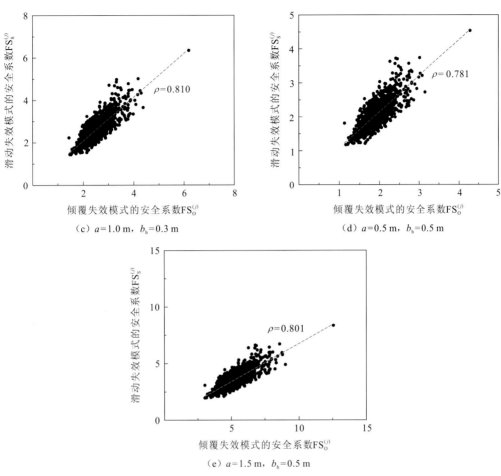

图 3.4.8　倾覆失效模式和滑动失效模式之间的相关性（重力式挡土墙算例）

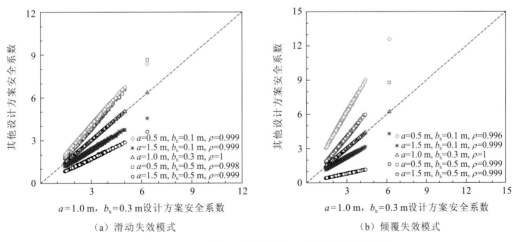

图 3.4.9　设计方案之间的相关性（重力式挡土墙算例）

采用本章所提的基于广义子集模拟的可靠度设计方法对该重力式挡土墙重新进行设

计。根据表 3.4.3 中的参数统计信息和式（3.4.8）～式（3.4.18），采用广义子集模拟方法（广义子集模拟方法中设置 $N=5\ 000$，$p_0=0.1$）对该重力式挡土墙开展可靠度设计。目标可靠指标设置为 3.8（相应的目标失效概率为 $P_T=7.2\times10^{-5}$），与《欧洲规范：岩土工程设计》（EN 1997：2004）中保持一致（Orr and Breysse，2008；Gulvanessian et al.，2002），通过对比设计方案的系统失效概率和目标失效概率的大小，判断设计方案是否为可行设计方案。当广义子集模拟方法计算完成之后，已到达失效区域的可能设计方案的失效概率可利用式（3.3.6）计算。计算结果的精度与广义子集模拟方法生成的失效样本密切相关（图 3.4.10），并将计算结果与由蒙特卡罗模拟方法（1 000 万组随机样本）所得的结果进行比较来分析计算结果的收敛性。通过分析发现，当设置 $N=5\ 000$ 时，计算结果具有较好的收敛性。

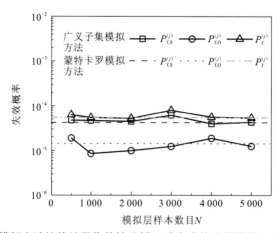

图 3.4.10　广义子集模拟方法计算结果收敛性分析（重力式挡土墙算例）（a=0.75 m，b_h=0.3 m）

　　表 3.4.4 总结了重力式挡土墙可靠度设计中广义子集模拟方法的实施过程，可以看出，广义子集模拟方法的实施过程共包括 6 个模拟层，其中包括一个蒙特卡罗模拟层（$m=0$）和 5 个马尔可夫链蒙特卡罗模拟层（$m=1$，2，3，4，5）。在图 3.4.11 中，叉形、实心正方形、实心三角形、空心正方形、空心三角形和实心圆形分别代表在每个模拟层到达失效区域的设计方案，空心圆形代表在广义子集模拟方法运行结束时未到达失效区域的设计方案。随着广义子集模拟方法的实施，进入失效区域的设计方案从设计空间的左下部分区域向右上部分区域过渡，每个模拟层分别有 9 种、6 种、3 种、4 种、6 种和 7 种设计方案到达各自的失效区域，相应的失效概率 $P_f^{(j)}$ 逐步降低，直至目标失效概率 $P_T=7.2\times10^{-5}$。当广义子集模拟方法实施到第 5 层时，处于此失效概率空间中的 7 种可能设计方案的失效概率 $P_f^{(j)}$ 全部小于目标失效概率 P_T。因此，广义子集模拟方法停止于第 5 层模拟，共生成 25 233 组随机样本，根据生成的样本，计算得出 35 种已经进入失效区域的设计方案的失效概率 $P_f^{(j)}$，同时可以计算得出相应的滑动失效模式的失效概率 $P_{f,S}^{(j)}$ 和倾覆失效模式的失效概率 $P_{f,O}^{(j)}$。对于剩余的 70 种设计方案（图 3.4.11 中空心圆形代表的设计方案），当广义子集模拟方法运行结束时未到达失效区域，虽然无法准确估计失效概率，但是其必定小于目标失效概率 P_T，属于可行设计方案。由此可知，采用本章所提的设计

方法对该重力式挡土墙进行设计时，大部分设计方案的失效概率是不需要准确计算的，可以大大提高可靠度设计的计算效率。

表 3.4.4　重力式挡土墙可靠度设计中广义子集模拟方法的实施过程

模拟层数 m	种子样本数目 N_m	第 m 层产生的条件样本数目 $N-N_m$	联合中间失效事件的条件概率 $P(F_{U, m+1}\vert F_{U,m})$	第 m 层进入失效区域的设计方案数目
0	—	5 000	0.157 8	9
1	789	4 211	0.181 8	6
2	909	4 091	0.194 4	3
3	972	4 028	0.204 0	4
4	1 020	3 980	0.215 4	6
5	1 077	3 923	—	7

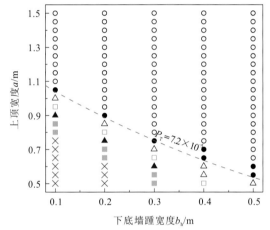

图 3.4.11　广义子集模拟方法实施过程中在不同模拟层到达失效区域的设计方案（重力式挡土墙算例）

　　表 3.4.4 中的第 2～4 列分别记录了广义子集模拟方法实施过程中每一模拟层中的种子样本数目 N_m、生成的条件样本数目 $N-N_m$ 和联合中间失效事件的条件概率 $P(F_{U, m+1}\vert F_{U, m})$。从中可以看出，联合中间失效事件的条件概率位于 0.157 8～0.215 4 内，而初始条件概率 $p_0=0.1$，两者较为接近。由联合中间失效事件的定义［式（3.3.4）］和联合中间失效事件的条件概率估算公式 $P(F_{U, m}\vert F_{U, m-1})=N_m/N$ 可知，联合中间失效事件的条件概率越接近于初始条件概率，说明在由各可能设计方案的子中间失效事件构成的集合中重复的种子样本数目越多，其原因在于结构各失效模式之间和各设计方案之间具有强相关性，由于强相关性的存在，当以相同的样本计算各种设计方案的各种失效模式的结构响应时，响应之间存在强相关性，因此将各种设计方案的响应按照升序排序并选出 p_0N 个样本后，样本重复的比例将很高。因此，取并集后计算所得联合中间失效事件的条件概率将接近于初始条件概率 p_0。由式（3.3.6）可知，当联合中间失效事件的条件概率较小时，广义子集模拟方法将以较快的速率使各设计方案的样本空间趋近于相应的失效区域。广义子

集模拟方法实施的过程自然地利用了结构各失效模式之间和各设计方案之间的强相关性，提高了该可靠度设计方法的计算效率。

图 3.4.12（a）中实线表示由广义子集模拟方法计算得到的不同设计方案的系统失效概率 $P_f^{(j)}$，水平坐标轴表示重力式挡土墙上顶宽度 a，不同实心符号表示 5 种下底墙踵宽度 b_h 的系统失效概率 $P_f^{(j)}$。如果 b_h 保持不变，重力式挡土墙的系统失效概率将随着 a 的增大而降低；如果 a 保持不变，重力式挡土墙的系统失效概率将随着 b_h 的增大而降低，挡土结构更安全。图 3.4.12（a）中水平实线代表了目标失效概率 $P_T=7.2\times10^{-5}$ 的位置，所有处于目标失效概率水平线之下的设计方案均为可行设计方案。完整的可行设计方案区域见图 3.4.11，设计空间被设计决策边界（目标失效概率 P_T 等值线）划分为两部分，右上部分为可行设计方案区域。当可行设计方案区域确定之后，通过经济最优原则（造价最低），在可行设计方案区域选择重力式挡土墙横断面面积最小的设计方案作为最终设计方案，由此可将 $a=0.9$ m，$b_h=0.2$ m 作为最终设计方案。图 3.4.12（b）和（c）中的实线分别表示由广义子集模拟方法计算得到的不同设计方案的倾覆失效模式的失效概率 $P_{f,O}^{(j)}$ 和滑动失效模式的失效概率 $P_{f,S}^{(j)}$，两种失效模式的失效概率随 a 和 b_h 的变化规律与系统失效概率相似。Bond 和 Harris（2008）采用的特定设计方案（$a=1.0$ m，$b_h=0.5$ m）在可行设计方案区域，为可行设计方案。

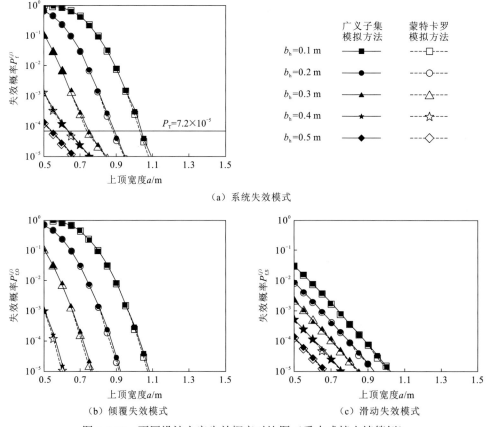

图 3.4.12　不同设计方案失效概率对比图（重力式挡土墙算例）

为了验证采用广义子集模拟方法得到的计算结果的正确性，采用蒙特卡罗模拟方法对不同设计方案的 $P_\mathrm{f}^{(j)}$、$P_\mathrm{f,O}^{(j)}$ 和 $P_\mathrm{f,S}^{(j)}$ 进行 105 次重复模拟，为了保证计算精度，每次模拟的随机样本数目应大于 $100/P_\mathrm{T}$，此处取 1 000 万个。随机变量的统计信息和确定性分析模型与上面保持一致。蒙特卡罗模拟方法的计算结果用图 3.4.12 中的虚线表示，从图 3.4.12 中可以看出，虚线和实线基本重合，表明广义子集模拟方法的计算结果和蒙特卡罗模拟方法的计算结果保持一致，验证了本章所提方法的准确性。相较于蒙特卡罗模拟方法需要生成 1 000 万×105＝10.5 亿组随机样本来满足可靠度设计，广义子集模拟方法仅需要生成 25 233 组随机样本即可达到同样的效果，由此可见，基于广义子集模拟的可靠度设计方法具有很高的计算效率。

3.4.3　钢板桩设计

钢板桩是工程中常用的结构，如水利水电工程中的堤防、坝体的防渗墙、支挡河流岸壁的板桩墙、港口工程中的板桩码头、房屋建筑中用于基坑围护的各种排桩等。钢板桩按照结构形式不同可以分为悬臂式和锚定式，不同的墙体结构形式其工作机理不同，土压力的计算方法也不同。目前工程设计中使用最多的计算方法为古典土压力理论法。

悬臂式挡土墙的主要结构形式为悬臂式钢板桩，常用于墙高较低的情形，当土体为砂卵石层时可作为永久性结构使用，一般情况下仅用作临时性结构。钢板桩的稳定主要由墙前土层产生的被动土压力维持，结构的失效模式有钢板桩倾覆失效、平移失效和钢板桩结构破坏失效等，主要由钢板桩墙后填土的主动土压力引起。如图 3.4.13（a）所示，由于钢板桩墙后侧向土压力的存在，钢板桩有绕接近于其底部的 O 点偏转的趋势，如果墙后侧向土压力过大，则可能引发绕 O 点的倾覆破坏。通常情况下，被动土压力作用于钢板桩墙前方 O 点以上和墙后方 O 点以下部位，如图 3.4.13（b）所示，为钢板桩提供抗倾覆力矩。主动土压力作用于墙后方 O 点以上和墙前方 O 点以下部位，为钢板桩提供倾覆力矩。图 3.4.13（b）所示的土压力分布为理论土压力分布，计算时首先需要找到钢板桩的倾覆力矩和抗倾覆力矩的平衡点 O（根据钢板桩的力矩平衡方程通过试算得到），然后进行设计计算，较为麻烦。为了简化计算，在进行设计时，通常采用如图 3.4.13（c）所示的简化土压力模型，假设 O 点以下的被动土压力由等效集中力 R 代替，等效集中力 R 作用于 O 点下方的 C 点，与钢板桩前方的表面土层的距离为 d（即钢板桩计算嵌入深度）。在进行设计时，首先基于钢板桩对 C 点的力矩平衡条件，求得钢板桩的计算嵌入深度 d，用抗倾覆安全系数 FS_O 衡量钢板桩的稳定性。安全起见，实际设计时钢板桩的总嵌入深度应在上述计算嵌入深度 d 的基础上增加一定的附加嵌入深度 Δd，一般情况下取 $\Delta d=0.2d$（Li et al.，2016；Wang，2013；Craig，2004）即可满足安全需求。因此，钢板桩需要嵌入土层的总深度为 $D=1.2d$。然后，由水平方向的静力平衡估算出 R，检验由钢板桩增加 20%的嵌入深度引起的附加被动抗力是否大于等于 R。

本节对如图 3.4.14 所示的钢板桩算例进行可靠度设计，该算例已被学者广泛采用。Craig（2004）利用极限平衡法对该算例进行了确定性设计，Wang（2013）利用基于蒙

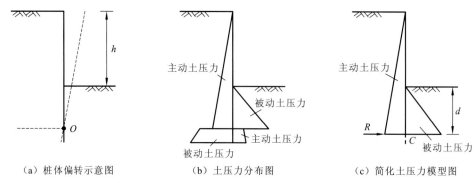

（a）桩体偏转示意图　　　（b）土压力分布图　　　（c）简化土压力模型图

图 3.4.13　悬臂式钢板桩受力示意图（Wang，2013）

h 为开挖深度

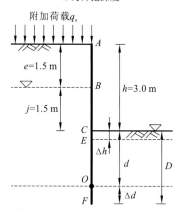

图 3.4.14　钢板桩设计算例（Li et al.，2016；Wang，2013；Craig，2004）

特卡罗模拟的扩展可靠度设计方法对该算例进行了可靠度设计，Li 等（2016）利用基于子集模拟的扩展可靠度设计方法对该算例进行了可靠度设计。如图 3.4.14 所示，该钢板桩建于砂土之上，用于维持 3 m 深开挖基坑的安全，砂土重度为 $\gamma = 20$ kN/m³，内摩擦角为 φ，其标准值为37°，土体与墙体表面之间的摩擦角取为 $\delta = 2\varphi/3$。挡土墙墙后地下水埋深为 $e = 1.5$ m，墙后水位比墙前水位高出 $j = 1.5$ m。根据施工需求，挡土墙墙前的土体应在开挖深度 h 的基础上超挖一定的深度 Δh，超挖的深度为正常开挖深度的10%，但最大深度不超过 0.5 m。安全起见，设计时在钢板桩后方土体表面应施加一个最小附加荷载，其标准值为 $q_k = 10$ kN/m²。钢板桩的主要设计参数为总嵌入深度 D，其包括计算嵌入深度 d 和附加嵌入深度 Δd，由上述分析可知，计算嵌入深度 d 和附加嵌入深度 Δd 分别由绕 O 点的力矩平衡与水平方向上的静力平衡试算得到，计算不便。因此，本章设计时采用简化土压力模型，即取 $\Delta d = 0.2d$。

为了方便计算，将作用于钢板桩的应力分为四部分，如图 3.4.15 所示。在钢板桩具有足够强度的情况下，钢板桩的主要失效模式为绕 O 点的倾覆破坏。当墙体即将绕 O 点发生自由转动时，墙后土体为主动应力状态，按荷载作用进行计算，即图 3.4.15 中的第②部分应力，包括附加荷载 q_s、主动土压力和地下水引起的上浮力，此时墙前土体为被动应力状态，按抗力作用进行计算，即图 3.4.15 中的第③部分应力，包括被动土压力和地下水引起的上浮力，图 3.4.15 中第①和第④部分应力为静水压力。四部分应力可由式（3.4.19）～式（3.4.22）分别计算得出。

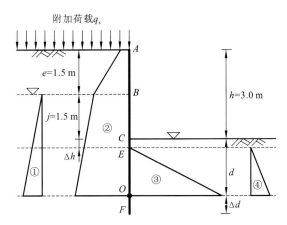

图 3.4.15　钢板桩应力分布图

第①部分应力：

$$F_1(z) = \begin{cases} 0, & z \leqslant e \\ \mu_{zb}\gamma_w, & e < z < e + j + d \end{cases} \qquad (3.4.19)$$

第②部分应力：

$$F_2(z) = K_a \cdot \begin{cases} z\gamma + q_s, & z \leqslant e \\ z\gamma - \mu_{zb}\gamma_w + q_s, & e < z < e + j + d \end{cases} \qquad (3.4.20)$$

第③部分应力：

$$F_3(z) = K_p \cdot \begin{cases} 0, & z \leqslant e + j + \Delta h \\ (z - e - j - \Delta h)\gamma - \mu_{zb}\gamma_w, & e + j + \Delta h < z < e + j + d \end{cases} \qquad (3.4.21)$$

第④部分应力：

$$F_4(z) = \begin{cases} 0, & z \leqslant e + j + \Delta h \\ \mu_{zf}\gamma_w, & e + j + \Delta h < z < e + j + d \end{cases} \qquad (3.4.22)$$

式中：z 为位置变量（向下为正，在地面处 $z=0$）；γ 为砂土的重度；γ_w 为水的重度；q_s 为附加荷载；K_a 和 K_p 分别为土体的主动土压力系数和被动土压力系数；μ_{zb} 和 μ_{zf} 分别为钢板桩墙体后方和前方的孔隙水压力。

土体的主动土压力系数 K_a 和被动土压力系数 K_p 可分别按照式（3.4.23）、式（3.4.24）计算：

$$K_a = \left[\frac{\cos\delta}{1 + \sin\varphi} \left(\cos\delta - \sqrt{\sin^2\varphi - \sin^2\delta} \right) \right] \times \exp\left\{ \left[\delta - \sin^{-1}\left(\frac{\sin\delta}{\sin\varphi} \right) \right] \tan\varphi \right\} \qquad (3.4.23)$$

$$K_p = \left[\frac{\cos\delta}{1 - \sin\varphi} \left(\cos\delta + \sqrt{\sin^2\varphi - \sin^2\delta} \right) \right] \times \exp\left\{ \left[\delta + \sin^{-1}\left(\frac{\sin\delta}{\sin\varphi} \right) \right] \tan\varphi \right\} \qquad (3.4.24)$$

式中：δ 为土体与墙体表面之间的摩擦角。

由于钢板桩墙前和墙后存在水压力差，所以沿钢板桩墙体存在渗流。假设渗流为稳定渗流，孔隙水压力沿钢板桩墙体（路径 *BOE*）均匀消散，如图 3.4.16 所示。

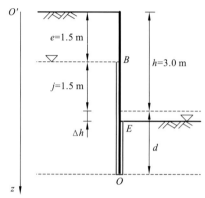

图 3.4.16　钢板桩墙体渗流路径示意图

以钢板桩顶端水平面为基准面，向下为 z 轴正方向，则钢板桩墙体后方和前方任意位置处的孔隙水压力 μ_{zb} 和 μ_{zf} 可分别按照式（3.4.25）、式（3.4.26）计算：

$$\mu_{zb} = \left[z - e - \frac{(z-e)(j+\Delta h)}{L} \right]\gamma_w, \quad e \leqslant z \leqslant e+j+d \tag{3.4.25}$$

$$\mu_{zf} = \left[z - c + \frac{(z-c)(j+\Delta h)}{L} \right]\gamma_w, \quad c \leqslant z \leqslant e+j+d \tag{3.4.26}$$

其中，

$$c = e + j + \Delta h, \qquad L = j + 2d - \Delta h \tag{3.4.27}$$

当 $z = e+j+d$ 时，O 点处的孔隙水压力为

$$\mu_O = 2\gamma_w(d+j)(d-\Delta h)/L \tag{3.4.28}$$

此值与 Wang（2013）中一致。

由此，钢板桩的四部分应力对 O 点的力矩可由式（3.4.29）计算：

$$M_i = \int_0^{e+j+d} F_i(z)(e+j+d-z)\mathrm{d}z \tag{3.4.29}$$

因此，墙体的抗倾覆安全系数 FS_O 可以通过式（3.4.30）计算：

$$\mathrm{FS}_O = \frac{M_3 + M_4}{M_1 + M_2} \tag{3.4.30}$$

式中：M_1、M_2、M_3 和 M_4 分别为作用于钢板桩上的四部分应力对 O 点的力矩。

本节在进行可靠度设计时，将砂土的内摩擦角 φ 和墙后土体表面的附加荷载 q_s 考虑为随机变量，其统计参数可由相应的标准值计算得出，如表 3.4.5 所示。钢板桩的失效模式有钢板桩倾覆失效、平移失效和钢板桩结构破坏失效等，本章仅考虑钢板桩的倾覆失效模式，当抗倾覆安全系数 $\mathrm{FS}_O < 1$ 时，认为钢板桩发生倾覆破坏。

表 3.4.5　钢板桩不确定性参数统计特征表（Li et al., 2016）

变量名称	分布类型	变异系数	均值	标准差
附加荷载 q_s	正态分布	0.15	8.02 kPa	1.20 kPa
内摩擦角 φ	正态分布	0.1	39°	3.9°

下面采用本章所提的基于广义子集模拟的可靠度设计方法对此钢板桩进行设计。此算例中仅将钢板桩总嵌入深度 D 作为设计参数，假设其可能取值为 1.0～8.0 m，间隔为 0.1 m，因此，共有 71 种可能设计方案。根据表 3.4.5 中随机变量的统计信息和式（3.4.19）～式（3.4.30），采用广义子集模拟方法（广义子集模拟方法中设置 $N=2\,000$，$p_0=0.1$）对此钢板桩进行可靠度设计。此处目标可靠指标设置为 $\beta_T=3.8$（相应的目标失效概率为 $P_T=7.2\times10^{-5}$），通过对比可能设计方案的失效概率与目标失效概率之间的大小，判断可能设计方案是否为可行设计方案。当广义子集模拟方法达到停止条件后，已经到达失效区域的可能设计方案的失效概率可利用式（3.3.6）计算得到。计算结果的精度与广义子集模拟方法生成的失效样本数量密切相关，可通过逐渐增加广义子集模拟过程中每层生成的随机样本数量 N 进行验证，详细方法可参考前面两个算例，此处不再详细介绍。通过分析发现，当 $N=2\,000$ 时，计算结果已经具有较好的收敛性。

图 3.4.17（a）中用空心三角形表示由广义子集模拟方法计算得到的 71 种可能设计方案的失效概率，水平坐标轴表示钢板桩的总嵌入深度 D，垂直坐标轴表示不同可能设计方案的失效概率 $P_f^{(j)}$。从图 3.4.17（a）中可以看出，随着钢板桩总嵌入深度的增加，失效概率逐渐减小，结构更趋于安全，与实际情况相符。在目标可靠指标 $\beta_T=3.8$ 的情况下，广义子集模拟方法所需的随机样本总数为 9 193 组，计算所得的钢板桩最小总嵌入深度为 $D_{\min}=7.9$ m，由于钢板桩的造价与总嵌入深度成正比，因此，钢板桩的最优设计方案为 $D=7.9$ m，与 Li 等（2016）中结果一致。

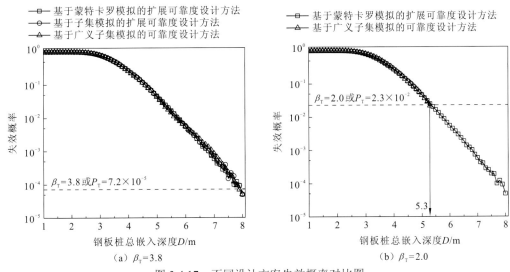

图 3.4.17　不同设计方案失效概率对比图

为了验证采用广义子集模拟方法得到的设计结果的正确性，分别采用基于蒙特卡罗模拟的扩展可靠度设计方法和基于子集模拟的扩展可靠度设计方法对钢板桩重新进行了可靠度设计，计算结果分别由图 3.4.17（a）中空心矩形和空心圆形表示。从图 3.4.17（a）中可以看出，基于蒙特卡罗模拟的扩展可靠度设计方法和基于子集模拟的扩展可靠度设计方法得到的结果与本章所提设计方法得到的结果几乎重合，钢板桩所需的最小总嵌入

深度 $D_{\min}$ 分别为 8.0 m、8.0 m 和 7.9 m，验证了广义子集模拟方法的正确性。此处，基于蒙特卡罗模拟的扩展可靠度设计方法中采用的随机样本数目为 $71 \times 10^7 = 7.1$ 亿组，基于子集模拟的扩展可靠度设计方法中采用的随机样本数为 5.5 万组，而基于广义子集模拟的可靠度设计方法仅需 9 193 组随机样本即可达到同样的效果，所需的随机样本数目远远小于其他两种设计方法。同时，从图 3.4.17（a）中不难发现，基于蒙特卡罗模拟的扩展可靠度设计方法和基于子集模拟的扩展可靠度设计方法计算所得结果随着钢板桩总嵌入深度的增加波动性逐步增大。经过分析，其原因在于失效概率的计算精度与随机样本数目呈明显的正相关关系，样本数目越多，计算精度越高，随着钢板桩总嵌入深度的不断增加，可能设计方案的失效概率不断减小，相同随机样本数目下计算结果的精度逐步降低，计算结果呈现出的波动性越来越强。而基于广义子集模拟的可靠度设计方法的计算结果不存在这样的现象，这是由广义子集模拟方法的原理决定的，详细论证见 3.3 节，此处不再赘述。

当设置目标可靠指标 $\beta_T = 2.0$ 时，采用广义子集模拟方法计算所得的不同设计方案的失效概率如图 3.4.17（b）中空心三角形所示，图中同样标注了基于蒙特卡罗模拟的扩展可靠度设计方法的计算结果，如空心矩形所示。可以看出，此时钢板桩最小总嵌入深度 $D_{\min}$ 为 5.3 m 即可达到可靠性需求，表明钢板桩总嵌入深度介于 1.0 m 和 5.3 m 之间的所有可能设计方案均为不可行设计方案，由广义子集模拟方法计算所得的失效概率与蒙特卡罗模拟方法所得结果一致。钢板桩总嵌入深度大于 5.3 m 的所有可能设计方案为可行设计方案，由广义子集模拟方法的停止条件可知，当广义子集模拟方法停止时，这些设计方案的样本均未进入相应的失效区域，其失效概率必定小于目标失效概率，因此无须进行计算。然而，这些可能设计方案的失效概率通常情况下处于较小的概率层［如图 3.4.17（b）中空心矩形所示］，传统方法需要进行大量的计算才能达到精度要求，广义子集模拟方法可以有效地避免这一现象。由此可见，基于广义子集模拟的可靠度设计方法具有很高的计算效率。

参 考 文 献

AU S K, BECK J L, 2001. Estimation of small failure probabilities in high dimensions by subset simulation[J]. Probabilistic engineering mechanics, 16(4): 263-277.

AU S K, WANG Y, 2014. Engineering risk assessment with subset simulation[M]. Hoboken: John Wiley & Sons.

AU S K, CAO Z J, WANG Y, 2010. Implementing advanced Monte Carlo simulation under spreadsheet environment[J]. Structural safety, 32(5): 281-292.

BAECHER G B, CHRISTIAN J T, 2003. Reliability and statistics in geotechnical engineering[M]. Hoboken: John Wiley & Sons.

BOND A, HARRIS A, 2008. Decoding Eurocode 7[M]. Boca Raton: CRC Press.

CHRISTIAN J T, BAECHER G B, 2011. Unresolved problems in geotechnical risk and reliability[C]// Geotechnical Risk Assessment and Management. Atlanta: [s. n.].

CHRISTIAN J T, LADD C C, BAECHER G B, 1994. Reliability applied to slope stability analysis[J]. Journal of geotechnical engineering, 120(12): 2180-2207.

CRAIG R F, 2004. Craig's soil mechanics[M]. Cambridge: CSA.

FENTON G A, GRIFFITHS D V, 2002. Probabilistic foundation settlement on spatially random soil[J]. Journal of geotechnical and geoenvironmental engineering, 128(5): 381-390.

FENTON G A, GRIFFITHS D V, 2003. Bearing capacity prediction of spatially random c-ϕ soils[J]. Canadian geotechnical journal, 40(1): 54-65.

FENTON G A, GRIFFITHS D V, 2007. Reliability-based deep foundation design[J]. Probabilistic applications in geotechnical engineering, 170: 1-12.

FENTON G A, GRIFFITHS D V, WILLIAMS M B, 2005. Reliability of traditional retaining wall design[J]. Géotechnique, 55(1): 55-62.

GRIFFITHS D V, FENTON G A, 2004. Probabilistic slope stability analysis by finite elements[J]. Journal of geotechnical and geoenvironmental engineering, 130(5): 507-518.

GRIFFITHS D V, FENTON G A, 2009. Probabilistic settlement analysis by stochastic and random finite-element methods[J]. Journal of geotechnical and geoenvironmental engineering, 135 (11): 1629-1637.

GULVANESSIAN H, CALGARO J A, HOLICKY M, 2002. Designers' guide to EN 1990 Eurocode: Basis of structural design[M]. London: Thomas Telford Publishing.

HUANG J S, GRIFFITHS D V, FENTON G A, 2010. System reliability of slopes by RFEM[J]. Soils and foundations, 50(3): 343-353.

JIANG S H, LI D Q, ZHANG L M, et al., 2014. Slope reliability analysis considering spatially variable shear strength parameters using a non-intrusive stochastic finite element method[J]. Engineering geology, 168: 120-128.

KULHAWY F H, 1996. From Casagrande's 'calculated risk' to reliability-based design in foundation engineering[J]. Civil engineering practice, 11(2): 45-56.

LI D Q, QI X H, CAO Z J, et al., 2015. Reliability analysis of strip footing considering spatially variable undrained shear strength that linearly increases with depth[J]. Soils and foundations, 55(4): 866-880.

LI D Q, QI X H, PHOON K K, et al., 2014. Effect of spatially variable shear strength parameters with linearly increasing mean trend on reliability of infinite slopes[J]. Structural safety, 49: 45-55.

LI D Q, SHAO K B, CAO Z J, et al., 2016. A generalized surrogate response aided-subset simulation approach for efficient geotechnical reliability-based design[J]. Computers and geotechnics, 74: 88-101.

LI D Q, YANG Z Y, CAO Z J, et al., 2017. System reliability analysis of slope stability using generalized subset simulation[J]. Applied mathematical modelling, 46: 650-664.

LI H S, MA Y Z, CAO Z J, 2015. A generalized subset simulation approach for estimating small failure probabilities of multiple stochastic responses[J]. Computers and structures, 153: 239-251.

LOW B K, 2005. Reliability-based design applied to retaining walls[J]. Géotechnique, 55(1): 63-75.

ORR T L, BREYSSE D, 2008. Eurocode 7 and reliability-based design[M]//ORR T L, BREYSSE D. Reliability-based design in geotechnical engineering computations and applications. London: Taylor & Francis.

PHOON K K, KULHAWY F H, 1999. Characterization of geotechnical variability[J]. Canadian geotechnical journal, 36(4): 612-624.

STUEDLEIN A W, BONG T, 2017. Effect of spatial variability on static and liquefaction-induced differential settlements[C]//Geo-Risk 2017. Reston: ASCE: 31-51.

STUEDLEIN A W, KRAMER S L, ARDUINO P, et al., 2012. Reliability of spread footing performance in desiccated clay[J]. Journal of geotechnical and geoenvironmental engineering, 138(11): 1314-1325.

WANG Y, 2009. Reliability-based economic design optimization of spread foundations[J]. Journal of geotechnical and geoenvironmental engineering, 135(7): 954-959.

WANG Y, 2011. Reliability-based design of spread foundations by Monte Carlo simulations[J]. Géotechnique, 61(8): 677-685.

WANG Y, 2013. MCS-based probabilistic design of embedded sheet pile walls[J]. Georisk: Assessment and management of risk for engineered systems and geohazards, 7(3): 151-162.

WANG Y, CAO Z J, 2013. Expanded reliability-based design of piles in spatially variable soil using efficient Monte Carlo simulations[J]. Solis and foundations, 53(6): 820-834.

WANG Y, KULHAWY F H, 2008. Economic design optimization of foundations[J]. Journal of geotechnical and geoenvironmental engineering, 134(8): 1097-1105.

WANG Y, AU S K, KULHAWY F H, 2011b. Expanded reliability-based design approach for drilled shafts[J]. Journal of geotechnical and geoenvironmental engineering, 137(2): 140-149.

WANG Y, CAO Z J, AU S K, 2011a. Practical reliability analysis of slope stability by advanced Monte Carlo simulations in spreadsheet[J]. Canadian geotechnical journal, 48 (1): 162-172.

WANG Y, CAO Z J, LI D Q, 2016. Bayesian perspective on geotechnical variability and site characterization[J]. Engineering geology, 203: 117-125.

XIAO T, LI D Q, CAO Z J, et al., 2016. Three-dimensional slope reliability and risk assessment using auxiliary random finite element method[J]. Computers and geotechnics, 79: 146-158.

ZEVGOLIS I E, BOURDEAU P L, 2010. System reliability analysis of the external stability of reinforced soil structures[J]. Georisk: Assessment and management of risk for engineered systems and geohazards, 4(3): 148-156.

第 *4* 章

变化条件下岩土工程可靠度设计
更新方法

4.1 引　言

　　岩土工程设计存在多种不确定性，如岩土体参数不确定性、荷载不确定性和计算模型不确定性等，可以通过基于概率论或可靠度理论的设计方法来合理考虑上述不确定性因素。近年来，多个国家和地区已逐步编制了岩土工程可靠度设计规范，通常采用基于分项系数的半概率可靠度设计方法，在假设岩土体参数概率分布的基础上，使用针对指定目标失效概率 P_T 或目标可靠指标 β_T 的校准后的荷载或抗力系数，来考虑与岩土工程设计相关的各种不确定性的影响。分项系数设计方法的计算过程与传统的 ASD 方法类似，几乎不需要概率论和统计学方面的知识，容易被工程师掌握，是在工程实践中推行可靠度设计的有效途径。然而，近期研究表明，当设计条件（岩土体参数概率分布、荷载工况等）发生变化时，使用固定分项系数的半概率可靠度设计方法无法完成设计更新以继续满足安全性要求和经济性要求，难以在变化设计条件下维持稳定的可靠度水平，可能产生偏于保守（但不经济）或偏于危险的设计结果（Ching et al.，2013；Ching and Phoon，2012）。

　　Ching 和 Phoon（2012）及 Ching 等（2013）指出，使用通过蒙特卡罗模拟方法或一次可靠度方法来评估设计空间内每个设计方案失效概率 P_f 的全概率可靠度设计方法，可以得到不同设计条件下满足安全性要求和经济性要求的设计方案，完成设计更新。近期，一种基于蒙特卡罗模拟的全概率可靠度设计方法已被提出并用于地基基础（Wang and Cao，2013；Wang，2011；Wang et al.，2011）、挡土结构（Li et al.，2016）等岩土结构的设计。第 2 章研究了不确定性参数变异性和相关性对设计方案的影响，可以看到该方法能够针对给定的设计条件（岩土体参数概率分布）提供符合要求的设计，完成设计更新。然而，当设计条件发生变化且需要考虑一系列设计条件时，由于在设计更新时需要对不同设计条件大量重复执行蒙特卡罗模拟以进行可靠度分析，计算效率低，利用该方法进行设计更新十分烦琐。变化设计条件下如何高效更新可靠度设计是一个关键难点，也是制约可靠度设计方法在岩土工程中应用的瓶颈问题。

　　为解决上述问题，本章提出了一种基于蒙特卡罗模拟的岩土工程可靠度设计更新方法，该方法主要包括两个部分：①在初步设计阶段，根据给定的设计条件，执行蒙特卡罗模拟以获得初步设计方案；②在不同的设计条件下，利用蒙特卡罗模拟产生的失效样本，结合概率密度加权法进行设计更新，以避免重复执行蒙特卡罗模拟。该方法仅需执行一次蒙特卡罗模拟便能获得各种设计条件下的最终设计方案，更有效地实现了岩土工程可靠度设计更新。本章首先介绍该方法的两个主要部分，然后给出设计更新流程，最后以浅基础和岩质边坡为例证明该方法在处理包含独立随机变量与相关随机变量时的有效性，并探讨不同岩土体参数及荷载统计特征对设计更新的影响。

4.2　基于概率密度加权的设计更新方法

根据《工程结构可靠性设计统一标准》（GB 50153—2008），结构在规定时间和条件下完成预定功能的能力即结构的可靠性。结构在规定时间和条件下完成预定功能的概率，称为结构可靠度，不能完成预定功能的概率为失效概率 P_f。

结构按照极限状态进行设计应满足式（4.2.1）的要求：

$$G = g(\boldsymbol{X}) = g(X_1, X_2, \cdots, X_n) \geqslant 0 \tag{4.2.1}$$

式中：G 为结构功能函数；$\boldsymbol{X}=(X_1, X_2, \cdots, X_n)^{\mathrm{T}}$ 为基本随机变量。

当仅考虑抗力 R 和荷载 Q 这两个综合变量时，结构按照极限状态进行设计应满足式（4.2.2）的要求：

$$G = g(R, Q) = R - Q \geqslant 0 \tag{4.2.2}$$

根据失效概率的定义，其可由数值积分方法计算如下：

$$P_f = \int \cdots \int_{G<0} f(R, Q)\, \mathrm{d}R\, \mathrm{d}Q \tag{4.2.3}$$

式中：$f(R,Q)$ 为 R 和 Q 的联合概率密度函数。

模拟是基于一系列假设和模型来重现真实世界的过程。通过重复模拟过程，可以得到结构响应的大量信息，以便用于结构的可靠度分析、设计等（张明，2009）。当已知功能函数及基本随机变量的概率分布时，利用蒙特卡罗模拟方法进行结构可靠度计算十分方便，失效概率 P_f 可以一步改写为

$$P_f = \int_{G<0} f(\boldsymbol{X})\, \mathrm{d}\boldsymbol{X} = \int I(\boldsymbol{X}) f(\boldsymbol{X})\, \mathrm{d}\boldsymbol{X} \tag{4.2.4}$$

式中：$f(\boldsymbol{X})$ 为 $\boldsymbol{X}$ 的联合概率密度函数；$I(\boldsymbol{X})$ 为结构失效的指示函数，规定结构失效即 $G<0$ 时，$I(\boldsymbol{X})=1$，反之 $I(\boldsymbol{X})=0$。

式（4.2.4）可以看作求指示函数 $I(\boldsymbol{X})$ 的期望值。从抽样角度来看，该期望值可以按如下方法求解：根据联合概率密度函数 $f(\boldsymbol{X})$ 抽取基本随机变量 $\boldsymbol{X}$ 的样本 $\boldsymbol{X}_i$（$i=1, 2, \cdots, N_{\mathrm{T}}$，$N_{\mathrm{T}}$ 为样本数量），计算功能函数 $g(\boldsymbol{X}_i)$ 并确定对应的 $I(\boldsymbol{X}_i)$，从而获得 $I(\boldsymbol{X})$ 的样本，$I(\boldsymbol{X})$ 所有样本的均值即 $I(\boldsymbol{X})$ 期望的无偏估计。

$$P_f = \frac{1}{N_{\mathrm{T}}} \sum_{i=1}^{N_{\mathrm{T}}} I(\boldsymbol{X}_i) \tag{4.2.5}$$

随着勘察信息的逐渐获取，不确定性参数 $\boldsymbol{X}$ 更新后的统计特征 θ_{U} 发生变化，可据此建立 θ_{U} 对应的不确定性参数联合概率密度函数 $f(\boldsymbol{X}|\theta_{\mathrm{U}})$，根据式（4.2.4）由蒙特卡罗模拟方法可以得到设计方案 D_i 的失效概率 $P(F|D_i,\theta_{\mathrm{U}})$，可表示为（Ang and Tang，2007）

$$P(F \mid D_i, \theta_{\mathrm{U}}) = \int I(F \mid \boldsymbol{X}, D_i) f(\boldsymbol{X} \mid \theta_{\mathrm{U}})\, \mathrm{d}\boldsymbol{X} \tag{4.2.6}$$

式中：$I(F|\boldsymbol{X},D_i)$ 为结构失效的指示函数，如果结构失效[即功能函数 $g(\boldsymbol{X},D_i)<0$]，则 $I(F|\boldsymbol{X}, D_i)$ 取值为 1；否则，为 0。式（4.2.6）可以看作求 $I(F|\boldsymbol{X},D_i)$ 的期望，假定此时针对设计方案 D_i 生成 N_{T,D_i} 个随机样本，由式（4.2.5）可将式（4.2.6）改写为

$$P(F \mid D_i, \theta_{\mathrm{U}}) = \frac{1}{N_{\mathrm{T},D_i}} \sum_{k=1}^{N_{\mathrm{T},D_i}} I(F \mid \boldsymbol{X}_{i,k}^{\mathrm{U}}, D_i) \qquad (4.2.7)$$

式中：$\boldsymbol{X}_{i,k}^{\mathrm{U}}(k=1,2,\cdots,N_{\mathrm{T},D_i})$ 为 θ_{U} 对应 $\boldsymbol{X}$ 的随机样本。注意到，重新抽样并计算功能函数的计算量巨大，这里提出一种概率密度加权法来进行可靠度分析以计算失效概率。

根据 Beckman 和 McKay（1987）、Fonseca 等（2007）和 Yuan（2013），结合初步设计中的联合概率密度函数 $f(\boldsymbol{X}|\theta_{\mathrm{P}})$，可将式（4.2.6）表示为

$$P(F \mid D_i, \theta_{\mathrm{U}}) = \int I(F \mid \boldsymbol{X}, D_i) \frac{f(\boldsymbol{X} \mid \theta_{\mathrm{U}})}{f(\boldsymbol{X} \mid \theta_{\mathrm{P}})} f(\boldsymbol{X} \mid \theta_{\mathrm{P}}) \mathrm{d}\boldsymbol{X} \qquad (4.2.8)$$

对比式（4.2.7），式（4.2.8）可进一步表示为

$$\begin{aligned}
P(F \mid D_i, \theta_{\mathrm{U}}) &= \frac{1}{N_{\mathrm{T},D_i}} \sum_{j=1}^{N_{\mathrm{T},D_i}} I(F \mid \boldsymbol{X}_{i,j}^{\mathrm{P}}, D_i) \frac{f(\boldsymbol{X}_{i,j}^{\mathrm{P}} \mid \theta_{\mathrm{U}})}{f(\boldsymbol{X}_{i,j}^{\mathrm{P}} \mid \theta_{\mathrm{P}})} \\
&= \frac{1}{N_{\mathrm{T},D_i}} \sum_{j=1}^{N_{\mathrm{T},D_i}} I(F \mid \boldsymbol{X}_{i,j}^{\mathrm{P}}, D_i) \omega_{i,j}
\end{aligned} \qquad (4.2.9)$$

式中：$\omega_{i,j} = f(\boldsymbol{X}_{i,j}^{\mathrm{P}} \mid \theta_{\mathrm{U}}) / f(\boldsymbol{X}_{i,j}^{\mathrm{P}} \mid \theta_{\mathrm{P}})$ 为概率密度权重系数，即初步设计产生的随机样本 $\boldsymbol{X}_{i,j}^{\mathrm{P}}$ 在不同概率密度函数下的概率密度值之比，θ_{P} 为初始统计特征。

由式（4.2.9）可知，设计条件变化后的失效概率 $P(F \mid D_i, \theta_{\mathrm{U}})$ 计算转化为求解 $I(F \mid \boldsymbol{X}_{i,j}^{\mathrm{P}}, D_i) \omega_{i,j}$ 的数学期望。式（4.2.9）中的 N_{T,D_i} 和 $I(F \mid \boldsymbol{X}_{i,j}^{\mathrm{P}}, D_i)$ 已在初步设计中确定，且在失效区域外的随机样本指示函数 $I(\cdot)$ 为 0，因此只需计算失效样本的 $\omega_{i,j}$ 便能得到 $P(F \mid D_i, \theta_{\mathrm{U}})$。利用概率密度加权法，避免了重复的抽样及功能函数计算，并将可靠度分析过程转化为了简单的代数运算，概念简单、计算效率高。得到新设计条件下各设计方案的失效概率后，即可根据安全性要求和经济性要求选择最终设计方案，完成设计更新。值得说明的是，新的联合概率密度函数 $f(\boldsymbol{X}|\theta_{\mathrm{U}})$ 可以在先验信息（如文献资料和工程判断）及勘察数据的基础上使用贝叶斯更新方法构建（Cao and Wang，2014；唐小松 等，2013），这并非本章研究重点，在此不再详细说明。

4.3　变化条件下的可靠度设计更新流程

结合图 4.3.1 所示的流程图，本章提出的基于蒙特卡罗模拟的岩土工程可靠度设计更新方法分为利用蒙特卡罗模拟方法进行初步设计（实线边框所示）和利用概率密度加权法进行设计更新（虚线边框所示）两个部分，具体执行步骤如下：

（1）针对具体岩土工程结构建立确定性分析模型，进行参数分析，明确设计中所需考虑的不确定性参数；

（2）根据现有信息，建立 θ_{P} 对应的不确定性参数联合概率密度函数 $f(\boldsymbol{X}|\theta_{\mathrm{P}})$，并根据工程经验确定设计空间内的设计方案；

（3）执行蒙特卡罗模拟，根据可靠性和经济性要求完成初步设计；

（4）识别并保存各设计方案对应的失效样本；

（5）根据更新后的信息，建立θ_U对应的不确定性参数联合概率密度函数$f(\boldsymbol{X}|\theta_U)$；

（6）利用式（4.2.9）计算更新后的各设计方案的失效概率，根据可靠性和经济性要求完成设计更新。

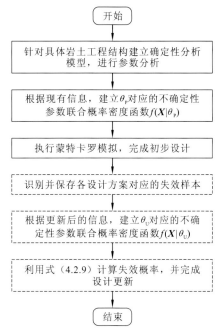

图 4.3.1　基于蒙特卡罗模拟的岩土工程可靠度设计更新流程图

4.4　考虑独立随机变量的可靠度设计更新

4.4.1　算例介绍

本节以某一浅基础的设计为例，验证所提方法在处理包含独立随机变量时的有效性。该算例最早由欧洲标准化委员会提出，Ching 等（2013）利用该算例探讨过场地勘察投入与设计方案经济成本之间的联系。如图 4.4.1 所示，宽度为 B 的方形浅基础埋深为 0.8 m，假设其承受垂直恒载 L、垂直活载 Q_v 和水平活载 Q_h，所有荷载相互独立。土体重度γ为 21.4 kN/m³，混凝土重度$\gamma_c=25$ kN/m³。与 Ching 等（2013）一致，本算例将土体的不排水抗剪强度 s_u、L、Q_v 和 Q_h 视为随机变量。

对浅基础承载能力极限状态进行稳定性分析，不考虑地下水对地基承载力的影响，其功能函数可以表示为

$$g(\boldsymbol{X},B) = q_u B^2 - L - Q_v - W_p \qquad (4.4.1)$$

式中：$\boldsymbol{X}$ 为随机变量（包含 s_u、L、Q_v、Q_h）；W_p 为基础重量且 $W_p = \gamma_c \times B^2 \times 0.8 = 20B^2$（kN）；$q_u$ 为基础承载力，计算公式为

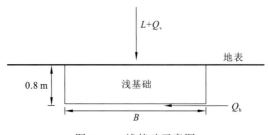

图 4.4.1　浅基础示意图

$$q_u = (\pi+2)s_u \times s_c \times i_c + q_s = 0.6(\pi+2)\left(1+\sqrt{1-\frac{Q_h}{B^2 s_u}}\right)s_u + 17.12 \quad (4.4.2)$$

对于方形基础而言，系数 $s_c = 1.2$，$i_c = 0.5\{1+[1-Q_h/(B^2 s_u)]^{0.5}\}$，地表的附加荷载 $q_s = 0.8 \times 21.4 = 17.12$（$kN/m^2$）。

4.4.2　初步设计

与 Ching 等（2013）一致，假定垂直恒载 L 服从正态分布，均值和变异系数分别为 1 000 kN 和 0.1；垂直活载 Q_v 和水平活载 Q_h 服从 Gumbel 分布，均值分别为 493.7 kN 和 329.2 kN，变异系数均为 0.2；土体不排水抗剪强度 s_u 服从对数正态分布，均值 μ_{s_u} 和变异系数 COV_{s_u} 需根据场地勘察信息确定。在初步设计阶段，假定没有开展特定场地试验，可根据现有文献资料估计 μ_{s_u} 和 COV_{s_u}。根据 Ching 等（2013），在初步设计阶段假定 $\mu_{s_u} = 115.8$ kPa，$COV_{s_u} = 0.35$，即 Ching 等（2013）中的设计条件 P0。初步设计采纳的随机变量分布参数如表 4.4.1 所示。此外，本算例将基础宽度 B 视为服从均匀分布的随机变量，在 2~4 m 的范围内以 0.01 m 为间距取设计值，因此设计空间内共有 $N_D = 201$ 个设计方案。

表 4.4.1　初步设计阶段随机变量分布参数汇总

随机变量	概率分布类型	均值	变异系数
垂直恒载 L	正态分布	1 000 kN	0.1
垂直活载 Q_v	Gumbel 分布	493.7 kN	0.2
水平活载 Q_h	Gumbel 分布	329.2 kN	0.2
土体不排水抗剪强度 s_u	对数正态分布	115.8 kPa	0.35

利用蒙特卡罗模拟方法产生 s_u、L、Q_v、Q_h 和 B 的随机样本。在本次设计中，与 Ching 等（2013）保持一致，浅基础目标失效概率定为 $P_T = 6.9 \times 10^{-4}$。执行蒙特卡罗模拟所需的最小样本数 N_{Tmin} 约为 3.2×10^6。为进一步保证设计精度，在本次设计中共产生 $N_T = 10^8$ 个随机样本。如图 4.4.2 中黑线所示，给出了设计空间中每一个设计方案的随机样本总数 N_{T,B_i}，可以看出，随机样本覆盖了整个设计空间且数量均匀。将这 10^8 个随机样本代入式（4.4.1）计算它们对应的功能函数值并对计算结果进行统计分析，确定每一个设计方案的失效样本数 N_{F,B_i}。图 4.4.2 中蓝线给出了每个设计方案的基础宽度 B 对应的失效

样本数，可以看出失效样本数 N_{F,B_i} 随着基础宽度 B 的增加而减少。

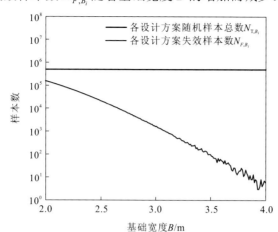

图 4.4.2　各设计方案随机样本总数和失效样本数

　　根据这些失效样本，计算每个设计方案的失效概率 $P(F|B,\theta_P)$。图 4.4.3 中的黑线（蒙特卡罗模拟方法）给出了失效概率 $P(F|B,\theta_P)$ 随基础宽度 B 的变化曲线，可以看出 $P(F|B,\theta_P)$ 随着基础宽度 B 的增加而减小。为了验证初步设计的计算结果，采用蒙特卡罗模拟方法对设计空间中所有 201 个设计方案分别进行可靠度分析，对每个设计方案重复执行蒙特卡罗模拟，产生 10^6 个随机样本以计算失效概率，计算结果如图 4.4.3 中蓝线（重复执行蒙特卡罗模拟）所示。可以看出，两种方法的计算结果基本一致，验证了初步设计的准确性，为下一步的设计更新打下了良好的基础。

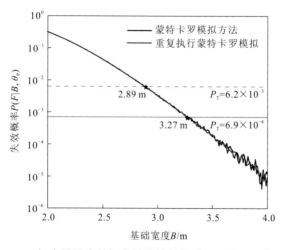

图 4.4.3　初步设计失效概率计算结果与验证（浅基础算例）

　　图 4.4.3 中失效概率低于目标失效概率 $P_T=6.9\times10^{-4}$ 的设计方案即可行设计方案。因此，当基础宽度 $B\geqslant3.27$ m 时，满足浅基础极限承载能力状态要求。根据经济性要求从可行设计方案中选择经济成本最低的设计方案作为最终设计方案。对于给定埋深的方形基础，经济成本随着基础宽度 B 的增加而增加，因此在这个设计算例中将基础宽度 B 作

为经济成本的近似估计，则初始设计阶段的最终设计结果为 $B = 3.27 \text{ m}$。

4.4.3 不同岩土体参数统计特征下的设计更新

岩土工程中随着场地勘察或试验的进行，土体不排水抗剪强度 s_u 均值 μ_{s_u} 和变异系数 COV_{s_u} 的取值也将更新，设计条件发生变化。Ching 等（2013）通过系统地改变试验类型数目和试验精度，更新了不同设计条件下的 μ_{s_u} 和 COV_{s_u}。试验类型数目考虑四种情形（T1～T4），其中 T1 仅进行一种试验，T2 和 T3 分别进行两种试验，而 T4 包含三种试验类型；试验精度考虑四种情况（P1～P4），通过增加试验和钻孔数目可以得到每种试验类型从低精度 P1 到高精度 P4 不同精确程度的信息，有关试验类型和试验精度的详细信息请参考 Ching 等（2013）。因此，对应于不同的场地勘察投入，共有 16 种设计条件需要考虑。根据 Ching 等（2013），表 4.4.2 给出了不同设计条件下，s_u 均值 μ_{s_u} 和变异系数 COV_{s_u} 的取值情况，即 μ_{s_u} 和 COV_{s_u} 与场地勘察投入之间的关系。可以看出，COV_{s_u} 明显随着试验精度的增加而减小，也随着试验类型数目的增加而呈减小趋势，即不排水抗剪强度的不确定程度随着试验精度和试验类型数目的增加而降低。考虑一个试验类型数目为 T1、试验精度为 P1 的设计条件 T1-P1，仅需将初步设计中 μ_{s_u} 和 COV_{s_u} 的值替换为表 4.4.2 中的 108.2 kPa 和 0.29 便能很轻易地建立起这种设计条件下不确定性参数的联合概率密度函数，从而进行设计更新。

表 4.4.2 不同设计条件下不排水抗剪强度的均值 μ_{s_u} 和变异系数 COV_{s_u}

试验精度	试验类型数目			
	T1	T2	T3	T4
P1	108.2 和 0.29	105.6 和 0.25	108.3 和 0.29	105.6 和 0.25
P2	106.2 和 0.25	103.3 和 0.21	100.7 和 0.21	99.6 和 0.19
P3	105.3 和 0.24	102.7 和 0.20	99.0 和 0.20	98.5 和 0.17
P4	105.9 和 0.23	103.0 和 0.19	99.0 和 0.19	98.4 和 0.16

注：不排水抗剪强度均值 μ_{s_u} 的单位为 kPa。

在设计更新过程中，本节利用初步设计阶段产生的失效样本，通过概率密度加权法即式（4.2.9）来估计不同设计条件下设计空间内所有设计方案的失效概率。图 4.4.4～图 4.4.7 给出了各种设计条件下，利用概率密度加权法计算的失效概率 $P(F|B, \theta_U)$ 随着基础宽度 B 变化的曲线，如图中蓝色实线（所提方法）所示。为了验证所提方法，采用蒙特卡罗模拟方法，对 16 种设计条件分别产生 $N_T = 10^8$ 个随机样本并进行了设计计算，计算结果如图 4.4.4～图 4.4.7 中绿色实线（蒙特卡罗模拟方法）所示。可以看出，两种方法的计算结果大致相同，说明了所提概率密度加权法的有效性。注意到在失效概率小于 10^{-5} 后，两种方法得到的失效概率表现出了一定的随机波动，该随机波动将随随机样本总数 N_T 的增大而减小。比较两种方法计算结果的波动程度发现，绿色实线的波动程度较大，故在小失效概率区域内，由概率密度加权法得到的失效概率更加精确。值得注意的

是，与分别对 16 种设计条件进行重复的蒙特卡罗模拟相比，概率密度加权法仅需计算失效样本相应的概率密度函数值和权重系数，避免了重复的抽样及功能函数计算，可以将可靠度分析过程转化为简单的代数运算，设计更新效率明显提高。

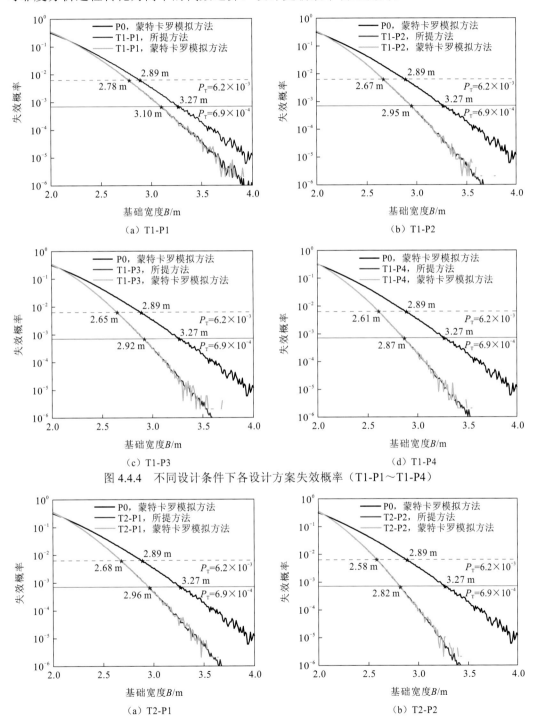

图 4.4.4　不同设计条件下各设计方案失效概率（T1-P1～T1-P4）

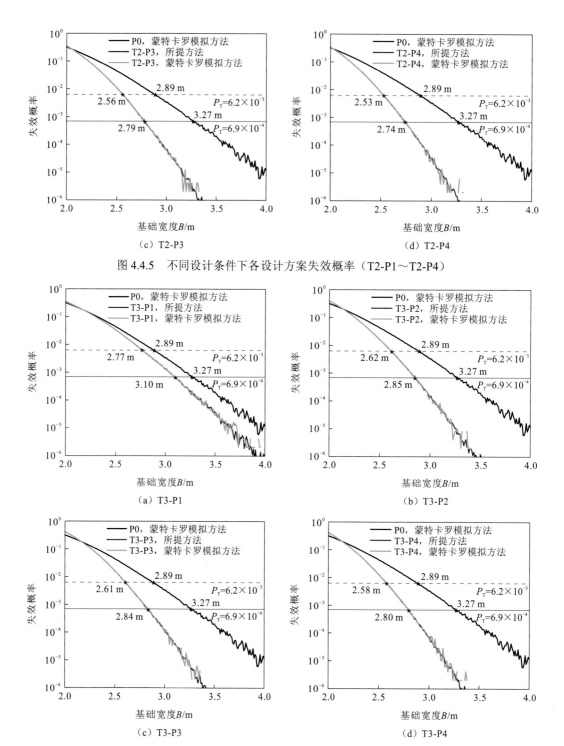

（c）T2-P3　　　　　　　　　　　　　（d）T2-P4

图 4.4.5　不同设计条件下各设计方案失效概率（T2-P1～T2-P4）

（a）T3-P1　　　　　　　　　　　　　（b）T3-P2

（c）T3-P3　　　　　　　　　　　　　（d）T3-P4

图 4.4.6　不同设计条件下各设计方案失效概率（T3-P1～T3-P4）

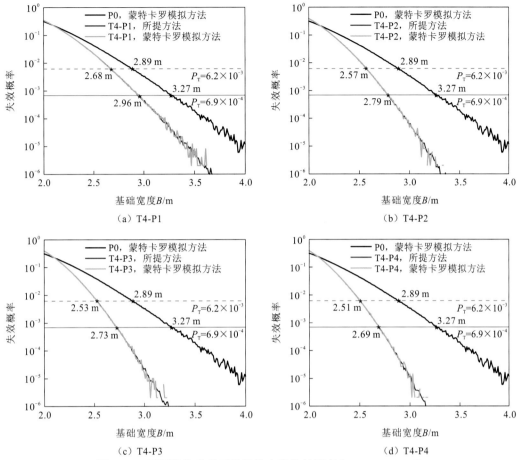

图 4.4.7　不同设计条件下各设计方案失效概率（T4-P1～T4-P4）

　　为了分析设计更新情况，图 4.4.4～图 4.4.7 中也给出了初步设计中各设计方案相应的失效概率，如图中黑色实线所示。可以看出，在新的设计条件下，各设计方案的失效概率相比于初步设计发生了明显变化且大大降低。为满足相同的安全性要求即目标失效概率 $P_\mathrm{T}=6.9\times10^{-4}$，失效概率计算结果的更新不可避免地会导致最终设计方案的更新。不同设计条件下的最终设计结果如图 4.4.4～图 4.4.7 中五角星标记所示。以设计条件 T1-P1 为例，最终设计方案为 $B=3.10\ \mathrm{m}$，相应的失效概率为 6.5×10^{-4}，非常接近目标失效概率 $P_\mathrm{T}=6.9\times10^{-4}$；而初步设计即设计条件 P0 下的最终设计方案 $B=3.27\ \mathrm{m}$ 对应的失效概率为 1.7×10^{-4}，远小于目标失效概率 $P_\mathrm{T}=6.9\times10^{-4}$。倘若不能完成设计更新，仍然将 $B=3.27\ \mathrm{m}$ 作为最终设计方案，则不能维持稳定的可靠度水平，虽然 $B=3.27\ \mathrm{m}$ 的失效概率更低、方案更保守，但不能满足经济性要求。

　　为比较不同设计条件下的最终设计结果，表 4.4.3 给出了所有设计条件下分别由所提方法、Ching 等（2013）所用方法及蒙特卡罗模拟方法得到的最终基础宽度 B，其中 Ching 等（2013）所用方法的设计结果是利用蒙特卡罗模拟产生的 10^6 个不确定性参数 $\boldsymbol{X}$（即 L、Q_v、Q_h、s_u）的随机样本求解 $P[g(B,\boldsymbol{X})<0]=P_\mathrm{T}$ 得到的。从表 4.4.3 可以看出，三

种方法得到的基础宽度 B 基本一致，其中的细微偏差是由随机模拟的波动性产生的。这些最终设计方案的失效概率均接近目标失效概率 P_T，即三种设计方法均能维持稳定的可靠度水平，完成不同设计条件下的设计更新。进一步比较不同设计条件下最终基础宽度 B 可以发现，基础宽度 B 随着试验精度的提高（P0→P1→P2→P3→P4）或试验类型数目的增加（T1→T2→T4 或 T1→T3→T4）而呈降低趋势，趋势合理，P0 得到的 B 最大，T4-P4 得到的 B 最小。本章所提方法能简单、有效地建立场地勘察投入与设计方案经济成本之间的联系，基础宽度 B 随场地勘察投入的增加而减小。因此，可将场地勘察看作一种投资，合理的场地勘察投入能节省设计方案经济成本，本章所提方法能够为场地勘察方案的制订提供一定的参考依据。此外，利用本章所提方法得到的最终设计方案的实际失效概率均小于且接近目标失效概率，能在不同设计条件下维持稳定的可靠度水平。

表 4.4.3　不同设计条件下所提方法、Ching 等（2013）所用方法和蒙特卡罗模拟
方法得到的最终基础宽度 $B(P_T = 6.9 \times 10^{-4})$　　　　（单位：m）

试验精度	试验类型数目			
	T1	T2	T3	T4
P0	3.27、3.34 和 3.27			
P1	3.10、3.09 和 3.10	2.96、2.97 和 2.96	3.10、3.09 和 3.11	2.96、2.98 和 2.96
P2	2.95、2.95 和 2.95	2.82、2.82 和 2.82	2.85、2.87 和 2.85	2.79、2.77 和 2.79
P3	2.92、2.90 和 2.91	2.79、2.79 和 2.79	2.84、2.82 和 2.84	2.73、2.73 和 2.73
P4	2.87、2.88 和 2.87	2.74、2.77 和 2.74	2.80、2.78 和 2.80	2.69、2.70 和 2.69

全概率可靠度设计方法不仅能在不同设计条件下维持稳定的可靠度水平，还允许工程师合理地运用工程判断灵活调整目标失效概率 P_T。利用图 4.4.4～图 4.4.7 中的结果，无须额外计算，便能获得目标失效概率调整后的最终设计方案。例如，在该算例中当将目标失效概率调整为"低于平均的期望功能等级"相应的 $P_T=6.2\times10^{-3}$ 时，在图 4.4.4～图 4.4.7 中虚线以下的设计方案即可行设计方案。表 4.4.4 给出了 $P_T=6.2\times10^{-3}$ 时，不同设计条件下利用本章所提方法得到的最终基础宽度 B。可以看出，目标失效概率变化时，同一设计条件下的最终设计结果发生相应变化。比较不同设计条件下的结果发现，其变化趋势与表 4.4.3 中一致，但相比于 $P_T=6.9\times10^{-4}$ 而言，这些最终设计结果之间的差异变小，更新程度降低。例如，$P_T=6.9\times10^{-4}$ 时，P0 和 T4-P4 最终设计结果相差 0.58 m，而 $P_T=6.2\times10^{-3}$ 时仅相差 0.38 m。从图 4.4.4～图 4.4.7 也可以看出，与初始设计阶段的曲线相比，设计条件变化后失效概率曲线变陡，设计条件变化前后最终设计方案的差距随着目标失效概率的降低而增大。因此，岩土体参数统计特征变化对最终设计方案的影响程度也与目标失效概率有关。

表 4.4.4 不同设计条件下所提方法得到的最终基础宽度 B（$P_T = 6.2 \times 10^{-3}$）（单位：m）

试验精度	试验类型数目			
	T1	T2	T3	T4
P0		2.89		
P1	2.78	2.68	2.77	2.68
P2	2.67	2.58	2.62	2.57
P3	2.65	2.56	2.61	2.53
P4	2.61	2.53	2.58	2.51

4.4.4 不同荷载统计特征下的设计更新

本小节进一步研究了不同荷载统计特征下设计方案的更新。如表 4.4.5 所示，本小节考虑活载变异系数变化的 7 种设计条件，其他不确定性参数的统计特征保持不变，如表 4.4.1 所示。利用本章所提方法进行设计更新，图 4.4.8 给出了不同活载变异系数下失效概率随着基础宽度 B 的变化曲线。可以看出，在上述设计条件下，各设计方案的失效概率几乎不受垂直活载变异系数 COV_{Q_v} 的影响，但会随着水平活载变异系数 COV_{Q_h} 的减小而减小。目标失效概率为 $P_T = 6.9 \times 10^{-4}$ 和 6.2×10^{-3} 时相应的最终设计方案如表 4.4.5 所示，最终设计方案的基础宽度 B 几乎不受 COV_{Q_v} 变化的影响，基本维持在 $B = 3.27$ m 和 2.88 m，最终设计方案的基础宽度 B 随着 COV_{Q_h} 的减小而减小，分别从 3.27 m 变化到 3.20 m 和从 2.89 m 变化到 2.84 m，但与表 4.4.3 和表 4.4.4 中的设计结果相比，设计方案的更新幅度较小。因此，岩土体参数统计特征对最终设计方案的影响要大于荷载统计特征，在该浅基础设计中岩土体参数的不确定性属于关键的不确定性因素。

表 4.4.5 不同活载变异系数下的最终设计结果

不同活载变异系数		B（$P_T = 6.9 \times 10^{-4}$）/m	B（$P_T = 6.2 \times 10^{-3}$）/m
COV_{Q_h}	COV_{Q_v}		
0.20	0.20	3.27	2.89
0.20	0.15	3.27	2.88
0.20	0.10	3.27	2.88
0.20	0.05	3.27	2.88
0.15	0.20	3.24	2.87
0.10	0.20	3.21	2.85
0.05	0.20	3.20	2.84

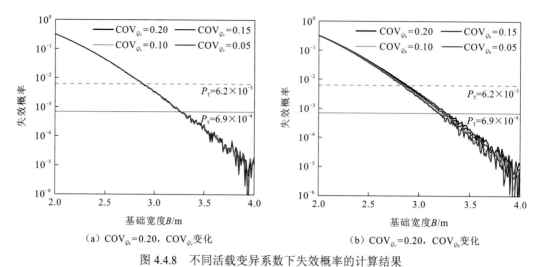

（a）$COV_{Q_h}=0.20$，COV_{Q_v}变化　　　　　　（b）$COV_{Q_v}=0.20$，COV_{Q_h}变化

图 4.4.8　不同活载变异系数下失效概率的计算结果

4.5　考虑相关随机变量的可靠度设计更新

4.5.1　算例介绍

4.4 节浅基础设计中的不确定性参数相互独立，为探讨本章所提方法在岩土体参数具有相关性时的有效性，本节对第 2 章岩质边坡算例的设计更新进行了研究，本节将滑面黏聚力 c 和内摩擦角 φ、张裂缝的深度 z、张裂缝中充水深度系数 i_w 及水平地震加速度系数 α 视为随机变量，坡高 H 和坡角 $\varPsi_f$ 为设计参数。假定该边坡沿滑面发生平面破坏，相应的功能函数为

$$g(\boldsymbol{X}, H, \varPsi_f) = FS - 1 \tag{4.5.1}$$

式中：$\boldsymbol{X}$ 为随机变量（包含 c、φ、z、i_w、α）；FS 为安全系数。

4.5.2　初步设计

考虑一种极端的设计条件，假定在初步设计阶段没有进行场地勘察试验，工程师仅能从现有文献资料中获得黏聚力 c 和内摩擦角 φ 的常规取值范围，并将其视为在各自取值范围内均匀分布且相互独立的两个随机变量（Cao et al.，2017，2016；朱慧明和韩玉启，2006；Siu and Kelly，1998），c 和 φ 的取值范围分别为[0，250 kPa]和[15°，75°]。初步设计中随机变量的分布参数如表 4.5.1 所示。Low（2008，2007）和 Wang 等（2013）指出，z 和 i_w 之间具有负相关性，假定相关系数为-0.5。将坡高 H 和坡角 $\varPsi_f$ 视为服从均匀分布的离散随机变量，坡高 H 从 50 m 至 60 m 每隔 0.2 m 取一个设计值，坡角 $\varPsi_f$ 从 44°至 50°每隔 0.2°取一个设计值，因此设计空间共有 $N_D=1\,581$ 个设计方案。

表 4.5.1　岩质边坡初步设计中随机变量分布参数汇总

随机变量	概率分布类型	均值	标准差	下界	上界	相关系数
滑面的黏聚力 c	均匀分布	—	—	0	250 kPa	
滑面的内摩擦角 φ	均匀分布	—	—	15°	75°	0
张裂缝的深度 z	正态分布	14 m	3 m	—	—	
张裂缝中充水深度系数 i_w	截尾指数分布	0.5	—	0	1	−0.5
水平地震加速度系数 α	截尾指数分布	0.08	—	0	0.16	

注：i_w、α的均值为截尾前指数分布的均值。

利用蒙特卡罗模拟方法产生随机变量 c、φ、z、i_w、α 及 H 和 Ψ_f 的随机样本。与 Low（2008）和 Wang 等（2013）一致，在本次设计中将目标失效概率定为 $P_T = 6.2 \times 10^{-3}$。执行蒙特卡罗模拟所需的最小样本数 N_{Tmin} 约为 2.82×10^6。为了进一步保证设计精度，在本次设计中共产生 $N_T = 10^8$ 个随机样本。图 4.5.1（a）给出了设计空间内每一个设计方案对应的随机样本总数直方图，可以看出，随机样本覆盖了整个设计空间且数量均匀。将这 10^8 个随机样本代入式（4.5.1）计算它们对应的功能函数值并对计算结果进行统计分析，确定每一个设计方案的失效样本数。图 4.5.1（b）给出了每个设计方案对应的失效样本数直方图，可以看出，失效样本数随着坡高 H 和坡角 Ψ_f 的增加而增加。

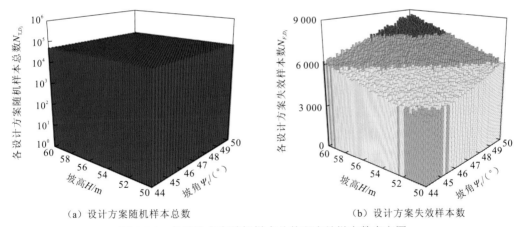

（a）设计方案随机样本总数　　　　　　　（b）设计方案失效样本数

图 4.5.1　各设计方案随机样本总数和失效样本数直方图

根据这些失效样本，计算每个设计方案的失效概率。由于设计方案较多，在二维图上表示所有设计方案的计算结果十分困难，图 4.5.2 中实线（蒙特卡罗模拟方法）仅给出了设计坡高 H 为 52 m、56 m 和 60 m 时不同坡角 Ψ_f 对应的失效概率。可以看出，失效概率随着 H 或 Ψ_f 的增加而增加。为了验证初步设计的计算结果，采用蒙特卡罗模拟方法对设计空间中所有 1 581 个设计方案分别进行可靠度分析，对每个设计方案重复执行蒙特卡罗模拟，产生 10^6 个随机样本并计算失效概率，计算结果如图 4.5.2 中虚线（重复执行蒙特卡罗模拟）所示。可以看出，两种方法的计算结果基本一致，验证了初步设计的准确性。注意到，初步设计阶段失效概率最小为 0.063 2（相应的 $H = 50$ m，$\Psi_f = 44°$），远大于目标失效概率 $P_T = 6.2 \times 10^{-3}$，故没有可行设计方案。尽管如此，初步设计阶段获得的大量失效样本为后续设计更新中准确计算失效概率奠定了良好的基础。

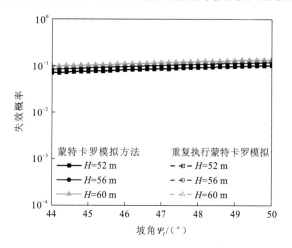

图 4.5.2　初步设计失效概率计算结果与验证（岩质边坡算例）

4.5.3　不同岩土体参数统计特征下的设计更新

在进行场地勘察后，可以准确地估计黏聚力 c 和内摩擦角 φ 的均值，然而难以确定 c 和 φ 的变异系数（COV_c 和 COV_φ）及两者之间的相关系数 $\rho_{c,\varphi}$（Wang et al.，2013；Wu et al.，1989）。变异系数通常会随着场地勘察投入的增加（试验类型数目和试验精度的增加）而减小（Ching et al.，2013）。在本算例中考虑四种设计条件（A～D）下的设计更新，假定 c 和 φ 服从正态分布，其均值分别为 100 kPa 和 35°（Low，2008，2007）；对应于不同的场地勘察投入，考虑 COV_c=0.3、COV_φ=0.2 和 COV_c=0.2、COV_φ=0.14 两种情形；由于 c 和 φ 具有负相关性，考虑 $\rho_{c,\varphi}$=-0.2 和-0.5 两种情形。表 4.5.2 给出了各种设计条件下 c 和 φ 的统计特征，其余随机变量 z、i_w 和 α 的统计特征保持不变，如表 4.5.1 所示。

表 4.5.2　不同设计条件下 c 和 φ 的统计特征

设计条件	随机变量	分布类型	均值	变异系数	相关系数
A	c	正态分布	100 kPa	0.3	-0.2
	φ	正态分布	35°	0.2	
B	c	正态分布	100 kPa	0.3	-0.5
	φ	正态分布	35°	0.2	
C	c	正态分布	100 kPa	0.2	-0.2
	φ	正态分布	35°	0.14	
D	c	正态分布	100 kPa	0.2	-0.5
	φ	正态分布	35°	0.14	

为了反映黏聚力 c 和内摩擦角 φ 的变异系数及相关系数对联合概率密度函数等概率密度线的影响，图 4.5.3 给出了四种设计条件下 c 和 φ 的联合概率密度函数的等概率密度线（概率密度值分别为 0.000 1，0.000 3，0.000 5，⋯）。对比图 4.5.3（a）和（c）或图 4.5.3（b）和（d）可以发现，随着 c 和 φ 变异系数的降低，等概率密度线的范围变小且等概率密度线更密集，根据联合概率密度函数抽取的随机样本更可能在均值附近。同时注意到，等概率密度线椭圆主轴与坐标横轴成一定的角度，反映了 c 和 φ 之间的负相关性。比较图 4.5.3（a）和（b）或图 4.5.3（c）和（d）可以发现，随着相关系数的增加，等概率密度线椭圆主轴与坐标横轴的夹角变大，等概率密度线变长变高，出现 c 和 φ 同时取小值的不利情况的概率降低。图 4.5.3 中联合概率密度函数等概率密度线的差异将会显著影响设计结果。

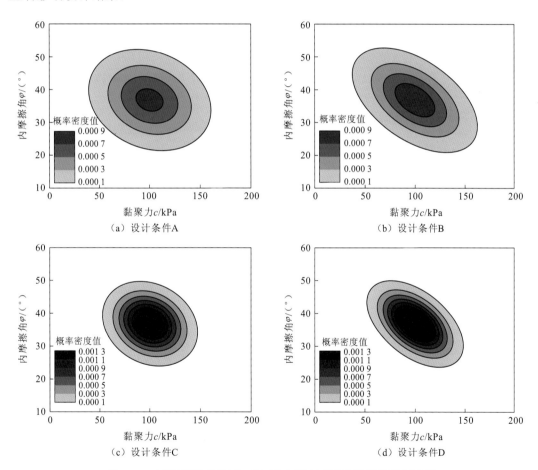

图 4.5.3　不同设计条件下 c 和 φ 联合概率密度函数等概率密度线

针对不同设计条件，利用初步设计阶段产生的失效样本，结合概率密度加权法即式（4.2.9）来估算不同设计方案的失效概率。图 4.5.4 中实线（所提方法）给出了不同设计条件下，坡高 $H=52$ m、56 m 和 60 m 时不同坡角 Ψ_f 对应的失效概率。与图 4.5.2 相比，各设计方案的失效概率明显降低。对比图 4.5.4（a）和（c）或图 4.5.4（b）和（d）

可以发现，设计方案的失效概率随着 c 和 φ 变异系数的降低而降低；对比图 4.5.4（a）和（b）或图 4.5.4（c）和（d）可以发现，设计方案的失效概率随着 c 和 φ 之间相关性的增强而降低。

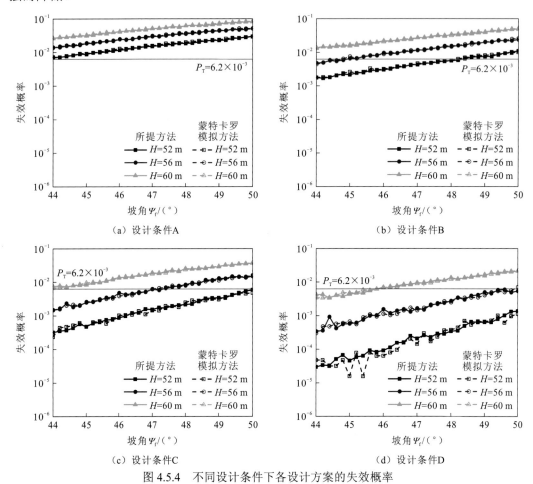

图 4.5.4　不同设计条件下各设计方案的失效概率

为了验证计算结果，采用初步设计中的蒙特卡罗模拟方法，对四种设计条件分别产生 $N_T=10^8$ 个随机样本并进行了设计计算，计算结果如图 4.5.4 中虚线（蒙特卡罗模拟方法）所示。可以发现，两套结果基本一致，且在小失效概率区域内，虚线波动较大，实线相对平滑，由概率密度加权法得到的失效概率更准确。值得注意的是，与分别对四种设计条件进行重复的蒙特卡罗模拟相比，本章所提方法仅需计算失效样本相应的概率密度函数值和权重系数，避免了重复抽样和功能函数计算，计算效率明显提高。失效概率小于目标失效概率 $P_T=6.2\times10^{-3}$ 的设计方案即可行设计方案。同样以边坡单宽开挖体积为经济成本的近似估计（Wang et al.，2013），各个设计条件下开挖量最小、经济成本最低的设计方案如表 4.5.3 所示。可以看出，两种方法得到的最终设计方案基本一致，且能保证最终设计方案的失效概率在目标失效概率附近，能在不同设计条件下维持稳定的可靠度水平。对比发现，设计条件 A 和 B（变异系数大）的经济成本要高于设计条件 C

和 D（变异系数小），说明增加场地勘察投入能节省经济成本，利用本章提出的更新方法能直接建立两者之间的联系。此外，比较设计条件 A 和 B 或设计条件 C 和 D 可以发现，最终设计方案的经济成本也会随着 c 和 φ 之间相关性的增强而降低。

表 4.5.3　不同方法得到的各设计条件下的最终设计方案及相应的失效概率和经济成本

设计条件	本章所提方法			蒙特卡罗模拟方法		
	H/m	$\varPsi_{\text{f}}/(°)$	单宽开挖体积 $/(\text{m}^3/\text{m})$	H/m	$\varPsi_{\text{f}}/(°)$	单宽开挖体积 $/(\text{m}^3/\text{m})$
A	50	44.6	414.2	50	44.6	414.2
B	50	49.8	202.91	50	49.8	202.91
C	52.2	50	145.3	52.4	50	140.9
D	56	50	68.1	55.8	50	71.87

参 考 文 献

唐小松, 李典庆, 周创兵, 等, 2013. 函数构造的 Copula 函数方法及结构可靠度分析[J]. 工程力学, 30(12): 8-17.

张明, 2019. 结构可靠度分析: 方法与程序[M]. 北京: 科学出版社.

朱慧明, 韩玉启, 2006. 贝叶斯多元统计推断理论[M]. 北京: 科学出版社.

ANG A H S, TANG W H, 2007. Probability concepts in engineering: Emphasis on applications to civil and environmental engineering[M]. Hoboken: John Wiley & Sons.

BECKMAN R J, MCKAY M D, 1987. Monte Carlo estimation under different distributions using the same simulation[J]. Technometrics, 29(2): 153-160.

CAO Z J, WANG Y, 2014. Bayesian model comparison and characterization of undrained shear strength[J]. Journal of geotechnical and geoenvironmental engineering, 140(6): 04014018.

CAO Z J, WANG Y, LI D Q, 2016. Quantification of prior knowledge in geotechnical site characterization[J]. Engineering geology, 203: 107-116.

CAO Z J, WANG Y, LI D Q, 2017. Probabilistic approaches for geotechnical site characterization and slope stability analysis[M]. Berlin: Springer；Hangzhou: Zhejiang University Press.

CHING J, PHOON K K, 2012. Value of geotechnical site investigation in reliability-based design[J]. Advances in structural engineering, 15(11): 1935-1945.

CHING J, PHOON K K, YU J W, 2013. Linking site investigation efforts to final design savings with simplified reliability-based design methods[J]. Journal of geotechnical and geoenvironmental engineering, 140(3): 04013032.

FONSECA J R, FRISWELL M I, LEES A W, 2007. Efficient robust design via Monte Carlo sample reweighting[J]. International journal for numerical methods in engineering, 69(11): 2279-2301.

LI D Q, SHAO K B, CAO Z J, et al., 2016. A generalized surrogate response aided-subset simulation approach for efficient geotechnical reliability-based design[J]. Computers and geotechnics, 74: 88-101.

LOW B K, 2007. Reliability analysis of rock slopes involving correlated nonnormals[J]. International journal of rock mechanics and mining sciences, 44(6): 922-935.

LOW B K, 2008. Efficient probabilistic algorithm illustrated for a rock slope[J]. Rock mechanics and rock engineering, 41(5): 715-734.

SIU N O, KELLY D L, 1998. Bayesian parameter estimation in probabilistic risk assessment[J]. Reliability engineering and system safety, 62(1/2): 89-116.

WANG L, HWANG J H, JUANG C H, et al., 2013. Reliability-based design of rock slopes: A new perspective on design robustness[J]. Engineering geology, 154: 56-63.

WANG Y, 2011. Reliability-based design of spread foundations by Monte Carlo simulations[J]. Géotechnique, 61(8): 677-685.

WANG Y, CAO Z J, 2013. Expanded reliability-based design of piles in spatially variable soil using efficient Monte Carlo simulations[J]. Soils and foundations, 53(6): 820-834.

WANG Y, AU S K, KULHAWY F H, 2011. Expanded reliability-based design approach for drilled shafts[J]. Journal of geotechnical and geoenvironmental engineering, 137(2): 140-149.

WU T H, TANG W H, SANGREY D A, et al., 1989. Reliability of offshore foundations: State of the art[J]. Journal of geotechnical engineering, 115(2): 157-178.

YUAN X K, 2013. Local estimation of failure probability function by weighted approach[J]. Probabilistic engineering mechanics, 34: 1-11.

第 5 章

广义可靠指标相对安全率及计算方法

5.1 引　言

传统的岩土工程设计主要采用 SFBD 方法，可靠度设计方法较单一安全系数法能够更为合理、全面地考虑设计中的各种不确定性因素（蒋水华 等，2021；Yang and Ching，2020），近年来在世界范围内受到了广泛关注（Fenton et al.，2017）。目前岩土工程设计仍以确定性设计方法为主，如《水工挡土墙设计规范》（SL 379—2007）（中华人民共和国水利部，2007a）和《水利水电工程边坡设计规范》（SL 386—2007）（中华人民共和国水利部，2007b）中的设计方法，安全级别较高的岩土结构物一般要求采用两种设计方法校核其安全裕幅。然而，不同岩土工程设计方法采用的安全判据不同，确定性设计中采用安全系数（FS）和容许安全系数（FS$_a$），而可靠度设计中采用可靠指标（β）和目标可靠指标（β_T）或失效概率（P_f）和目标失效概率（P_T）（Pratama et al.，2020）。将可靠度设计方法应用于岩土工程时，厘清其与确定性设计方法之间的关系十分有必要。然而，安全系数判据与可靠度判据的安全裕幅通常无法直接建立联系，亟须找到合理的定量分析途径使得两种安全判据能够直接进行比较。

为了解决上述问题，陈祖煜等（2012）在安全系数服从正态分布和对数正态分布时定义了安全系数相对安全率（η_F）和可靠指标相对安全率（η_R），将确定性设计安全判据等效地转化为安全系数相对安全率，同时将可靠度设计安全判据等效地转化为可靠指标相对安全率。通过建立安全系数相对安全率和可靠指标相对安全率之间的联系实现了确定性设计与可靠度设计安全判据的定量化比较，相对安全率为比较不同岩土工程设计安全判据的安全裕幅提供了量化指标。

上述研究中假设岩土工程结构响应（如安全系数）服从正态分布或对数正态分布具有一定的合理性，但是岩土结构物变形与稳定性问题十分复杂，不排除安全系数服从其他分布的可能性。当安全系数服从任意概率分布时，如何构建岩土工程确定性设计与可靠度设计安全判据的联系是一个关键问题，对提高相对安全率准则的普适性十分重要。此外，相对安全率建立了确定性设计安全判据和可靠度设计安全判据的定量联系，衡量这种联系的合理性的重要依据是采用不同安全判据得到的设计可行域相同，即确定性设计和可靠度设计安全判据等价。当安全系数服从正态分布或对数正态分布时，基于相对安全率提出了在给定目标可靠度条件下标定容许安全系数的相对安全率准则，利用该准则标定的容许安全系数能够使设计方案满足可靠度设计要求，并成功应用于重力坝抗滑稳定分析（陈祖煜 等，2012）、重力式挡土墙抗滑稳定分析（陈祖煜 等，2016a）、加筋土边坡稳定分析（陈祖煜 等，2016b）、拱坝拱座抗滑稳定分析（李斌 等，2014）及土石坝坝坡稳定分析（陈祖煜 等，2021；杜效鹄 等，2015）等。虽然相对安全率准则标定的容许安全系数的合理性在多类岩土工程问题中已经得到验证，但仍需严格的理论探讨和证明，为将该准则推广到安全系数服从任意概率分布的广义情况提供理论基础。基于上述问题，本章提出了适用于安全系数服从任意概率分布的广义可靠指标相对安全率（η_{GR}），探讨了安全系数为正态分布或对数正态分布条件下 η_R 与 η_{GR} 的对应关系，并严格证明了相对安全率准则的合理性，即当 η_F 与 η_R 相等时，安全系数服从正态分布或对数正态分布条件下确定性设计与可靠度设计安全判据等价，且通过挡土墙抗滑稳定和土质边坡稳定分析算例说明了广义可靠指标相对安全率的正确性与有效性。

在广义可靠指标相对安全率可以作为可靠度设计控制指标的基础上，可以搭建确定性设计与可靠度设计安全判据之间的桥梁。虽然在随机变量高维度和功能函数高复杂度（或功能函数为隐式）情况下，蒙特卡罗模拟方法能够计算广义可靠指标相对安全率，但是在低失效概率、高复杂度功能函数问题中蒙特卡罗模拟方法存在计算效率低的问题。例如，在边坡稳定分析中，边坡失效概率通常为 $10^{-6}\sim10^{-3}$（杨智勇，2017），并且边坡存在诸多可能的失效模式，是复杂的系统可靠度问题（Zhang et al.，2017；谭晓慧，2001）。此外，诸多学者指出采用二维边坡分析模型不能准确地评价边坡稳定性与可靠性，大量研究采用三维边坡分析模型评估其安全性与可靠性（Zhang et al.，2022；Xiao et al.，2017）。此类复杂问题中可靠度分析对计算效率的要求更高，因此有必要发展更为高效的可靠度分析与设计方法。

在包含多个可能设计方案的全概率可靠度设计问题中，需要对每个设计方案建立确定性分析模型，设计过程烦琐且耗时长。例如，在边坡稳定可靠度设计中，无论是采用极限平衡法还是有限单元法计算边坡稳定安全系数，都需要对不同设计方案（如不同坡高和坡角）进行建模分析，特别是采用有限单元法进行分析时以上弊端更为明显。为了解决计算效率问题，诸多研究通过构建响应面来近似可靠度分析的功能函数（Li et al.，2016a）。边坡稳定分析中，在给定滑动面的情况下（确定性临界滑动面或概率临界滑动面），谭晓慧等（2005）、程晔等（2010）、李典庆等（2010）、苏永华等（2013）构建了安全系数与随机变量的响应面，然后进行可靠度分析。在考虑边坡多个滑动面的系统可靠度分析中，Zhang 等（2011）构建了每条潜在滑动面的安全系数与强度参数的响应面，Ji 等（2012）构建了多个代表性滑动面的响应面，Li 和 Chu（2015）、Li 等（2015）、蒋水华等（2014）、李静萍等（2016）应用多重响应面法构建了考虑土体空间变异性条件下滑动面抗滑稳定安全系数的代理模型。

上述研究中，均是对某一个给定边坡，通过构建其响应值（如安全系数）与不确定性参数的响应面来进行可靠度分析。然而，在可靠度设计中，上述响应面构建方法仍然无法避免对不同设计方案建立确定性分析模型的过程。如果能够构建广义可靠指标相对安全率与设计变量的响应面，就能够减少构建的确定性分析模型的数量和减少计算成本。将广义可靠指标相对安全率作为响应构建响应面有以下两点优势：一方面，广义可靠指标相对安全率在安全系数空间中定义，本质上是将安全系数作为响应构建响应面，不需要再进行可靠度分析；另一方面，广义可靠指标相对安全率不会跨越多个数量级，且设计方案之间的安全系数具有一定的相关性，采用传统低阶多项式响应面即可具有足够的精度。

如上所述，构建广义可靠指标相对安全率的设计响应面时，广义可靠指标相对安全率的计算不可避免地存在效率低的问题。可靠度分析可以采用可靠指标法（直接计算可靠指标），也可以采用逆可靠度分析法（在给定目标可靠指标的情况下计算功能函数）（蒋水华 等，2021；Ji et al.，2019；苏永华 等，2013；Babu and Basha，2008）。相比于可靠指标法，逆可靠度分析法在功能函数为显式表达式、低失效概率问题中具有更高的稳定性和效率（易平和谢东赤，2018；Ezzati et al.，2015）。为了解决广义可靠指标相对安全率计算和基于广义可靠指标相对安全率的全概率可靠度设计中存在的计算效率低和建模复杂等问题，本章首先提出了基于逆可靠度分析中最小功能目标点的广义可靠指标相对安全率半解析计算方法和基于子集模拟的高效随机模拟方法，丰富了广义可靠指标相对安全率的计算方法，拓展了广义可靠指标相对安全率的应用范围，为基于广义可靠指标相对安全率的全概率可靠度设计提供了理论支撑。然后，提出了基于广义可靠指标相对安全率设计响应面的全概率可靠度设计方法与流程。最后，通过挡土墙抗滑稳定分析算例和土质边坡稳定分析算例说明了所提方法的有效性。

5.2 广义可靠指标相对安全率的定义

5.2.1 可靠指标相对安全率

相对安全率是衡量工程结构安全程度的指标，其含义为工程结构的实际安全度相较于设计标准要求的安全裕幅。在 SFBD 中，安全裕幅为安全系数标准值与容许安全系数大小之间的差异。当安全系数服从正态分布时，陈祖煜等（2012）将两者的比值定义为安全系数相对安全率（η_F）：

$$\eta_F = \frac{FS_k}{FS_a} \tag{5.2.1}$$

式中：FS_k 为安全系数标准值，由不确定性参数标准值计算得到。当安全系数服从对数正态分布时，η_F 的表达式为

$$\eta_F = \frac{\ln FS_k + 1}{\ln FS_a + 1} \tag{5.2.2}$$

由安全系数相对安全率的定义可知，当 $\eta_F \geq 1$ 时，$FS_k \geq FS_a$，工程结构满足确定性设计要求，反之，则不满足。

同理，在可靠度分析中，为了寻找一个与 η_F 相似的指标来衡量工程结构的可靠度水平相较于设计标准要求的安全裕幅，定义了可靠指标相对安全率（η_R）。由于可靠指标与失效概率具有非线性关系，因此直接将 η_R 定义为 β 与目标可靠指标（β_T）的比值并不合理。当安全系数服从正态分布时，η_R 的表达式为（陈祖煜 等，2012）

$$\eta_R = (\beta - \beta_T)\sigma_{FS} + 1 \tag{5.2.3}$$

式中：σ_{FS} 为安全系数标准差。当安全系数服从对数正态分布时，η_R 的表达式为

$$\eta_R = (\beta - \beta_T)\sigma_{\ln FS} + 1 \tag{5.2.4}$$

式中：$\sigma_{\ln FS}$ 为 $\ln FS$ 的标准差。

接下来简要介绍在安全系数服从正态分布和对数正态分布时，用式(5.2.3)和式(5.2.4)定义 η_R 的推导过程。如图 5.2.1 所示，当安全系数服从正态分布时，如果设计满足可靠

度要求，则设计方案失效概率小于目标失效概率，即图中蓝色区域（区域 a）的面积小于目标失效概率，则有

$$1-\Phi(\beta) \leq 1-\Phi(\beta_{\mathrm{T}}) \tag{5.2.5}$$

式中：$\Phi(\cdot)$ 为标准正态累积分布函数。

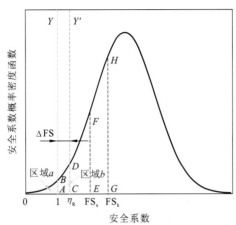

图 5.2.1　可靠指标相对安全率示意图

将每个样本的安全系数均减去安全裕幅 ΔFS 得到新的安全系数，使得失效区域（区域 a 和区域 b）的面积与目标失效概率相等，即

$$1-\Phi(\beta')=1-\Phi(\beta_{\mathrm{T}}) \tag{5.2.6}$$

式中：β' 为 FS$-\Delta$FS 对应的可靠指标，其表达式为

$$\beta'=\beta-\frac{\Delta\mathrm{FS}}{\sigma_{\mathrm{FS}}} \tag{5.2.7}$$

由式（5.2.6）和式（5.2.7）可得

$$\Delta\mathrm{FS}=(\beta-\beta_{\mathrm{T}})\sigma_{\mathrm{FS}} \tag{5.2.8}$$

当结构同时处于确定性设计和可靠度设计要求的临界状态时，可得 $\eta_{\mathrm{F}}-1=0$ 并且 $(\Delta\mathrm{FS}+1)-1=0$。因此，对比安全系数相对安全率可得

$$\eta_{\mathrm{R}}=\Delta\mathrm{FS}+1=(\beta-\beta_{\mathrm{T}})\sigma_{\mathrm{FS}}+1 \tag{5.2.9}$$

式（5.2.9）定义的可靠指标相对安全率用来衡量可靠度安全裕幅，与安全系数相对安全率具有可比性。当安全系数服从对数正态分布时，同理可得

$$\eta_{\mathrm{R}}=\Delta\ln\mathrm{FS}+1=(\beta-\beta_{\mathrm{T}})\sigma_{\ln\mathrm{FS}}+1 \tag{5.2.10}$$

式中：$\Delta\ln\mathrm{FS}$ 为相对于 $\ln\mathrm{FS}$ 的安全裕幅。

然而，当安全系数服从任意概率分布时，如何计算可靠指标相对安全率仍未可知。因此，提出适用于安全系数服从任意概率分布的广义可靠指标相对安全率十分有必要，能够拓宽可靠指标相对安全率的适用范围。

5.2.2　基于累积分布函数的广义可靠指标相对安全率的定义

基于可靠指标相对安全率的内涵，定义广义可靠指标相对安全率的基本准则为使其

与失效边界的距离满足可靠度安全裕幅要求。在安全系数空间，失效边界通常定义为
FS=1。可靠度安全裕幅本质上为目标可靠度与失效边界的距离，其概念本身不受安全系数
分布类型的限制。安全系数服从正态分布或对数正态分布时，可靠指标相对安全率为目标
可靠度在安全系数空间的映射量，因此可靠度安全裕幅为 $\eta_R - 1$。如图 5.2.2 所示，对于服
从任意概率分布的安全系数，定义广义可靠指标相对安全率为目标可靠度在安全系数空间
的映射量，可靠度安全裕幅定义为 $\Delta FS = \eta_{GR} - 1$。根据可靠指标相对安全率的定义，FS 减去
ΔFS 后小于 1 概率为目标失效概率。由此可知，图 5.2.2 中区域 a 的面积为失效概率，区
域 a 与区域 b 的面积之和为目标失效概率。因此，广义可靠指标相对安全率可以表达为

$$P\{FS - \Delta FS < 1\} = P_T \tag{5.2.11}$$

式中：$P\{\cdot\}$ 为事件发生的概率。将 $\Delta FS = \eta_{GR} - 1$ 代入式（5.2.11）可得

$$P\{FS < \eta_{GR}\} = P_T \tag{5.2.12}$$

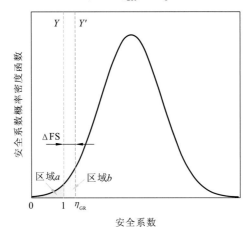

图 5.2.2　广义可靠指标相对安全率安全裕幅

由式（5.2.12）可知，广义可靠指标相对安全率 η_{GR} 定义为 FS 的 P_T 分位值，如图 5.2.3
所示。因此，η_{GR} 可以表达为

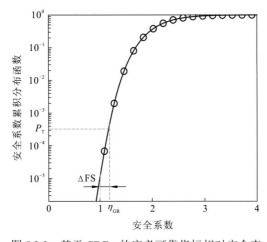

图 5.2.3　基于 CDF_{FS} 的广义可靠指标相对安全率

$$\eta_{GR} = CDF_{FS}^{-1}(P_T) \qquad (5.2.13)$$

式中：$CDF_{FS}^{-1}(\cdot)$ 为累积分布函数 CDF_{FS} 的逆函数。

蒙特卡罗模拟方法是最基础的随机模拟方法，其概念简单、明确，在岩土工程可靠度分析中得到了极广泛的应用，常作为"精确解"来验证其他可靠度分析方法的准确性。根据式（5.2.13）计算 η_{GR} 需要确定 CDF_{FS}，本章主要采用蒙特卡罗模拟方法确定安全系数的累积分布函数，具体步骤为：抽取随机变量的 n 个样本，代入确定性分析模型计算结构响应值，得到安全系数序列 FS_i（$i=1,2,\cdots,n$），对 FS_i 由小到大排序，某一安全系数对应的累积分布函数值为序列 FS_i 中小于此安全系数的样本个数与样本总数 n 的比值。计算不同安全系数对应的比值，从而得到 FS 的累积分布函数。样本数 n 越大，累积分布函数曲线越平滑。

与可靠指标相对安全率基于正态分布（或对数正态分布）的安全系数的概率密度函数进行定义不同，广义可靠指标相对安全率基于安全系数的累积分布函数进行定义。由式（5.2.13）可知，计算广义可靠指标相对安全率时只需要计算至目标可靠度量级。因此，对于复杂问题中设计方案的失效概率较低的情况，将广义可靠指标相对安全率作为可靠度设计的控制指标，设计过程中将具有更高的计算效率。进一步地，讨论广义可靠指标相对安全率作为可靠度设计控制指标的特性。根据式（5.2.12）和式（5.2.13）可得

$$P_T = P\{FS < \eta_{GR}\} = CDF_{FS}(\eta_{GR}) \qquad (5.2.14)$$

此外，根据 CDF_{FS} 的定义，工程结构的失效概率 P_f 可以表示为

$$P_f = P\{FS < 1\} = CDF_{FS}(1) \qquad (5.2.15)$$

由于 CDF_{FS} 为关于安全系数的单调递增函数，根据式（5.2.14）和式（5.2.15）可得

$$P_f \leqslant P_T \Leftrightarrow \eta_{GR} \geqslant 1 \qquad (5.2.16)$$

因此，可以得到以下推论。

推论 1：满足可靠度设计安全判据 $P_f \leqslant P_T$ 的设计方案对应的 $\eta_{GR} \geqslant 1$，反之，$\eta_{GR} < 1$。

图 5.2.4 对比了两个设计方案广义可靠指标相对安全率与失效概率、目标失效概率之间的关系，设计方案 a 的失效概率 $P_{f,a} > P_T$，其广义可靠指标相对安全率 $\eta_{GR,a}$ 小于 1；设计方案 b 的失效概率 $P_{f,b} < P_T$，其广义可靠指标相对安全率 $\eta_{GR,b}$ 大于 1。

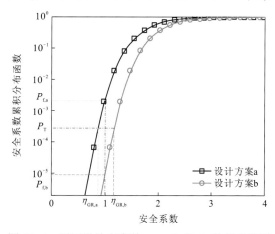

图 5.2.4　不同设计方案的 η_{GR}、P_f 和 P_T 的相对关系

综上可知，广义可靠指标相对安全率与失效概率或可靠指标具有相同的作用，能够作为可靠度设计的控制指标。广义可靠指标相对安全率与 1 的比较结果能够作为判断岩土工程可靠性的安全判据（即广义可靠指标相对安全率大于或等于 1 时，满足可靠度要求；否则，不满足可靠度要求）。

5.2.3　可靠指标相对安全率与广义可靠指标相对安全率的关系

定义可靠指标相对安全率的前提条件是安全系数服从正态分布或对数正态分布，5.2.2 小节基于安全系数的累积分布函数定义的广义可靠指标相对安全率［式（5.2.13）］不受安全系数分布类型的限制，其计算方法适用于任意概率分布。本小节讨论广义可靠指标相对安全率与安全系数服从正态分布和对数正态分布条件下式（5.2.3）和式（5.2.4）定义的可靠指标相对安全率的定量关系。

当安全系数服从正态分布时，根据式（5.2.3）可得

$$\mathrm{CDF_{FS}}(\eta_R) = \mathrm{CDF_{FS}}[(\beta - \beta_T)\sigma_{FS} + 1] \tag{5.2.17}$$

由于安全系数服从正态分布，因此

$$\mathrm{CDF_{FS}}[(\beta - \beta_T)\sigma_{FS} + 1] = \Phi\left[\frac{(\beta - \beta_T)\sigma_{FS} + 1 - \mu_{FS}}{\sigma_{FS}}\right] \tag{5.2.18}$$

式中：μ_{FS} 和 σ_{FS} 为安全系数的平均值和标准差。当安全系数服从正态分布时，可靠指标的计算表达式为

$$\beta = \frac{\mu_{FS} - 1}{\sigma_{FS}} \tag{5.2.19}$$

将式（5.2.18）和式（5.2.19）代入式（5.2.17）可得

$$\mathrm{CDF_{FS}}(\eta_R) = \Phi(-\beta_T) = P_T \tag{5.2.20}$$

由式（5.2.20）可知，正态分布条件下式（5.2.3）定义的可靠指标相对安全率为安全系数的 P_T 分位值，即

$$\eta_R = \mathrm{CDF_{FS}^{-1}}(P_T) \tag{5.2.21}$$

对比式（5.2.13）和式（5.2.21）可知，当安全系数服从正态分布时，可靠指标相对安全率与广义可靠指标相对安全率相等，即 $\eta_R = \eta_{GR}$。

当安全系数服从对数正态分布时，根据式（5.2.4）可得

$$\mathrm{CDF}_M(\eta_R) = \mathrm{CDF}_M[(\beta - \beta_T)\sigma_{\ln FS} + 1] = \mathrm{CDF}_M[(\beta - \beta_T)\sigma_M + 1] \tag{5.2.22}$$

式中：$M = \ln FS + 1$；$\mathrm{CDF}_M(\cdot)$ 为 M 的累积分布函数；σ_M 为 M 的标准差。因为安全系数服从对数正态分布，依据正态分布与对数正态分布的关系，则有 M 服从正态分布，因此

$$\mathrm{CDF}_M[(\beta - \beta_T)\sigma_M + 1] = \Phi\left[\frac{(\beta - \beta_T)\sigma_M + 1 - \mu_M}{\sigma_M}\right] \tag{5.2.23}$$

式中：μ_M 为 M 的平均值。当安全系数服从对数正态分布时，可靠指标计算表达式为

$$\beta = \frac{\mu_{\ln FS}}{\sigma_{\ln FS}} = \frac{\mu_M - 1}{\sigma_M} \tag{5.2.24}$$

式中：$\mu_{\ln FS}$ 为 $\ln FS$ 的平均值。将式（5.2.23）和式（5.2.24）代入式（5.2.22），可得

$$\text{CDF}_M(\eta_R) = \Phi(-\beta_T) = P_T \qquad (5.2.25)$$

根据式（5.2.25）可知，安全系数服从对数正态分布条件下式（5.2.4）定义的可靠指标相对安全率为 M 的 P_T 分位值，即

$$\eta_R = \text{CDF}_M^{-1}(P_T) \qquad (5.2.26)$$

由于累积分布函数是单调递增的，因此将式（5.2.13）等号两边同时取对数并且加 1，有

$$\ln \eta_{GR} + 1 = \text{CDF}_{\ln FS+1}^{-1}(P_T) \qquad (5.2.27)$$

由于 $M = \ln FS + 1$，由式（5.2.26）和式（5.2.27）可得

$$\ln \eta_{GR} + 1 = \eta_R \qquad (5.2.28)$$

因此，当安全系数服从对数正态分布时，FS 的 P_T 分位值 $\eta_{GR} = \exp(\eta_R - 1)$。根据泰勒级数展开，当 η_R 接近 1（如 $\eta_R < 1.5$）时，可靠指标相对安全率与广义可靠指标相对安全率近似相等，即 $\eta_R \approx \eta_{GR}$。

综上所述，式（5.2.13）、式（5.2.21）和式（5.2.26）基于累积分布函数定义了安全系数服从任意概率分布、正态分布和对数正态分布条件下的可靠指标相对安全率。安全系数服从正态分布条件下式（5.2.3）定义的可靠指标相对安全率为安全系数的 P_T 分位值，与广义可靠指标相对安全率相等；安全系数服从对数正态分布条件下式（5.2.4）定义的可靠指标相对安全率为 M 的 P_T 分位值，与广义可靠指标相对安全率的关系为 $\eta_{GR} = \exp(\eta_R - 1)$。至此，本节推导出了可靠指标相对安全率与广义可靠指标相对安全率的理论关系。

5.3　相对安全率准则的理论证明

相对安全率为建立确定性设计和可靠度设计安全判据的关系提供了定量指标，基于相对安全率准则标定的确定性设计安全判据 FS_a 能够保证确定性设计和可靠度设计具有相同的安全裕幅。然而，相对安全率准则主要通过不同的水工、岩土工程设计案例得到验证，没有严格的理论证明。另外，基于原始的相对安全率定义，理论证明相对安全率准则较为困难。5.2 节中推导出了基于累积分布函数的广义可靠指标相对安全率的定义，据此能够简单、明确地证明相对安全率准则的正确性。依据相对安全率准则，本节拟基于可靠指标相对安全率的累积分布函数定义［即式（5.2.13）、式（5.2.21）和式（5.2.26）］证明以下三个命题。

命题 1：如果安全系数服从正态分布且 $\eta_F = \eta_R$，确定性设计与可靠度设计安全判据等价，两种设计方法能够得到相同的设计可行域。

命题 2：如果安全系数服从对数正态分布且 $\eta_F = \eta_R$，确定性设计与可靠度设计安全判据等价，两种设计方法能够得到相同的设计可行域。

命题 3：如果安全系数服从任意概率分布且 $\eta_F = \eta_{GR}$，确定性设计与可靠度设计安全判据等价，两种设计方法能够得到相同的设计可行域。

5.3.1 安全系数服从正态分布

本小节证明安全系数服从正态分布时相对安全率准则的正确性,即命题1的正确性。当安全系数服从正态分布时, 如果已知设计方案 D 满足确定性设计安全判据 （即 $\mathrm{FS_k} \geqslant \mathrm{FS_a}$）, 则由安全系数相对安全率的定义可得

$$\eta_{\mathrm{F}} = \frac{\mathrm{FS_k}}{\mathrm{FS_a}} \geqslant 1 \tag{5.3.1}$$

由于 $\mathrm{CDF_{FS}}$ 为单调递增函数, 因此

$$\mathrm{CDF_{FS}}(\eta_{\mathrm{F}}) \geqslant \mathrm{CDF_{FS}}(1) \tag{5.3.2}$$

将 $\eta_{\mathrm{F}} = \eta_{\mathrm{R}}$ 和 $P_{\mathrm{f}} = \mathrm{CDF_{FS}}(1)$ 代入式（5.3.2）, 得

$$\mathrm{CDF_{FS}}(\eta_{\mathrm{R}}) \geqslant P_{\mathrm{f}} \tag{5.3.3}$$

将式（5.2.21）代入式（5.3.3）得

$$P_{\mathrm{f}} \leqslant P_{\mathrm{T}} \tag{5.3.4}$$

由式（5.3.4）可得, 设计方案 D 满足可靠度设计安全判据。反之, 如果已知设计方案 D 满足可靠度设计安全判据 $P_{\mathrm{f}} \leqslant P_{\mathrm{T}}$, 根据上述证明的逆过程可知 D 也满足确定性设计安全判据 $\mathrm{FS_k} \geqslant \mathrm{FS_a}$。因此, 如果安全系数服从正态分布且 $\eta_{\mathrm{F}} = \eta_{\mathrm{R}}$, 确定性设计与可靠度设计能够得到相同的设计可行域, 两种设计方法的安全判据等价, 证毕。

5.3.2 安全系数服从对数正态分布

当安全系数服从对数正态分布时,如果已知设计方案 D 满足确定性设计安全判据（即 $\mathrm{FS_k} \geqslant \mathrm{FS_a}$）, 则

$$\ln \mathrm{FS_k} + 1 \geqslant \ln \mathrm{FS_a} + 1 \tag{5.3.5}$$

由安全系数相对安全率的定义可得

$$\eta_{\mathrm{F}} = \frac{\ln \mathrm{FS_k} + 1}{\ln \mathrm{FS_a} + 1} \geqslant 1 \tag{5.3.6}$$

基于 CDF_M 的单调递增性质, 有

$$\mathrm{CDF}_M(\eta_{\mathrm{F}}) \geqslant \mathrm{CDF}_M(1) \tag{5.3.7}$$

将 $\eta_{\mathrm{F}} = \eta_{\mathrm{R}}$ 和 $P_{\mathrm{f}} = \mathrm{CDF}_M(1)$ 代入式（5.3.7）得

$$\mathrm{CDF}_M(\eta_{\mathrm{R}}) \geqslant P_{\mathrm{f}} \tag{5.3.8}$$

将式（5.2.26）代入式（5.3.8）得

$$P_{\mathrm{f}} \leqslant P_{\mathrm{T}} \tag{5.3.9}$$

因此, 设计方案 D 满足可靠度设计安全判据。反之, 如果已知设计方案 D 满足可靠度设计安全判据 $P_{\mathrm{f}} \leqslant P_{\mathrm{T}}$, 根据上述证明的逆过程可知 D 也满足确定性设计安全判据 $\mathrm{FS_k} \geqslant \mathrm{FS_a}$。因此, 如果安全系数服从对数正态分布且 $\eta_{\mathrm{F}} = \eta_{\mathrm{R}}$, 确定性设计与可靠度设计能够得到相同的设计可行域, 两种设计方法的安全判据等价, 证毕。

5.3.3　安全系数服从任意概率分布

当 FS 服从任意概率分布时，文献中尚无安全系数相对安全率 η_F 的定义。为了不失证明的一般性，根据 η_F 的物理意义，令任意概率分布安全系数相对安全率 $\eta_F=FS_k/FS_a$。如果已知设计方案 D 满足确定性设计安全判据 $FS_k \geq FS_a$，则与安全系数服从正态分布时同理，可得

$$\text{CDF}_{FS}(\eta_F) \geq \text{CDF}_{FS}(1) \tag{5.3.10}$$

将 $\eta_F = \eta_{GR}$ 和 $P_f = \text{CDF}_{FS}(1)$ 代入式（5.3.10），有

$$\text{CDF}_{FS}(\eta_{GR}) \geq P_f \tag{5.3.11}$$

将式（5.2.13）代入式（5.3.11）得

$$P_f \leq P_T \tag{5.3.12}$$

因此，设计方案 D 满足可靠度设计安全判据。反之，如果已知设计方案 D 满足可靠度设计安全判据 $P_f \leq P_T$，根据上述证明的逆过程可知 D 也满足确定性设计安全判据 $FS_k \geq FS_a$。因此，如果安全系数服从任意概率分布且 $\eta_F = \eta_{GR}$，确定性设计与可靠度设计能够得到相同的设计可行域，两种设计方法的安全判据等价，证毕。根据上述证明过程，本小节可以得到以下推论。

推论 2：当安全系数服从正态分布或对数正态分布时，设计方案满足相对安全率准则（$\eta_F = \eta_R$），则确定性设计与可靠度设计安全判据等价（设计可行域相同）。

推论 3：当安全系数服从任意概率分布时，设计方案满足相对安全率准则（$\eta_F = \eta_{GR}$），则确定性设计与可靠度设计安全判据等价（设计可行域相同）。

5.3.4　算例分析 I：挡土墙抗滑稳定

本节选取陈祖煜（2018）中挡土墙抗滑稳定分析算例，通过所提广义可靠指标相对安全率得到与给定目标可靠度具有相等安全裕幅的容许安全系数，并与陈祖煜（2018）中计算结果进行对比。同时，验证所提出的广义可靠指标相对安全率与可靠指标相对安全率的关系及基于广义可靠指标相对安全率的相对安全率准则的正确性，即验证确定性设计和可靠度设计安全判据的等价关系。

挡土墙的墙体与滑动土体如图 5.3.1 所示，本算例中仅考虑了滑动破坏这一失效模式。假设填土与墙面接触光滑，根据库仑（Coulomb）土压力理论计算土压力，挡土墙抗滑稳定确定性分析模型的安全系数定义为抗力（R）与作用力（S）的比值，计算公式如式（5.3.13）所示（陈祖煜，2018）。

$$FS = \frac{R}{S} \tag{5.3.13}$$

抗力 R 和作用力 S 分别为

$$R = Wf_0 \tag{5.3.14}$$

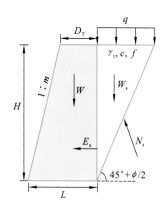 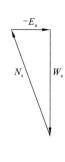

（a）墙体与滑动土体受力   （b）滑动土体力矢三角形

图 5.3.1 挡土墙库仑土压力理论分析模型（墙体与滑动土体）

L 为挡土墙底部宽度；ϕ 为摩擦角；N_s 为作用于滑动面的合力；W_s 为土体自重

$$S = E_a = \frac{1}{2}\gamma_1 H^2 K_a + qHK_a - 2cH\sqrt{K_a} \qquad (5.3.15)$$

式中：E_a 为库仑土压力；q 为墙后土体表面均匀分布的荷载；f_0 为基底摩擦系数；c 和 γ_1 分别为填土黏聚力和重度；H 为墙高；$W = 0.5(Hm + 2D_T)H\gamma_2$ 为墙体自重，其中 m 为墙体坡比，γ_2 为墙体重度，D_T 为挡土墙顶部宽度；K_a 为主动土压力系数，计算公式为

$$K_a = \tan^2\left(\frac{\pi}{4} - 0.5\tan^{-1}f\right) \qquad (5.3.16)$$

其中：f 为填土的摩擦系数。

为了与文献中的计算结果进行对比，本算例选取与其一致的确定性参数和随机变量。其中，随机变量包括填土的黏聚力 c、填土的摩擦系数 f 和基底摩擦系数 f_0，它们均为强度参数。随机变量的统计特征如表 5.3.1 所示，假设随机变量均服从正态分布且相互独立。其他确定性参数的取值如下：$m=0.5$，$D_T=0.5$ m，$\gamma_1=18$ kN/m³，$\gamma_2=24$ kN/m³，$q=10$ kN/m。以墙高 H 为设计变量，设计空间为 $\{H|H=5\ \text{m}, 6\ \text{m}, \cdots, 13\ \text{m}\}$。

表 5.3.1 随机变量的分布类型及其统计特征

随机变量	分布类型	均值	变异系数
填土的黏聚力 c	正态分布	10 kPa	0.2
填土的摩擦系数 f	正态分布	0.6	0.1
基底摩擦系数 f_0	正态分布	0.5	0.1

《水利水电工程结构可靠性设计统一标准》（GB 50199—2013）规定，2 级挡土墙容许可靠指标为 3.2，相应的目标失效概率为 $P_T=0.000\,69$。强度参数的标准值取 0.2 分位值，本算例安全系数标准值的计算公式为

$$FS_k = \frac{R(f_{0,k})}{S(c_k, f_k)} \qquad (5.3.17)$$

其中，"k"表示强度参数标准值。如表 5.3.1 所示，本算例强度参数均服从正态分布，

其标准值可以表示为

$$x_k = \mu_x - 0.842\sigma_x = (1 - 0.842\mathrm{COV}_x)\mu_x \qquad (5.3.18)$$

式中：x_k 为强度参数 c、f 和 f_0 的标准值；μ_x、σ_x 和 COV_x 分别为随机变量的均值、标准差和变异系数。本算例中目标可靠指标与安全系数分位值的取值与文献中相同。

　　为了验证相对安全率准则，此处先简要介绍陈祖煜（2018）获得 FS_a 的过程。陈祖煜（2018）通过曲线拟合和假设检验方法验证了挡土墙抗滑稳定安全系数服从对数正态分布，相应的安全系数相对安全率和可靠指标相对安全率分别由式（5.2.2）和式（5.2.4）计算，并基于相对安全率准则 $\eta_F = \eta_R$ 由 β_T 获得了等价的 FS_a。计算可靠指标，确定 $\beta = \beta_T$ 的典型设计工况，对应的可靠指标相对安全率 $\eta_R = 1$。基于假设条件 $\eta_F = \eta_R$，典型设计工况的 $\eta_F = 1$，因此典型设计工况的 FS_k 为 FS_a，最终标定 $\mathrm{FS}_a = 1.43$。

　　本算例基于广义可靠指标相对安全率得到等价 FS_a 的过程如下。首先，验证安全系数的概率分布类型。如图 5.3.2 所示，任选一个设计方案（如 $H = 5$ m），采用蒙特卡罗模拟方法对随机变量进行 10^6 次抽样，由抽样所得随机样本计算对应的安全系数，统计获得安全系数的概率密度函数。采用对数正态分布函数拟合随机样本的概率密度函数，拟合方程为

$$\mathrm{PDF_{FS}} = \frac{\exp[-(\ln \mathrm{FS} - 0.675)^2 / (2 \times 0.229^2)]}{0.229\sqrt{2\pi}\mathrm{FS}} \qquad (5.3.19)$$

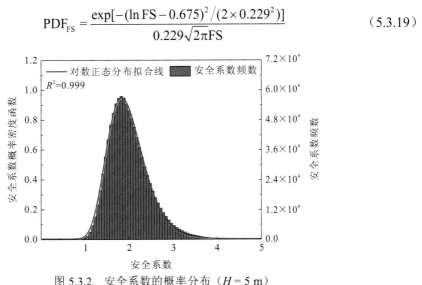

图 5.3.2　安全系数的概率分布（$H = 5$ m）

　　图 5.3.2 中红色实线为拟合得到的对数正态分布曲线，拟合优度 $R^2 = 0.999$，因此本算例挡土墙抗滑稳定安全系数服从对数正态分布，与文献中结论一致。

　　然后，计算设计方案对应的 η_{GR}。为保证蒙特卡罗模拟方法计算结果的准确性，随机样本数应不小于 $10/P_T$，即不小于 $10/0.000\,69 \approx 14\,493$。本算例选取随机样本数为 10^5，根据随机样本得到的各设计方案安全系数的累积分布函数如图 5.3.3 所示，每个设计方案的 η_{GR} 即图中 P_T 分位值对应的 FS，表 5.3.2 给出了各设计方案的 η_{GR}。此外，表 5.3.2 还给出了各设计方案的 FS_k 和 β。

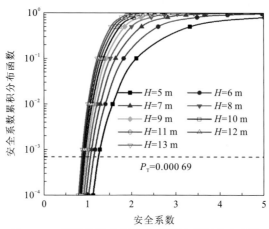

图 5.3.3　不同设计方案安全系数的累积分布函数

表 5.3.2　各设计方案确定性和可靠度分析结果

参数	H/m								
	5	6	7	8	9	10	11	12	13
η_{GR}	1.244	1.142	1.067	1.012	0.968	0.934	0.905	0.882	0.862
FS_k	2.044	1.750	1.574	1.457	1.373	1.311	1.262	1.223	1.191
β	4.114	3.797	3.516	3.267	3.048	2.855	2.684	2.532	2.396

　　下一步进行典型工况的标定。典型工况定义为 $\eta_{GR}=1$ 的设计方案，通过迭代计算求得典型工况为 $H=8.240$ m，结果见表 5.3.3。对于典型工况，模拟 10^6 个随机样本，计算的失效概率为 $P_f=6.955\times10^4$，对应的可靠指标 $\beta=-\Phi^{-1}(P_f)\approx3.20$，结果与 β_T 相同，从而验证了典型工况标定的正确性。为了与相对安全率进行比较，表 5.3.3 还给出了文献（陈祖煜，2018）利用可靠指标相对安全率标定的典型工况的参数。采用广义可靠指标相对安全率标定的结果与文献结果基本一致，验证了所提方法的正确性。

表 5.3.3　典型工况标定结果

结果来源	H/m	强度参数标准值			FS_k	β
		c_k/kPa	f_k	$f_{0,k}$		
本算例	8.240	8.316	0.549	0.458	1.44	3.20
陈祖煜（2018）	8.295	8.316	0.550	0.458	1.43	3.20

　　基于典型工况获得相应的容许安全系数。由 $\eta_{GR}=1$ 可知，挡土墙抗滑稳定安全系数标准值即容许安全系数。由表 5.3.3 可知，$FS_k=1.44$，因此 $FS_a=1.44$。基于 η_{GR} 的标定结果与文献标定的 1.43 十分接近，说明了利用 η_{GR} 标定 FS_a 的合理性。

　　下面基于上面获得的容许安全系数说明安全系数服从对数正态分布时安全系数相对安全率、可靠指标相对安全率与广义可靠指标相对安全率的对应关系。采用式（5.2.2）和式（5.2.4）计算设计空间中各设计方案的安全系数相对安全率与广义可靠指标相对安全率。图 5.3.4 对比了不同设计方案的安全系数相对安全率与可靠指标相对安全率，图 5.3.5 对比了不同设计方案的可靠指标相对安全率与广义可靠指标相对安全率。采用最小二乘法线性拟合了 η_F 与 η_R 及 η_R 与 η_{GR} 的函数关系，拟合所得方程的截距为零，斜率约等于 1，拟合优度分别为 0.998 和 0.996，可见本算例中同一设计方案的 η_F、η_{GR} 和 η_R 基本相等，$\eta_F = \eta_{GR}$ 说明此挡土墙抗滑稳定满足相对安全率准则。同时，也验证了安全系数服从对数正态分布且可靠指标相对安全率在 1 附近时，可靠指标相对安全率与广义可靠指标相对安全率近似相等的关系。

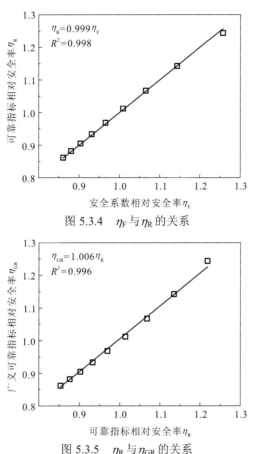

图 5.3.4　η_F 与 η_R 的关系

图 5.3.5　η_R 与 η_{GR} 的关系

如 5.1 节所述，判定确定性设计和可靠度设计安全判据等价的准则是采用两种设计方法得到的可行域相同。对于 SFBD 和可靠度设计，满足设计要求的条件分别为 $FS_k \geqslant FS_a$ 和 $\beta \geqslant \beta_T$，即 $\eta_F \geqslant 1$ 和 $\eta_R \geqslant 1$（或 $\eta_{GR} \geqslant 1$）。图 5.3.6 中蓝色阴影部分中的设计方案均满足确定性设计和可靠度设计安全判据要求。如图 5.3.6（a）和（b）所示，基于所得容许安全系数，安全判据 $\eta_F \geqslant 1$、$\eta_R \geqslant 1$ 对应的设计可行域分别与 $\eta_{GR} \geqslant 1$ 的设计可行域一致，进一步说明了将 η_{GR} 作为可靠度安全判据的有效性。

在本算例中，通过改变参数值来验证安全系数服从对数正态分布时可靠指标相对安全率和广义可靠指标相对安全率的指数对应关系。表 5.3.4 给出了敏感性分析时不同方

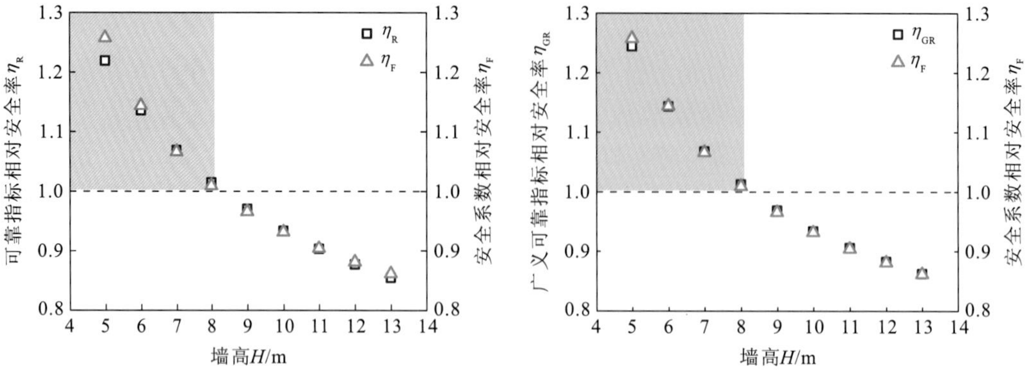

（a）η_F与η_R的关系　　（b）η_F与η_{GR}的关系

图 5.3.6　不同设计安全判据对应的设计可行域

案的参数取值情况，当某一参数变化时，其他参数保持不变。采用一次二阶矩法计算不同参数变化情况下设计空间中各设计方案的可靠指标相对安全率，采用蒙特卡罗模拟方法计算各设计方案的广义可靠指标相对安全率。图 5.3.7 给出了不同参数变化情况下可靠指标相对安全率与广义可靠指标相对安全率的对比结果。散点为可靠指标相对安全率与广义可靠指标相对安全率的计算值，不同颜色的直线分别为各组散点的最小二乘法线性拟合直线，其中截距取 0，拟合结果如表 5.3.5 所示。各种情况下直线的斜率范围为 1.003～1.024，拟合优度范围为 0.956～0.998。本算例中不同参数对应的η_R与η_{GR}在 0.7～1.5 范围内近似相等。

表 5.3.4　敏感性分析时不同方案的参数取值

方案	参数					
	μ_c/kPa	μ_f	m	D_T/m	q/(kN/m)	COV
a	5	0.5	0.4	0.3	5	0.25(COV_c)
b	15	0.7	0.6	0.7	15	0.13(COV_f)

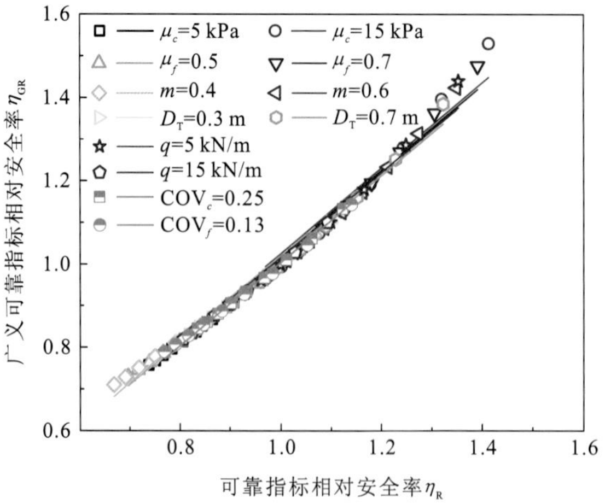

图 5.3.7　敏感性分析时参数不同取值对应的η_R与η_{GR}

表 5.3.5　敏感性分析时 η_R 与 η_{GR} 的线性拟合结果

项目	参数取值											
	$\mu_c=$ 5 kPa	$\mu_c=$ 15 kPa	$\mu_f=0.5$	$\mu_f=0.7$	$m=0.4$	$m=0.6$	$D_T=$ 0.3 m	$D_T=$ 0.7 m	$q=$ 5 kN/m	$q=$ 15 kN/m	$COV_c=$ 0.25	$COV_f=$ 0.13
斜率	1.009	1.024	1.014	1.019	1.019	1.014	1.003	1.009	1.015	1.004	1.003	1.003
拟合优度 R^2	0.984	0.956	0.977	0.968	0.979	0.963	0.995	0.984	0.976	0.998	0.998	0.996

此外，采用指数函数 $\eta_{GR}=\exp(\eta_R-z)$（其中 z 为待拟合确定的常数）拟合 η_R 与 η_{GR} 的指数关系，进一步验证安全系数为对数正态分布时，η_R 与 η_{GR} 满足指数型等价关系。敏感性分析时，仍采用表 5.3.4 中不同的参数取值，拟合结果分别如图 5.3.8～图 5.3.13 所示，蓝色曲线为采用最小二乘法拟合得到的最优指数关系曲线。表 5.3.6 中列出了 z 的最优拟合结果和拟合优度 R^2。结果表明，在不同的参数取值情况下，z 的拟合结果为 0.999～1.010，相应的拟合优度 R^2 均大于 0.99。因此，验证了前述推导所得的安全系数服从对数正态分布时可靠指标相对安全率与广义可靠指标相对安全率的指数关系。

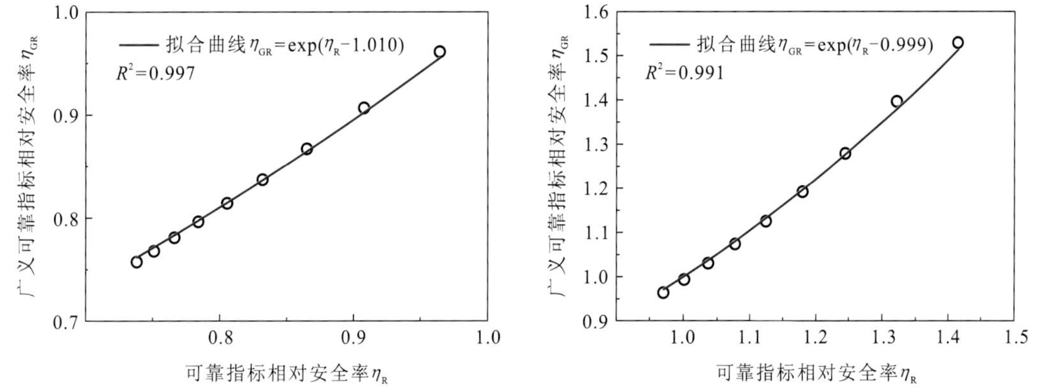

（a）$\mu_c=5$ kPa　　　　（b）$\mu_c=15$ kPa

图 5.3.8　不同黏聚力均值

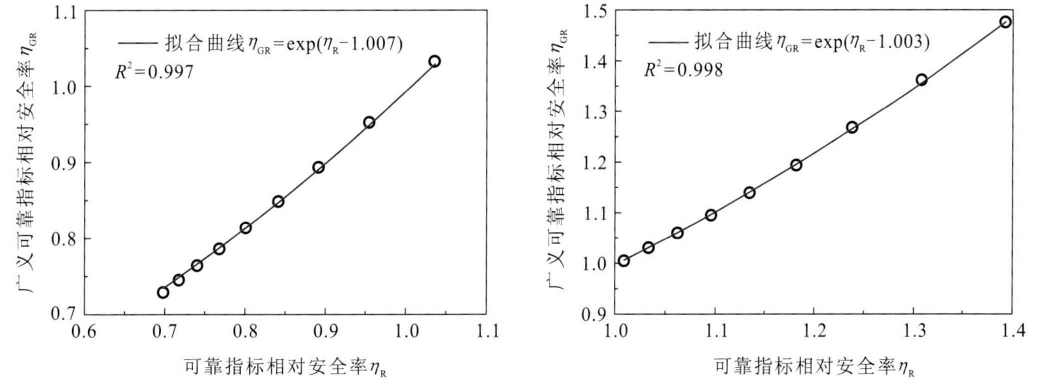

（a）$\mu_f=0.5$　　　　（b）$\mu_f=0.7$

图 5.3.9　不同摩擦系数均值

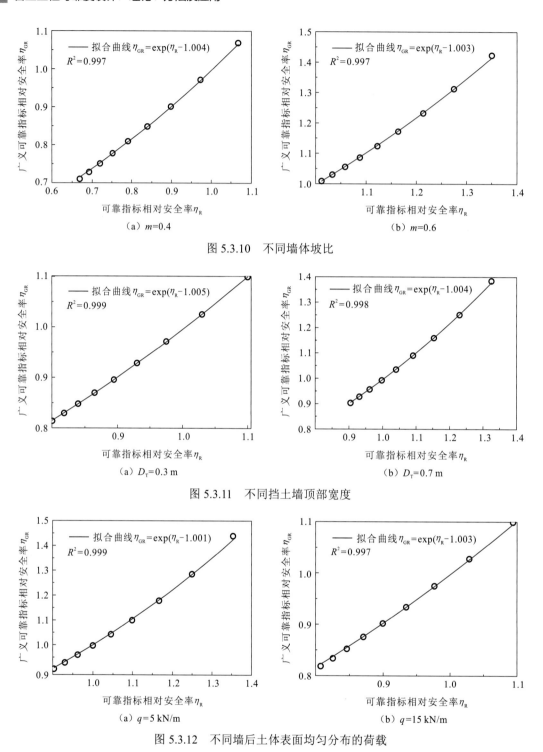

（a）$m=0.4$　　　　　　　　　（b）$m=0.6$

图 5.3.10　不同墙体坡比

（a）$D_T=0.3$ m　　　　　　　（b）$D_T=0.7$ m

图 5.3.11　不同挡土墙顶部宽度

（a）$q=5$ kN/m　　　　　　　（b）$q=15$ kN/m

图 5.3.12　不同墙后土体表面均匀分布的荷载

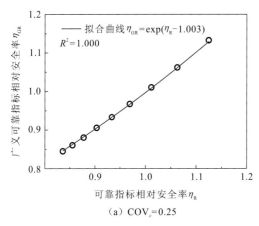
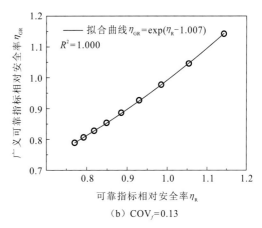

（a）$COV_c=0.25$　　　　　　　　　（b）$COV_f=0.13$

图 5.3.13　不同参数变异系数

表 5.3.6　敏感性分析时 η_R 与 η_{GR} 指数关系的拟合结果

项目	参数取值											
	$\mu_c=$ 5 kPa	$\mu_c=$ 15 kPa	$\mu_f=0.5$	$\mu_f=0.7$	$m=0.4$	$m=0.6$	$D_T=$ 0.3 m	$D_T=$ 0.7 m	$q=$ 5 kN/m	$q=$ 15 kN/m	$COV_c=$ 0.25	$COV_f=$ 0.13
z	1.010	0.999	1.007	1.003	1.004	1.003	1.005	1.004	1.001	1.003	1.003	1.007
R^2	0.997	0.991	0.997	0.998	0.997	0.997	0.999	0.998	0.999	0.997	1.000	1.000

5.3.5　算例分析 II：土质边坡稳定

本小节将通过一个土质边坡稳定分析算例，验证安全系数服从正态分布时，可靠指标相对安全率与广义可靠指标相对安全率的相等关系。所采用的单层土质边坡算例由文献（Li et al.，2016b；Cho，2010）中的边坡设计算例简化而来，文献中考虑了土体参数的空间变异性，本算例将其视为均质土坡，忽略土体参数的空间变异性。如图 5.3.14 所示，本算例中所采用的土质边坡的坡高为 H_s，坡角为 Ψ_f。确定性分析模型中采用简化毕晓普（Bishop）法（陈祖煜，2003；Bishop，1955）计算边坡稳定安全系数，不考虑孔隙水压力时，简化毕晓普法计算安全系数的公式为

$$FS = \frac{\sum (W_{soil} \tan\varphi + cb_{soil})/(\cos\alpha_{soil} + \sin\alpha_{soil} \tan\varphi/FS)}{\sum W_{soil} \sin\alpha_{soil}} \qquad (5.3.20)$$

式中：W_{soil} 为土条的重力；α_{soil} 为土条底面的倾角；b_{soil} 为土条的宽度；c、φ 分别为有效抗剪强度指标黏聚力和内摩擦角。式（5.3.20）等号两边都包含安全系数，需假定安全系数初值进行迭代求解，采用瑞典条分法计算的安全系数可以作为初始安全系数。

设计变量为 H_s 和 Ψ_f，其中 H_s 为 8～10 m，Ψ_f 为 35°～45°。土体容重取为 20 kN/m³。土体黏聚力 c 和内摩擦角 φ 为不确定性参数，分布类型均假定为正态分布。同时，考虑土体黏聚力和内摩擦角的相关性，相关系数为 -0.5。不确定性参数统计特征如表 5.3.7 所示。本算例中目标失效概率取为 10^{-2} 和 10^{-3}。

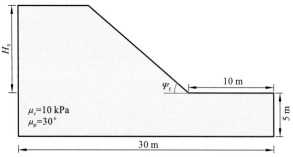

图 5.3.14　土质边坡稳定分析模型

表 5.3.7　土质边坡的不确定性参数统计特征

土体参数	均值	变异系数	分布类型	相关系数
c	10 kPa	0.3	正态分布	−0.5
φ	30°	0.2	正态分布	

　　图 5.3.15（a）中红色实线为正态分布拟合线，拟合优度 R^2=0.99。图 5.3.15（b）为安全系数分位值-分位值图，图中对比了安全系数样本分位值与正态分布理论分位值的关系，样本均落在 1∶1 参考线附近。因此，本算例中边坡稳定安全系数服从正态分布。

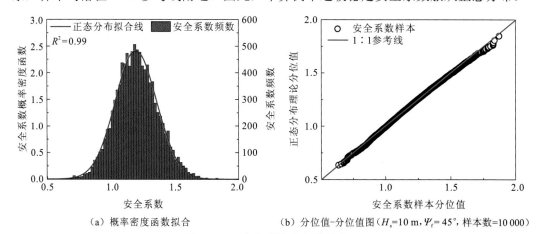

（a）概率密度函数拟合　　　　　（b）分位值-分位值图（H_s=10 m，$\varPsi_f$=45°，样本数=10 000）

图 5.3.15　安全系数分布类型验证

　　任选一个设计方案（如 H_s=10 m，$\varPsi_f$=45°），采用蒙特卡罗模拟方法抽取 10 000 个随机样本，计算随机样本对应的安全系数，统计获得安全系数的概率密度函数，如图 5.3.15（a）所示。采用正态分布函数拟合随机样本的概率密度函数，拟合方程为

$$\mathrm{PDF_{FS}} = \frac{\exp[-(\mathrm{FS}-1.203)^2/(2\times0.168^2)]}{0.168\sqrt{2\pi}}　　　　(5.3.21)$$

　　接下来通过计算不同设计方案的可靠指标相对安全率和广义可靠指标相对安全率来验证两者的对应关系。为了简化计算，仅在设计空间中均匀地选取部分设计方案进行可靠指标相对安全率和广义可靠指标相对安全率的计算。

　　为了保证所抽取的设计方案均匀遍布整个设计空间，采用拉丁超立方抽样方法

（Kang et al.，2015；蒋水华 等，2013）从设计空间中随机抽取 8 个设计方案（即表 5.3.8 中 D1~D8），由于拉丁超立方抽样方法难以抽取到角点设计方案，因此附加 4 个设计空间中的角点设计方案（即 D9~D12），使用共计 12 个设计方案验证可靠指标相对安全率与广义可靠指标相对安全率的关系。如图 5.3.16 所示，蒙特卡罗模拟样本数为 10^5，根据随机样本得到各设计方案安全系数的累积分布函数，基于累积分布函数得到广义可靠指标相对安全率，见表 5.3.8。此外，采用式（5.2.3）计算各设计方案可靠指标相对安全率，结果如表 5.3.8 所示。

表 5.3.8 抽样所得设计方案的相对安全率计算结果

方案编号	抽样所得设计方案		$P_T=10^{-2}$		$P_T=10^{-3}$	
	H_s/m	Ψ_f/(°)	η_R	η_{GR}	η_R	η_{GR}
D1	9.4	39.3	0.954	0.962	0.806	0.833
D2	8.3	36.5	1.060	1.069	0.896	0.918
D3	8.6	37.9	1.017	1.024	0.860	0.879
D4	8.9	35.1	1.063	1.075	0.895	0.927
D5	8.0	40.7	0.991	0.992	0.843	0.859
D6	10.0	42.1	0.882	0.886	0.746	0.768
D7	9.1	45.0	0.868	0.867	0.739	0.752
D8	9.7	43.6	0.868	0.871	0.736	0.755
D9	8.0	35.0	1.112	1.124	0.941	0.976
D10	8.0	45.0	0.915	0.912	0.781	0.788
D11	10.0	35.0	1.016	1.030	0.851	0.884
D12	10.0	45.0	0.833	0.834	0.706	0.708

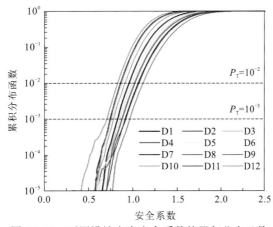

图 5.3.16 不同设计方案安全系数的累积分布函数

进一步地，采用线性方程 $\eta_{GR}=k\eta_R$（其中 k 为待拟合确定的常数）拟合 η_R 与 η_{GR} 的线性关系，验证安全系数为正态分布时 η_R 与 η_{GR} 的相等关系。图 5.3.17（a）和（b）分别

为目标失效概率为 10^{-2} 和 10^{-3} 时的拟合结果，蓝色直线为采用最小二乘法拟合得到的最优线性关系。k 的最优拟合结果分别为 1.006 和 1.025，拟合优度 R^2 分别为 0.995 和 0.990。结果表明，安全系数服从正态分布，可靠指标相对安全率与广义可靠指标相对安全率之间为等价关系，验证了前述推导的两者之间的理论关系。

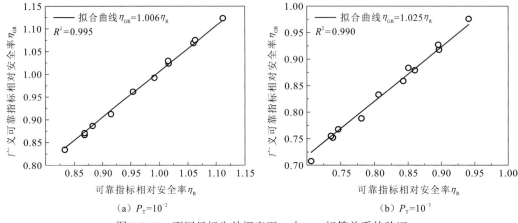

（a）$P_T=10^{-2}$ 　　　　　　　　（b）$P_T=10^{-3}$

图 5.3.17　不同目标失效概率下 η_R 与 η_{GR} 相等关系的验证

5.4　基于最小功能目标点的广义可靠指标相对安全率的计算

5.4.1　功能度量法

在结构可靠度优化设计问题中，通常采用两种方式考虑概率约束，即可靠指标法和功能度量法。Tu 等（1999）所提功能度量法是一种逆可靠度分析法，其核心思想为基于目标可靠指标将概率约束转化为概率功能度量约束。与可靠指标法相比，功能度量法具有稳定、高效的特点，已被广泛用于结构概率优化问题中（Ji et al.，2019；Aoues and Chateauneuf，2010；Tu et al.，1999）。

结构概率优化问题通常为满足一定约束条件下的目标函数最小化问题，其特点主要为双循环迭代优化，即外部是以设计方案为变量的确定性优化问题，内部是以概率为目标的可靠度分析问题，最基础的优化设计模型为

$$\begin{cases} \min \text{cost}(\boldsymbol{d}) \\ \text{s.t. } P_f[g(\boldsymbol{d},\boldsymbol{x})<0]<P_T \\ \boldsymbol{d}^L \leqslant \boldsymbol{d} \leqslant \boldsymbol{d}^U \end{cases} \tag{5.4.1}$$

式中：$\boldsymbol{d}$、$\boldsymbol{d}^L$ 和 $\boldsymbol{d}^U$ 分别为设计变量及其下限和上限；$\boldsymbol{x}$ 为随机变量；P_f 和 P_T 分别为失效概率和目标失效概率；$g(\boldsymbol{d},\boldsymbol{x})=\text{FS}(\boldsymbol{d},\boldsymbol{x})-1$ 为功能函数；cost 为设计成本。在内部循环中可靠度分析主要采用可靠指标法和功能度量法，与可靠指标法相比，功能度量法稳定性更强、更高效（易平和谢东赤，2018；Ezzati et al.，2015）。采用功能度量法时，式（5.4.1）

中的可靠度约束可以采用概率功能度量的形式表示，即

$$G^{\mathrm{p}} = \mathrm{CDF}_g^{-1}\left[\varPhi(-\beta_{\mathrm{T}}),\boldsymbol{d}\right] \geqslant 0 \qquad (5.4.2)$$

式中：G^{p} 为功能函数 $g(\boldsymbol{d},\boldsymbol{x})$ 的概率功能度量；CDF_g^{-1} 为功能函数 $g(\boldsymbol{d},\boldsymbol{x})$ 累积分布函数的逆函数；$\varPhi(-\beta_{\mathrm{T}}) \approx P_{\mathrm{T}}$，其中 $\varPhi$ 为标准正态分布的累积分布函数，β_{T} 为目标可靠指标。采用概率功能度量表示概率约束的概率优化方法称为功能度量法，进而式（5.4.1）表示的结构概率优化问题转化为

$$\begin{cases} \min \mathrm{cost}(\boldsymbol{d}) \\ \mathrm{s.t.}\ \ G^{\mathrm{p}} = \mathrm{CDF}_g^{-1}\left[\varPhi(-\beta_{\mathrm{T}}),\boldsymbol{d}\right] \geqslant 0 \\ \boldsymbol{d}^{\mathrm{L}} \leqslant \boldsymbol{d} \leqslant \boldsymbol{d}^{\mathrm{U}} \end{cases} \qquad (5.4.3)$$

5.4.2　概率功能度量的求解

概率功能度量（G^{p}）的求解问题本质上同样为一个优化问题，并且需要在标准正态空间中求解此优化问题。当原始空间（记为 $\boldsymbol{X}$-空间）不是标准正态空间（记为 $\boldsymbol{U}$-空间）时，需要采用拉克维茨-菲斯勒（Rackwitz-Fiessler）方法（周生通和李鸿光，2014；Rackwitz and Fiessler，1978）、罗森布拉特（Rosenblatt）方法（Ang and Tang，1984）或纳塔夫（Nataf）方法（Li et al.，2011）将原始空间中相关非正态分布随机变量（$\boldsymbol{x}$）用独立的标准正态分布随机变量（$\boldsymbol{u}$）表示，即 $\boldsymbol{u}=T(\boldsymbol{x})$ 或 $\boldsymbol{x}=T^{-1}(\boldsymbol{u})$，则功能函数 $g(\boldsymbol{d},\boldsymbol{x})=\mathrm{FS}(\boldsymbol{d},\boldsymbol{x})-1$ 变换为

$$g(\boldsymbol{d},\boldsymbol{x}) = g[\boldsymbol{d},T^{-1}(\boldsymbol{u})] = G(\boldsymbol{d},\boldsymbol{u}) = \mathrm{FS}[\boldsymbol{d},T^{-1}(\boldsymbol{u})]-1 \qquad (5.4.4)$$

式中：$G(\boldsymbol{d},\boldsymbol{u})$ 为独立标准正态分布随机变量表示的功能函数。基于 $G(\boldsymbol{d},\boldsymbol{u})$ 求解概率功能度量 G^{p} 的优化问题为

$$\begin{cases} \min G(\boldsymbol{d},\boldsymbol{u}) \\ \mathrm{s.t.}\ \|\boldsymbol{u}\| = \beta_{\mathrm{T}} \end{cases} \qquad (5.4.5)$$

因此，G^{p} 的大小为

$$G^{\mathrm{p}} = G(\boldsymbol{d},\boldsymbol{u}^{\mathrm{MPTP}}) \qquad (5.4.6)$$

式中：$\boldsymbol{u}^{\mathrm{MPTP}}$ 为目标可靠指标等值线（面）上功能函数最小值点，称为最小功能目标点。如图 5.4.1 所示（Fang et al.，2019；Ezzati et al.，2015；Aoues and Chateauneuf，2010），以二维的标准正态空间为例（u_1,u_2），虚线表示半径为 β_{T} 的圆形（即目标可靠指标等值线），橙色实心圆形表示半径为 β_{T} 的圆上功能函数最小的点（$\boldsymbol{u}^{\mathrm{MPTP}}$），即最小功能目标点。通过 $\boldsymbol{u}^{\mathrm{MPTP}}$ 计算得到的功能函数值则为概率功能度量 $G^{\mathrm{p}}=G(\boldsymbol{u}^{\mathrm{MPTP}})$。

为了求解式（5.4.5）表示的优化问题，可以采用不同的数值方法确定最小功能目标点。其中，常用的方法为改进均值法。此外，为了解决改进均值法在功能函数非线性程度较高时不收敛的问题，文献中提出了混合均值法（Youn et al.，2005）、共轭均值法（Youn and Choi，2004）、共轭梯度分析法（Ezzati et al.，2015）和共轭步长调节法（易平和谢东赤，2018）等方法。Ezzati 等（2015）提出了共轭梯度分析法，此方法使用共轭梯度方向提高了迭代的稳定性和效率。因此，本节采用共轭梯度分析法求解概率功能度量，

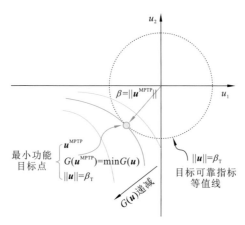

图 5.4.1　最小功能目标点示意图（Ezzati et al.，2015；Aoues and Chateauneuf，2010）

下面将详细介绍共轭梯度分析法的计算过程，其他方法的计算过程在此不做详细介绍。共轭梯度分析法具体计算过程见表 5.4.1。

表 5.4.1　U-空间中基于共轭梯度分析法的概率功能度量计算（Ezzati et al.，2015）

输入：基于 U-空间的功能函数 $G(u)$、目标可靠指标 β_{T}
输出：最小功能目标点 u^{MPTP}、概率功能度量 G^{p}

计算流程：
（1）设置迭代计数器 $i=0$，选择收敛参数 ε_1、ε_2 和 ε_3；假设 $d_0=0$，$u^{(0)}=\mathbf{0}_{n_s \times 1}$，$w^{(0)}=\mathbf{0}_{n_s \times 1}$。
（2）计算功能函数值 $G[u^{(0)}]$。
（3）计算 $w^{(i+1)}=-\nabla G[u^{(i)}]+d_i \cdot w^{(i)}$。
（4）计算 $u^{(i+1)}=\beta_{\mathrm{T}} \dfrac{w^{(i+1)}}{\|w^{(i+1)}\|}$。
（5）计算功能函数值 $G[u^{(i+1)}]$。
（6）计算 $d_{i+1}=\dfrac{\|\nabla G[u^{(i+1)}]\|^2}{\|\nabla G[u^{(i)}]\|^2}$。
（7）检验以下三个停止迭代准则：① $\|u^{(i+1)}-u^{(i)}\|<\varepsilon_1$；② $\|\nabla G[u^{(i)}]\|<\varepsilon_2$；③ $|\nabla G[u^{(i+1)}]-\nabla G[u^{(i)}]|<\varepsilon_3$。
（8）如果条件①～③均不满足，则令 $i=i+1$，并重复执行（3）～（7）；否则，停止迭代。
（9）$u^{\mathrm{MPTP}}=u^{(i+1)}$，$G^{\mathrm{p}}=G[u^{(i+1)}]$

注：n_s 为随机变量个数。

5.4.3　概率功能度量与广义可靠指标相对安全率

5.2 节基于安全系数的累积分布函数定义了广义可靠指标相对安全率（η_{GR}），通过蒙特卡罗模拟方法可以得到安全系数的累积分布函数值，但是在小失效概率问题中其计算效率较低。本小节将探讨广义可靠指标相对安全率与概率功能度量（G^{p}）的关系，丰富广义可靠指标相对安全率的计算方法。

如式（5.4.3）所示，在随机变量原始空间中，概率功能度量可以表示为

$$G^{\mathrm{p}}=\mathrm{CDF}_g^{-1}[\Phi(-\beta_{\mathrm{T}}),d] \tag{5.4.7}$$

当 $G^p \geqslant 0$（或者当 $G^p+1 \geqslant 1$）时，设计方案满足可靠度约束，即满足可靠度要求，反之，则不满足。此结论与 5.2 节中推论 1 相同，由此可知 η_{GR} 与 G^p+1 是等价的。此外，η_{GR} 与 G^p 的关系可以通过理论推导得到，证明过程如下。

岩土工程可靠度分析中，G^p 与安全系数 FS 的关系为 $G^p=\text{FS}-1$。因此，式（5.4.7）用安全系数表示为

$$G^p = \text{FS} - 1 = \text{CDF}_{\text{FS}-1}^{-1}[\varPhi(-\beta_{\text{T}}), \boldsymbol{d}] \tag{5.4.8}$$

基于累积分布函数为单调函数的特性，有

$$\text{CDF}_{\text{FS}-1}^{-1}[\varPhi(-\beta_{\text{T}}), \boldsymbol{d}] = \text{CDF}_{\text{FS}}^{-1}[\varPhi(-\beta_{\text{T}}), \boldsymbol{d}] - 1 \tag{5.4.9}$$

联合式（5.4.8）和式（5.4.9），可得

$$\text{CDF}_{\text{FS}}^{-1}[\varPhi(-\beta_{\text{T}}), \boldsymbol{d}] = G^p + 1 \tag{5.4.10}$$

目标失效概率与目标可靠指标的关系为 $\varPhi(-\beta_{\text{T}}) \approx P_{\text{T}}$，由广义可靠指标相对安全率的定义可得

$$\eta_{GR} = \text{CDF}_{\text{FS}}^{-1}(P_{\text{T}}, \boldsymbol{d}) \approx \text{CDF}_{\text{FS}}^{-1}[\varPhi(-\beta_{\text{T}}), \boldsymbol{d}] = G^p + 1 \tag{5.4.11}$$

至此，理论上证明了 η_{GR} 与 G^p+1 的等价关系，此结论与两者在概率约束中具有相同的性质是一致的。进一步地，由式（5.4.6）和式（5.4.11）可得

$$\eta_{GR} = G^p + 1 = G(\boldsymbol{d}, \boldsymbol{u}^{\text{MPTP}}) + 1 = \text{FS}(\boldsymbol{d}, \boldsymbol{x}^{\text{MPTP}}) \tag{5.4.12}$$

式中：$\boldsymbol{x}^{\text{MPTP}}$ 为 $\boldsymbol{u}^{\text{MPTP}}$ 对应 $\boldsymbol{X}$-空间的最小功能目标点。因此，广义可靠指标相对安全率等于最小功能目标点处的安全系数值。可以通过表 5.4.1 所示的共轭梯度分析法计算广义可靠指标相对安全率，计算方法为：首先用共轭梯度分析法优化得到 $\boldsymbol{U}$-空间中的最小功能目标点（$\boldsymbol{u}^{\text{MPTP}}$），将其转化到 $\boldsymbol{X}$-空间得到 $\boldsymbol{x}^{\text{MPTP}}$；然后将 $\boldsymbol{x}^{\text{MPTP}}$ 代入安全系数表达式，计算所得安全系数即广义可靠指标相对安全率。

5.5　基于子集模拟的广义可靠指标相对安全率的高效计算

蒙特卡罗模拟方法难以高效地处理复杂功能函数、小失效概率问题，基于最小功能目标点的方法的优化效率和收敛性在高维问题中将面临一定的挑战。本节将改进的蒙特卡罗模拟方法应用于广义可靠指标相对安全率的计算，提高广义可靠指标相对安全率在高维、复杂功能函数和高目标可靠度设计中的适用性。

5.5.1　子集模拟方法

Au 和 Beck（2001）提出了一种改进的蒙特卡罗模拟方法，即子集模拟方法。子集模拟方法不仅继承了蒙特卡罗模拟方法能够解决高维、复杂功能函数问题的优点，同时较蒙特卡罗模拟方法在效率上有较大提高。子集模拟方法广泛应用于可靠度分析与设计中（蒋水华 等，2017；Jiang and Huang，2016；李典庆和蒋水华，2016；曹子君 等，

2013；Au et al.，2010），以高效地处理工程结构小失效概率问题。子集模拟方法的核心思想为：利用中间条件概率自适应地引入中间失效事件，将小失效概率转化为一系列中间条件概率的乘积，即

$$P_f = P(F) = P(F_m) = P(F_m \mid F_{m-1}) P(F_{m-1}) = \cdots = P(F_1) \prod_{i=2}^{m} P(F_i \mid F_{i-1}) \quad (5.5.1)$$

式中：F 为目标失效事件，P_f 为其失效概率；$F_i = \{\text{FS} < \text{fs}_i, i=1,2,\cdots,m\}$ 为中间失效事件，满足 $F = F_m \subset \cdots \subset F_2 \subset F_1$，$\text{fs}_i$ 为中间失效事件对应的安全系数阈值，满足 $\text{fs} = \text{fs}_m < \text{fs}_{m-1} < \cdots < \text{fs}_1$，$m$ 为中间失效事件的个数。通常，通过选择某个特定的概率 p_0（如 $p_0 = 0.1$），使得模拟过程中能够自适应地确定 fs_i，从而保证 $P(F_1)$ 和 $P(F_i|F_{i-1})$（$i=2,3,\cdots,m-1$）等于 p_0。$P(F_m|F_{m-1})$ 的估计值用 $\hat{p}$ 表示，P_f 可以表示为

$$P_f = P(F) = p_0^{m-1} \hat{p} \quad (5.5.2)$$

如图 5.5.1（a）所示，子集模拟过程中通常采用蒙特卡罗模拟方法估计 $P(F_1)$，通过蒙特卡罗模拟方法产生第 1 层 N 个样本；进而，依据 p_0 自适应地选择 $N \times p_0$ 个种子样本 [图 5.5.1（b）]；然后，采用马尔可夫链蒙特卡罗模拟方法得到条件随机样本 [图 5.5.1（c）]。产生的条件随机样本的数量为 $N - N \times p_0$，以此确保每一层空间中的样本数均为 N。进一步，在第 2 层样本中自适应地选择种子样本 [图 5.5.1（d）]。重复上述过程，直到模拟至目标失效区域。失效概率的变异系数取决于 $P(F_1)$ 和 $P(F_i|F_{i-1})$ 的相关性。它们相互独立时，变异系数采用式（5.5.3）估计（Au and Beck，2001）：

$$\text{COV}_{P_f} = \sqrt{\text{COV}_{P(F_1)}^2 + \sum_{i=2}^{m} \text{COV}_{P(F_i|F_{i-1})}^2} = \sqrt{\frac{1 - P(F_1)}{P(F_1)N} + \sum_{i=2}^{m} \frac{1 - P(F_i|F_{i-1})}{P(F_i|F_{i-1})N}(1 + \gamma_i)} \quad (5.5.3)$$

式中：γ_i 为相关因子，根据第 i 层马尔可夫链蒙特卡罗模拟所产生的条件随机样本估计。由式（5.5.3）可知，N 越大，失效概率的变异系数越小。文献中通常取 $N=500$ 或 $N=1\,000$。为了保证更稳定的计算结果，本书在某些算例中采用更多样本（如 $N=2\,000$）。图 5.5.2 为基于子集模拟方法的可靠度分析中（如边坡稳定分析），U-空间（如黏聚力 u_c 和内摩擦角 u_φ）中样本逐步逼近失效区域（如边坡稳定安全系数 FS<1 的区域）的示意图。

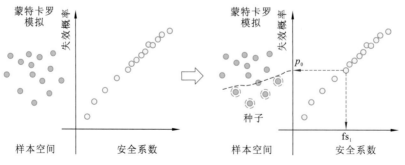

（a）第1层：蒙特卡罗模拟　　　　　　（b）第1层：自适应地选择安全系数阈值fs₁

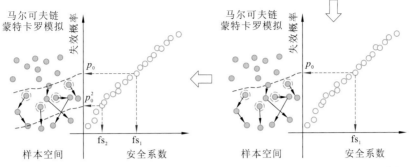

（d）第2层：自适应地选择安全系数阈值fs₂　　　（c）第2层：马尔可夫链蒙特卡罗模拟

图 5.5.1　子集模拟方法原理（Li et al.，2016b；曹子君 等，2013）

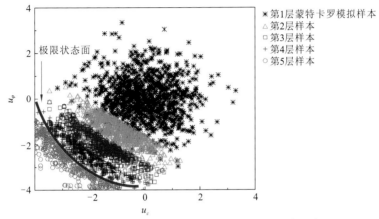

图 5.5.2　基于子集模拟方法的可靠度分析中随机样本示意图

5.5.2　广义可靠指标相对安全率的高效计算方法

基于子集模拟方法的原理，采用子集模拟方法计算广义可靠指标相对安全率时不需要得到完整的安全系数累积分布函数，只需要通过驱动变量使模拟水平达到目标失效概率对应的样本层，在其中选择相应的样本计算安全系数即可。子集模拟第 t 层中每个样本对应的概率为

$$P_t = \frac{1}{N} \times p_0^{t-1}, \quad t = 1, 2, \cdots, m \tag{5.5.4}$$

此外，根据子集模拟方法的原理及中间失效事件的定义可以计算广义可靠指标相对安全率。利用式（5.5.4）计算第 t 个失效事件（对应第 t 层样本）的概率，为

$$P(F_t) = P\{\mathrm{FS} < \mathrm{fs}_t\} = p_0^{t-1}\frac{n_t}{N} \tag{5.5.5}$$

式中：n_t 为第 t 层样本对应 FS 值升序序列中 fs_t 的位次，记为 $\mathrm{FS}_{(t)}^{(n_t)} = \mathrm{fs}_t$。根据式（5.5.5）和累积分布函数的定义，有

$$\text{CDF}_{\text{FS}}(\text{fs}_t) = p_0^{t-1} \frac{n_t}{N} \tag{5.5.6}$$

由于广义可靠指标相对安全率为安全系数累积分布函数的 P_T 分位值，因此

$$\text{CDF}_{\text{FS}}(\eta_{\text{GR}}) = p_0^{t-1} \frac{n_t}{N} = P_T \tag{5.5.7}$$

由式（5.5.7）可得 $n_t p_0^{t-1}/N = P_T$，则 $n_t = NP_T/p_0^{t-1}$。因此，广义可靠指标相对安全率为

$$\eta_{\text{GR}} = \text{FS}_{(t)}^{(n_t)} = \text{FS}_{(t)}^{(NP_T/p_0^{t-1})} \tag{5.5.8}$$

广义可靠指标相对安全率为第 t 层样本对应 FS 值升序序列中 NP_T/p_0^{t-1} 位次的 FS 值。为了提高子集模拟方法计算结果的准确性，模拟时需执行至 $n_t/N \geqslant p_0$（即 $P_T/p_0^{t-1} \geqslant p_0$），以保证到达目标失效概率水平，进而根据式（5.5.8）计算广义可靠指标相对安全率。例如，取 $P_T=10^{-3}$，$N=2\,000$，$p_0=0.1$ 时，计算可得 $t=3$，$n_t=200$，$\eta_{\text{GR}}=\text{FS}_{(3)}^{(200)}$，即子集模拟第 3 层中按升序排列的第 200 个安全系数为 η_{GR}。

综上所述，以边坡稳定分析为例，表 5.5.1 中给出了基于子集模拟方法计算广义可靠指标相对安全率的具体方法与过程。在边坡稳定分析中，子集模拟的驱动变量为边坡稳定安全系数，对于其他工程结构问题的分析，采用相应的驱动变量即可，计算步骤与表 5.5.1 相同。

表 5.5.1　基于子集模拟方法计算广义可靠指标相对安全率的流程（以边坡稳定分析为例）

输入：边坡稳定确定性分析模型、随机变量及其统计特征、子集模拟每层样本数 N 和初始条件概率 p_0、目标失效概率 P_T
输出：广义可靠指标相对安全率 η_{GR}

计算流程：
（1）根据 N、p_0 和 P_T 计算子集模拟需要的层数 t 和安全系数对应的位次 $n_t=NP_T/p_0^{t-1}$；
（2）采用蒙特卡罗模拟方法产生第 1 层 N 个随机样本，计算随机样本对应的边坡稳定安全系数 FS；
（3）将前 p_0N 个随机样本作为种子，产生下一层样本；
（4）利用马尔可夫链蒙特卡罗模拟方法产生 $(1-p_0)N$ 个条件随机样本，与 p_0N 个种子样本组成新一层样本集，计算新样本集中 N 个样本对应的 FS，并按照 FS 升序排列样本；
（5）重复步骤（3）和（4），直到随机模拟到达所需的层数 t；
（6）对第 t 层 FS 按照升序排列，第 n_t 个安全系数即 η_{GR}

5.6　基于广义可靠指标相对安全率的全概率可靠度设计

5.6.1　全概率可靠度设计流程

5.4 节和 5.5 节介绍了广义可靠指标相对安全率的多种计算方法，将功能度量法中最小功能目标点作为广义可靠指标相对安全率计算的工具，具有高效、稳定的特性。此外，基于随机模拟方法，将子集模拟方法用于计算广义可靠指标相对安全率，具有可以解决高维、复杂功能函数和小失效概率问题的优点。上述方法提高了广义可靠指标相对安全率在工程设计中的适用性。

　　本节将广义可靠指标相对安全率应用于全概率可靠度设计中，将其作为可靠度设计安全判据（$\eta_{GR} \geqslant 1$）以代替传统可靠度安全判据（$P_f \leqslant P_T$ 或 $\beta \geqslant \beta_T$）。将广义可靠指标相对安全率应用于全概率可靠度设计具有一定的优势：应用此安全判据不需要计算每个设计方案的失效区域，只需要计算至给定的目标可靠度水平即可，提高了分析效率。如果采用蒙特卡罗模拟方法计算设计方案的可靠度，需要预先对设计方案的失效概率做出最不利的判断，然后据此失效概率选定合适的随机模拟样本数，在设计方案失效概率较低的可靠度设计中计算效率较低。如果采用子集模拟方法分析方案的可靠度水平，需要模拟至设计方案的失效区域，对于失效概率小的设计方案，计算层数较多，耗时较长。而采用广义可靠指标相对安全率，只需模拟至目标可靠度水平即可，减少了模拟层数。

　　与确定性设计相比，可靠度设计能够定量地考虑岩土工程不确定性，本节介绍广义可靠指标相对安全率在全概率可靠度设计中的应用。如图 5.6.1 所示，基于广义可靠指标相对安全率进行全概率可靠度设计主要包含以下步骤。

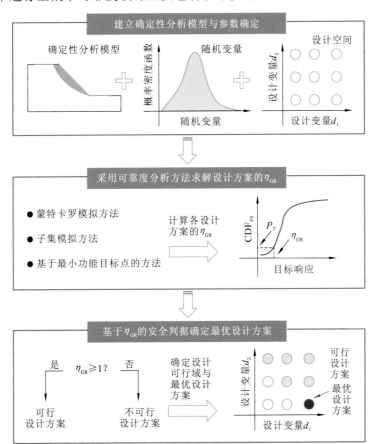

图 5.6.1　基于广义可靠指标相对安全率的全概率可靠度设计流程

　　（1）建立确定性分析模型。对于同一类型岩土工程的设计问题，可能存在不同的确定性分析模型（如挡土墙的不同失效模式、边坡稳定安全系数的不同计算方法）。进行全概率可靠度设计的前提是根据所关心的失效模式（挡土墙抗滑稳定、土质边坡滑动失稳）建立确定性分析模型，计算对应的设计响应。

（2）确定随机变量及其统计特征、设计参数及设计空间。岩土工程设计中涉及的参数包括确定性参数、不确定性参数和设计参数。对于不确定性参数，应采用合适分布类型的随机变量表征其不确定性，并确定随机变量的统计特征（如均值、变异系数等）及不同参数之间的相关性，通常可以根据试验数据、统计分析和工程师经验等方法确定（Cao and Wang，2013；Mayne et al.，2002）。设计参数通常为设计中需要确定的尺寸参数（边坡高度、倾角等），设计空间 DS 由设计参数离散化得到的 n_d 个可能设计方案 D_i（$D_i \in$ DS，$i=1$，$2,\cdots,n_d$）构成。

（3）采用可靠度分析方法计算每个设计方案的广义可靠指标相对安全率。针对不同的确定性分析模型，可以选择合适的分析方法。对于功能函数简单且目标可靠度水平不高的岩土工程可靠度设计问题，可以采用蒙特卡罗模拟方法；如果目标可靠度水平较高，可以采用基于最小功能目标点的方法高效、稳定地计算广义可靠指标相对安全率；对于功能函数复杂且目标可靠度水平较高的设计问题，可以采用子集模拟方法高效地计算广义可靠指标相对安全率。

此外，如果需要分析的备选设计方案较多、设计方案建模复杂且计算效率低，可以采用代理模型（如响应面）建立广义可靠指标相对安全率与设计参数之间的关系。由于广义可靠指标相对安全率在安全系数空间定义，不同设计方案的广义可靠指标相对安全率不会相差多个数量级，而失效概率可能在 $10^{-6} \sim 10^{-2}$ 数量级上变化，采用广义可靠指标相对安全率构建响应面时，只需要低阶的多项式就能够保证足够的精度。采用代理模型时，只需要对设计空间中部分设计方案进行可靠度分析即可，然后通过代理模型得到全部设计方案的广义可靠指标相对安全率。

（4）确定设计可行域，进而确定最优设计方案。基于广义可靠指标相对安全率的可靠度设计的安全判据为 $\eta_{GR} \geq 1$，即可行设计方案为 $\eta_{GR} \geq 1$ 的设计方案，所有的可行设计方案组成设计可行域。在全概率可靠度设计中，设计目标除结构的可靠性外，一般还应考虑结构的经济性。因此，将设计可行域中最经济的设计方案作为最优设计方案，既保证了结构安全又节约成本。

传统的结构优化设计通常是式（5.4.1）所示的双循环迭代优化，外层循环（考虑经济优化）与内层循环（考虑可靠性优化）相互耦合。上述基于广义可靠指标相对安全率的全概率可靠度设计方法将两个优化问题解耦，避免了采用复杂的优化算法。

5.6.2 算例分析：半重力式挡土墙

本小节通过半重力式挡土墙算例来说明 5.4 节所提出的基于最小功能目标点计算广义可靠指标相对安全率的正确性，该算例被应用于多个研究中（Pan et al.，2021；Gao et al.，2019；Low，2005）。验证时，将采用蒙特卡罗模拟方法得到的广义可靠指标相对安全率作为"准确值"。

如图 5.6.2 所示，半重力式挡土墙由重度（γ_c）为 24 kN/m^3 的混凝土制成，高度 H 为 6 m。墙后填土重度（γ）为 18 kN/m^3，在本算例中不考虑它们的不确定性。不确定性参数包括墙后填土的内摩擦角（φ）、墙背与墙后填土之间的摩擦角（δ）及地基与墙体底部之间的黏聚力（c_a）。假设这些不确定性参数均为正态分布的随机变量，并且假设 φ 与 δ 具有正相关关系，相关系数为 0.8。

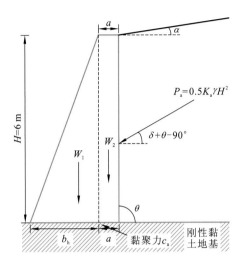

图 5.6.2　半重力式挡土墙示意图

表 5.6.1 总结了随机变量的分布类型及其统计特征，与 Low（2005）一致。本算例中设计参数包括挡土墙上顶宽度（a）和下底墙踵宽度（b_h），等效下底宽度（b）为两者之和，即 $b=a+b_h$。设计参数可能的取值为：a 为 0.2～0.6 m，间隔为 0.05 m；b_h 为 1.0～1.8 m，间隔为 0.1 m。设计空间中共计包含 81 个可能的设计方案。目标可靠度根据规范《水工挡土墙设计规范》（SL 379—2007）分别取 3.1、3.7 和 4.2，代表三个可靠度水平。

表 5.6.1　半重力式挡土墙随机变量的分布类型及其统计特征（Low，2005）

随机变量	统计特征		分布类型	相关系数
	均值	变异系数		
φ	35°	0.1	正态分布	0.8
δ	20°	0.1	正态分布	
c_a	100 kPa	0.15	正态分布	

本算例假设半重力式挡土墙位于刚性黏土地基上，并且地基具有足够的承载力，不考虑基础承载力破坏模式。因此，主要考虑滑动失效模式和倾覆失效模式。抗抗滑动的能力主要由地基与墙体底部之间的黏聚力 c_a 提供，抗滑稳定安全系数 $\mathrm{FS_S}$ 的表达式为

$$\mathrm{FS_S} = \frac{(a+b_h) \times c_a}{P_a \cos(\delta + \theta - 90^\circ)} \qquad (5.6.1)$$

其中，分子为抗滑力，P_a 为作用在挡土墙体的主动土压力，可以通过式（5.6.2）计算：

$$P_a = \frac{1}{2} K_a \gamma H^2 \tag{5.6.2}$$

式中：K_a 为主动土压力系数，采用库仑土压力理论计算，即

$$K_a = \left[\frac{\sin(\theta - \varphi)/\sin\theta}{\sqrt{\sin(\theta + \delta)} + \sqrt{\sin(\varphi + \delta)\sin(\varphi - \alpha)/\sin(\theta - \alpha)}} \right]^2 \tag{5.6.3}$$

其中：$\theta = 90°$ 和 $\alpha = 10°$ 分别为墙背与水平方向的夹角和墙后填土与水平方向之间的夹角。

抗倾覆稳定安全系数 $\mathrm{FS_O}$ 的表达式为

$$\mathrm{FS_O} = \frac{2 b_h W_1/3 + W_2 (b_h + a/2) + P_{av}(b_h + a)}{H P_{ah}/3} \tag{5.6.4}$$

式中：$W_1 = \gamma_c b_h H/2$ 和 $W_2 = \gamma_c a H$ 分别为挡土墙左右两部分的重力（图 5.6.2）；$P_{ah} = P_a \cos\delta$ 和 $P_{av} = P_a \sin\delta$ 分别为主动土压力 P_a 的水平和竖直分量。

接下来将对基于最小功能目标点与采用蒙特卡罗模拟方法得到的广义可靠指标相对安全率进行对比，验证所提计算方法的正确性。首先，通过共轭梯度分析法在 $\boldsymbol{U}$-空间中确定设计方案的最小功能目标点，表 5.6.2 为设计方案（$b_h = 1.4\ \mathrm{m}$ 和 $a = 0.4\ \mathrm{m}$）滑动失效模式的计算结果。表中最后一列给出了蒙特卡罗模拟方法的计算结果，结果表明两种方法计算的广义可靠指标相对安全率十分接近，证明了所提方法的正确性。同理，表 5.6.3 中给出了设计方案（$b_h = 1.4\ \mathrm{m}$ 和 $a = 0.4\ \mathrm{m}$）倾覆失效模式的计算结果，得到了与滑动失效模式一致的结论。需要指出的是，倾覆失效模式与 c_a 无关，表 5.6.3 中仅列出了另外两个随机变量的计算结果。

表 5.6.2　设计方案 $b_h = 1.4\ \mathrm{m}$ 和 $a = 0.4\ \mathrm{m}$ 的计算结果（滑动失效模式）

目标可靠指标	$\boldsymbol{u}^{\mathrm{MPTP}}$（$\boldsymbol{U}$-空间）			$\boldsymbol{x}^{\mathrm{MPTP}}$（$\boldsymbol{X}$-空间）			$\eta_{\mathrm{GR}} = \mathrm{FS}(\boldsymbol{x}^{\mathrm{MPTP}})$	η_{GR}（蒙特卡罗模拟方法）
	U_φ	U_δ	U_{c_a}	$X_\varphi/(°)$	$X_\delta/(°)$	X_{c_a}/kPa		
3.1	−1.726	0.145	−2.570	28.9	17.1	61.5	0.999	0.994
3.7	−1.908	0.160	−3.166	28.3	16.8	52.5	0.830	0.825
4.2	−1.936	0.162	−3.723	28.2	16.8	44.1	0.684	0.695

注：U_φ、U_δ、U_{c_a} 为标准正态空间下的 φ、δ、c_a；X_φ、X_δ、X_{c_a} 为原始物理空间下的 φ、δ、c_a。

表 5.6.3　设计方案 $b_h = 1.4\ \mathrm{m}$ 和 $a = 0.4\ \mathrm{m}$ 的计算结果（倾覆失效模式）

目标可靠指标	$\boldsymbol{u}^{\mathrm{MPTP}}$（$\boldsymbol{U}$-空间）		$\boldsymbol{x}^{\mathrm{MPTP}}$（$\boldsymbol{X}$-空间）		$\eta_{\mathrm{GR}} = \mathrm{FS}(\boldsymbol{x}^{\mathrm{MPTP}})$	η_{GR}（蒙特卡罗模拟方法）
	U_φ	U_δ	$X_\varphi/(°)$	$X_\delta/(°)$		
3.1	−3.098	−0.108	24.3	14.5	0.914	0.915
3.7	−3.697	−0.151	22.3	13.4	0.836	0.831
4.2	−4.196	−0.191	20.6	12.5	0.774	0.772

对于设计空间中 81 个可能的设计方案,分别采用共轭梯度分析法得到每个设计方案的最小功能目标点。图 5.6.3(a)所示为 81 个设计方案滑动失效模式的 $\boldsymbol{u}^{\mathrm{MPTP}}$ 计算结果,抗滑稳定安全系数的计算与三个随机变量均有关,因此最小功能目标点是三维标准正态空间中 β_{T} 等值球面上概率功能度量最小的点。由图 5.6.3(a)中 $\boldsymbol{u}^{\mathrm{MPTP}}$ 的计算结果可知,当给定相同的目标可靠指标时,各设计方案的最小功能目标点十分接近,在三维标准正态空间球面上几乎重合,三个投影面上投影值的大小显示了不同设计方案最小功能目标点的细微差异。

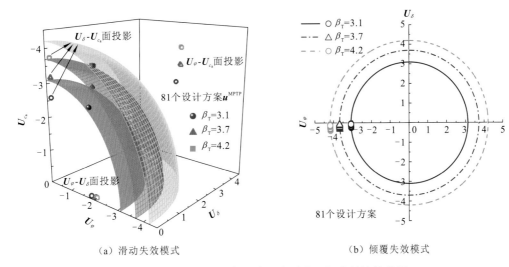

（a）滑动失效模式　　　　　　　　（b）倾覆失效模式

图 5.6.3　设计方案 $\boldsymbol{U}$-空间中最小功能目标点的计算结果

同理,图 5.6.3(b)所示为 81 个设计方案倾覆失效模式的 $\boldsymbol{u}^{\mathrm{MPTP}}$ 计算结果,由于地基与墙体底部之间的黏聚力(c_{a})大小不会影响挡土墙的抗倾覆稳定性,因此抗倾覆稳定中各设计方案的最小功能目标点是二维标准正态空间中 β_{T} 等值线上概率功能度量最小的点。同样地,当目标可靠指标相同时,各设计方案的最小功能目标点十分接近,分布位置在图中十分集中。

得到 $\boldsymbol{U}$-空间中的最小功能目标点($\boldsymbol{u}^{\mathrm{MPTP}}$)之后,根据随机变量的分布类型和统计特征将其转化至 $\boldsymbol{X}$-空间($\boldsymbol{x}^{\mathrm{MPTP}}$),然后将 $\boldsymbol{x}^{\mathrm{MPTP}}$ 分别代入两种失效模式的安全系数表达式中,得到每个设计方案的广义可靠指标相对安全率 $\eta_{\mathrm{GR}}=\mathrm{FS}(\boldsymbol{x}^{\mathrm{MPTP}})$。图 5.6.4 为滑动失效模式对应的 $\mathrm{FS}(\boldsymbol{x}^{\mathrm{MPTP}})$ 与采用蒙特卡罗模拟方法得到的 η_{GR} 的对比图,不同的目标可靠指标下,81 个设计方案对应的数据点(黑色圆形)均位于 1∶1 参考线(蓝色实线)附近,拟合优度均大于 0.99,说明了基于最小功能目标点计算广义可靠指标相对安全率的有效性。此外,图 5.6.4(a)～(c)中均只显示了 25 个数据点,原因是不同设计方案的安全系数之间具有很强的相关性。由式(5.6.1)可知,当 $a+b_{\mathrm{h}}$ 相等时,抗滑稳定安全系数也相等。因此,图中 $a+b_{\mathrm{h}}$ 相等的设计方案的数据点相互重合。同样地,图 5.6.5 展示了倾覆失效模式对应的 $\mathrm{FS}(\boldsymbol{x}^{\mathrm{MPTP}})$ 与采用蒙特卡罗模拟方法得到的 η_{GR} 的对比,81 个设计方案的计算结果同样验证了所提计算方法的有效性。

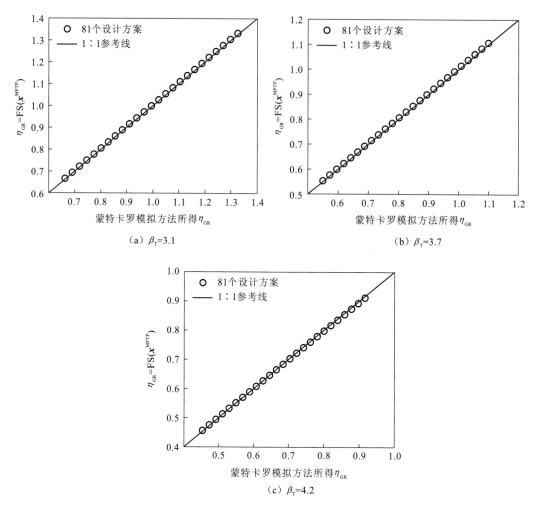

（a）β_T=3.1

（b）β_T=3.7

（c）β_T=4.2

图 5.6.4　基于最小功能目标点计算广义可靠指标相对安全率的准确性验证（滑动失效模式）

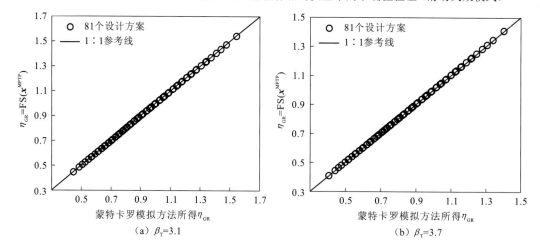

（a）β_T=3.1

（b）β_T=3.7

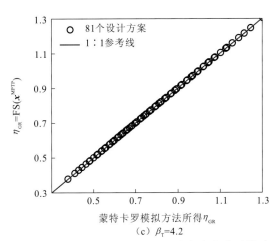

（c）$\beta_{\mathrm{T}}=4.2$

图 5.6.5 基于最小功能目标点计算广义可靠指标相对安全率的准确性验证（倾覆失效模式）

参 考 文 献

曹子君, 王宇, 区兆驹, 2013. 基于子集模拟的边坡可靠度分析方法研究[J]. 地下空间与工程学报, 9(2): 425-429, 450.

陈祖煜, 2003. 土质边坡稳定分析: 原理、方法、程序[M]. 北京: 中国水利水电出版社.

陈祖煜, 2018. 建立在相对安全率准则基础上的岩土工程可靠度分析与安全判据[J]. 岩石力学与工程学报, 37(3): 521-544.

陈祖煜, 徐佳成, 孙平, 等, 2012. 重力坝抗滑稳定可靠度分析:（一）相对安全率方法[J]. 水力发电学报, 31(3): 148-159.

陈祖煜, 詹成明, 姚海林, 等, 2016a. 重力式挡土墙抗滑稳定分析安全判据和标准[J]. 岩土力学, 37(8): 2129-2137.

陈祖煜, 章吟秋, 宗露丹, 等, 2016b. 加筋土边坡稳定分析安全判据和标准研究[J]. 中国公路学报, 29(9): 1-12.

陈祖煜, 周恒, 陆希, 等, 2021. 土坝坝坡抗滑稳定分项系数方法: 理论和标定[J]. 水力发电学报, 40(6): 99-116.

程晔, 周翠英, 文建华, 等, 2010. 基于响应面与重要性抽样的岩土工程可靠度分析方法研究[J]. 岩石力学与工程学报, 29(6): 1263-1269.

杜效鹄, 李斌, 陈祖煜, 等, 2015. 特高坝及其梯级水库群设计安全标准研究 II: 高土石坝坝坡稳定安全系数标准[J]. 水利学报, 46(6): 640-649.

蒋水华, 李典庆, 曹子君, 等, 2014. 考虑参数空间变异性的边坡系统可靠度分析[J]. 应用基础与工程科学学报, 22(5): 841-855.

蒋水华, 李典庆, 周创兵, 2013. 基于拉丁超立方抽样的边坡可靠度分析非侵入式随机有限元法[J]. 岩土工程学报, 35(S2): 70-76.

蒋水华, 刘贤, 黄发明, 等, 2021. 基于一阶逆可靠度方法的空间变异土坡坡角设计[J]. 岩土工程学报, 43(7): 1245-1252.

蒋水华, 姚池, 杨建华, 等, 2017. 基于 BUS 方法的无限长边坡可靠度更新[J]. 岩土力学, 38(12): 3555-3564.

李斌, 陈祖煜, 王玉杰, 等, 2014. 拱座抗滑稳定可靠指标和分项系数取值标准研究[J]. 水力发电学报, 33(6): 192-201.

李典庆, 蒋水华, 2016. 边坡稳定可靠度非侵入式随机分析方法[M]. 北京: 科学出版社.

李典庆, 周创兵, 陈益峰, 等, 2010. 边坡可靠度分析的随机响应面法及程序实现[J]. 岩石力学与工程学报, 29(8): 1513-1523.

李静萍, 程勇刚, 李典庆, 等, 2016. 基于多重响应面法的空间变异土坡系统可靠度分析[J]. 岩土力学, 37(1): 147-155, 165.

苏永华, 罗正东, 杨红波, 等, 2013. 基于响应面法的边坡稳定逆可靠度设计分析方法[J]. 水利学报, 44(7): 764-771.

谭晓慧, 2001. 多滑面边坡的可靠性分析[J]. 岩石力学与工程学报, 6: 822-825.

谭晓慧, 王建国, 刘新荣, 2005. 改进的响应面法及其在可靠度分析中的应用[J]. 岩石力学与工程学报, 24(S2): 5874-5879.

杨智勇, 2017. 基于广义子集模拟的边坡系统可靠度分析及定量风险评估[D]. 武汉: 武汉大学.

易平, 谢东赤, 2018. 概率功能度量求解的共轭梯度步长调节法[J]. 计算力学学报, 35(6): 750-756.

中华人民共和国水利部, 2007a. 水工挡土墙设计规范: SL 379—2007[S]. 北京: 中国水利水电出版社.

中华人民共和国水利部, 2007b. 水利水电工程边坡设计规范: SL 386—2007[S]. 北京: 中国水利水电出版社.

周生通, 李鸿光, 2014. 考虑相关性的 Rackwitz-Fiessler 随机空间变换方法[J]. 工程力学, 31(10): 47-55, 61.

ANG A H S, TANG W H, 1984. Probability concepts in engineering planning and design[M]. Hoboken：John Wiley & Sons.

AOUES Y, CHATEAUNEUF A, 2010. Benchmark study of numerical methods for reliability-based design optimization [J]. Structural and multidisciplinary optimization, 41(2): 277-294.

AU S K, BECK J L, 2001. Estimation of small failure probabilities in high dimensions by subset simulation[J]. Probabilistic engineering mechanics, 16(4): 263-277.

AU S K, CAO Z J, WANG Y, 2010. Implementing advanced Monte Carlo simulation under spreadsheet environment[J]. Structural safety, 32(5): 281-292.

BABU G, BASHA B M, 2008. Optimum design of cantilever sheet pile walls in sandy soils using inverse reliability approach[J]. Computers and geotechnics, 35(2): 134-143.

BISHOP A W, 1955. The use of the slip circle in the stability analysis of slopes[J]. Géotechnique, 5(1): 7-17.

CAO Z J, WANG Y, 2013. Bayesian approach for probabilistic site characterization using cone penetration tests[J]. Journal of geotechnical and geoenvironmental engineering, 139(2): 267-276.

CHO S E, 2010. Probabilistic assessment of slope stability that considers the spatial variability of soil properties[J]. Journal of geotechnical and geoenvironmental engineering, 136(7): 975-984.

EZZATI G, MAMMADOV M A, KULKARNI S, 2015. A new reliability analysis method based on the conjugate gradient direction[J]. Structural and multidisciplinary optimization, 51(1): 89-98.

FANG Y B, SU Y H, SU Y, et al., 2019. A direct reliability-based design method for tunnel support using the performance measure approach with line search[J]. Computers and geotechnics, 107(5): 89-96.

FENTON G A, GRIFFITHS D V, NAGHIBI F, 2017. Future directions in reliability-based geotechnical design[C]//Geo-Risk 2017. Reston: ASCE: 69-97.

GAO G H, LI D Q, CAO Z J, et al., 2019. Full probabilistic design of earth retaining structures using generalized subset simulation[J]. Computers and geotechnics, 112: 159-172.

JI J, LIAO H J, LOW B K, 2012. Modeling 2-D spatial variation in slope reliability analysis using interpolated autocorrelations[J]. Computers and geotechnics, 40: 135-146.

JI J, ZHANG C S, GAO Y F, et al., 2019. Reliability-based design for geotechnical engineering: An inverse FORM approach for practice[J]. Computers and geotechnics, 111: 22-29.

JIANG S H, HUANG J S, 2016. Efficient slope reliability analysis at low-probability levels in spatially variable soils[J]. Computers and geotechnics, 75: 18-27.

KANG F, HAN S X, SALGADO R, et al., 2015. System probabilistic stability analysis of soil slopes using Gaussian process regression with Latin hypercube sampling[J]. Computers and geotechnics, 63: 13-25.

LI D Q, CHEN Y F, LU W B, et al., 2011. Stochastic response surface method for reliability analysis of rock slopes involving correlated non-normal variables[J]. Computers and geotechnics, 38(1): 58-68.

LI D Q, JIANG S H, CAO Z J, et al., 2015. A multiple response-surface method for slope reliability analysis considering spatial variability of soil properties[J]. Engineering geology, 187: 60-72.

LI D Q, XIAO T, CAO Z J, et al., 2016b. Enhancement of random finite element method in reliability analysis and risk assessment of soil slopes using subset simulation[J]. Landslides, 13: 293-303.

LI D Q, ZHENG D, CAO Z J, et al., 2016a. Response surface methods for slope reliability analysis: Review and comparison[J]. Engineering geology, 203: 3-14.

LI L, CHU X S, 2015. Multiple response surfaces for slope reliability analysis[J]. International journal for numerical and analytical methods in geomechanics, 39(2): 175-192.

LOW B K, 2005. Reliability-based design applied to retaining walls[J]. Géotechnique, 55(1): 63-75.

MAYNE P W, CHARISTOPHER B R, DEJONG J, 2002. Subsurface investigations: Geotechnical site characterization[R]. Washington, D. C.: Federal Highway Administration, U. S. Department of Transportation.

PAN Q J, ZHANG R F, YE X Y, et al., 2021. An efficient method combining polynomial-chaos kriging and adaptive radial-based importance sampling for reliability analysis[J]. Computers and geotechnics, 140: 104434.

PRATAMA I T, OU C Y, CHING J, 2020. Calibration of reliability-based safety factors for sand boiling in excavations[J]. Canadian geotechnical journal, 57(5): 742-753.

RACKWITZ R, FIESSLER B, 1978. Structural reliability under combined random load sequences[J]. Computers and structures, 9(5): 489-494.

TU J, CHOI K K, PARK H Y, 1999. A new study on reliability-based design optimization[J]. Journal of mechanical design, 121(4): 557-564.

XIAO T, LI D Q, CAO Z J, et al., 2017. Auxiliary random finite element method for risk assessment of 3-D slope[C]//Geo-Risk 2017. Reston: ASCE: 120-129.

YANG Z Y, CHING J, 2020. A novel reliability-based design method based on quantile-based first-order second-moment[J]. Applied mathematical modelling, 88(4): 461-473.

YOUN B D, CHOI K K, 2004. An investigation of nonlinearity of reliability-based design optimization approaches[J]. Journal of mechanical design, 126(3): 881-890.

YOUN B D, CHOI K K, DU L, 2005. Adaptive probability analysis using an enhanced hybrid mean value method[J]. Structural and multidisciplinary optimization, 29(2): 134-148.

ZHANG J, WANG H, HUANG H W, et al., 2017. System reliability analysis of soil slopes stabilized with piles[J]. Engineering geology, 229: 45-52.

ZHANG J, ZHANG L M, TANG W H, 2011. New methods for system reliability analysis of soil slopes[J]. Canadian geotechnical journal, 48(7): 1138-1148.

ZHANG L, GONG W P, LI X X, et al., 2022. A comparison study between 2D and 3D slope stability analyses considering spatial soil variability[J]. Journal of Zhejiang University-science A, 23(3): 208-224.

第 *6* 章

确定性设计与可靠度设计安全
判据的等价性充分条件

6.1 引　言

　　岩土工程设计过程不可避免地受到各种不确定性的影响，如岩土体参数固有变异性、测量误差、模型不确定性等（Phoon，2020；Papaioannou and Straub，2017；Baecher and Christian，2003）。岩土工程师通常使用安全系数标准值（FS_k）来衡量岩土结构的安全裕幅，但 SFBD 不能合理、明确地考虑与岩土工程相关的不确定性。近几十年来，能够以明确且可以量化的方式将不确定性纳入岩土工程设计过程的可靠度设计方法受到了研究者和工程师越来越多的关注（李典庆和唐小松，2021），发展出了半概率可靠度设计方法和全概率可靠度设计方法（Cao et al.，2019；邓志平 等，2019；Gao et al.，2019；Ji et al.，2019；Fenton et al.，2016；边晓亚 等，2014；黄宏伟 等，2014；Naghibi et al.，2014；Wang et al.，2011；Low，2005）。然而，由于各种尚未解决的问题，岩土工程师在进行工程设计时对是否采用可靠度设计方法仍然犹豫不决，特别是我国仅在少数规范中将全概率可靠度设计方法作为一种辅助设计方法。

　　SFBD 和可靠度设计采用了不同的安全判据，通常分别通过容许安全系数（FS_a）和目标失效概率（P_T）定义，所以使用可靠度设计方法得到的可行设计方案（及最终的设计方案）与 SFBD 方法得到的结果有显著差异的情况并不少见并且是可以预见的，这使得 SFBD 向可靠度设计的过渡变得更加复杂。与可靠度设计相比，工程师对 SFBD 更为熟悉，倾向于将 SFBD 的结果作为"真实检验"与可靠度设计的结果进行对比。针对这一问题，研究 SFBD 可行设计方案（安全系数标准值大于容许安全系数的设计方案）的可靠度水平，并确定相应的目标失效概率 P_{TE}（此处 P_{TE} 的含义为 FS_a 对应的等价目标失效概率，加上下标"E"的目的是与规范中规定的目标失效概率 P_T 进行区分），使得可靠度设计与 SFBD 的可行设计方案相同，进而实现 SFBD 与可靠度设计安全判据的等价联系，能够使工程师将在 SFBD 中获得的经验应用到可靠度设计中，从而加快采用和开发更经济的可靠度设计方法或程序的步伐。

　　然而，在一般设计条件下，没有一个通用的容许安全系数到目标失效概率的一对一映射来保证 SFBD 与可靠度设计安全判据的等价性（Chen et al.，2014；Ching and Hsu，2010；Ching，2009）。例如，Wu 等（2020）针对双层土质边坡稳定的全概率可靠度设计结果表明，具有相同 FS 的边坡设计可能具有不同的可靠度。Ching（2009）指出，只有满足一定条件才能实现 SFBD 和可靠度设计之间的等价联系，并基于归一化功能函数（即归一化极限状态方程）提出了等价性存在的充分条件，具体表述为：归一化的极限状态方程（定义为极限状态方程除以选定的名义极限状态方程）的分布在指定的设计区域上不变。Ching 和 Hsu（2010，2009）指出，存在许多工程设计算例不满足此充分条件，需要在理论上对所提充分条件进行修改以获得更加松弛的充分条件。研究表明，在给定所提充分条件下，SFBD 和可靠度设计实现等价关系的关键是合理地选择名义功能函数（或名义极限状态方程，如安全系数标准值 FS_k）。为归一化选择的名义功能函数可能依赖于研究的具体问题。名义功能函数选择不当可能会使归一化功能函数在设计空间上服从非稳态的分布，从而对 SFBD 与可靠度设计的等价性是否存在造成误解。此外，既有研究通常假定名义极限状态方程在不确定性参数某些特定分位值（如均值）下能够保证归一化极限状态方程概率分布的稳定性，但该假设没有得到严格的证明。以系统的、可量化的方式验证 SFBD 与可靠度设计的等价性，从而获得一个合适的充分条件十分重要。

为此，本章将广义可靠指标相对安全率用于 SFBD 与可靠度设计安全判据等价性充分条件的研究，基于原始（未归一化）的功能函数（如 FS）提出了 SFBD 与可靠度设计安全判据等价的充分条件。由于广义可靠指标相对安全率是可靠度安全判据从概率空间到安全系数空间的映射，SFBD 和可靠度设计的安全判据在量级上具有可比性。与基于归一化功能函数的充分条件相比，本章所提出的充分条件可以通过随机分析相对容易地得到定量的验证，根据不同类型的功能函数提出了解析验证方法和普适性的数值验证方法。本章首先简要介绍 SFBD 和可靠度设计，并且基于广义可靠指标相对安全率提出了 SFBD 与可靠度设计安全判据的等价性充分条件及其验证方法。然后，通过两个算例验证了所提充分条件的有效性。最后，讨论了名义功能函数（即安全系数标准值）的选择对所提充分条件有效性的影响。

6.2 确定性设计与可靠度设计方法

本节简要介绍 SFBD 和可靠度设计的方法，定义相关参数，以便于下面所提充分条件及其验证方法的介绍。对于 SFBD，设计方案的安全裕幅通常用安全系数标准值（FS_k）来衡量：

$$FS_k = FS(X = x_k, D) \qquad (6.2.1)$$

式中：x_k 为不确定性参数 X 的标准值，通常取其概率分布的某个分位值；D 为设计变量。设计方案是指在施工技术比较成熟的场地上，工程师能够合理控制的一组参数，如挡土墙高度和基坑开挖深度（由 D 表示）。因此，FS_k 大于或等于 FS_a 的设计方案是 SFBD 的可行设计方案，即

$$FS_k / FS_a = FS(X = x_k, D)/FS_a \geqslant 1 \qquad (6.2.2)$$

SFBD 的全部可行设计方案构成了设计空间中的可行域（记为 Ω_D），如图 6.2.1（a）中空心圆形所示。因为安全系数标准值由参数的某个分位值计算所得，SFBD 方法被认为是一种确定性设计方法，而可靠度设计方法是一种概率设计方法。不确定性参数用概率密度函数来描述从而控制 FS<1 的概率或失效概率（P_f）。岩土结构可靠度水平用 P_f（或 $1-P_f$）来量化。可靠度设计要求可行设计方案的失效概率不大于目标失效概率。$P_f \leqslant P_T$ 的可行设计方案构成了可靠度设计在设计空间的可行域（记为 Ω_R），如图 6.2.1（b）中实心圆形所示。

在当前的大多数可靠度设计规范中，分别规定了目标失效概率与现有的 SFBD 中使用的容许安全系数。在岩土工程设计中，对于给定的相同的荷载条件、计算模型（如功能函数）和输入参数信息（分布类型和统计特征），SFBD 和可靠度设计得到的可行域 Ω_D

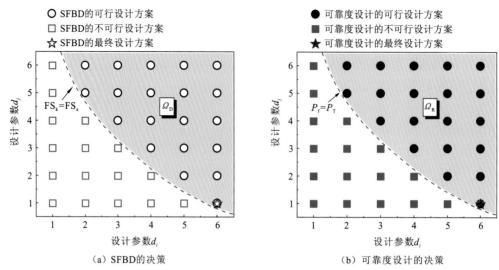

○ SFBD的可行设计方案
□ SFBD的不可行设计方案
☆ SFBD的最终设计方案

● 可靠度设计的可行设计方案
■ 可靠度设计的不可行设计方案
★ 可靠度设计的最终设计方案

（a）SFBD的决策　　　　（b）可靠度设计的决策

图 6.2.1　SFBD 和可靠度设计的决策比较

与 Ω_R 可能不同，原因在于它们由不同的设计要求（即安全判据）和不同的信息确定。如图 6.2.1（a）和（b）所示，在 Ω_D 和 Ω_R 相同的情况下，可以认为 SFBD 和可靠度设计的安全判据等价，只有当满足一定的条件时两者的等价性才可能存在。6.3 节将给出基于原始（未归一化）功能函数提出的 SFBD 和可靠度设计安全判据的等价性充分条件，需要强调的是，探讨等价性的前提条件是两种设计方法应用于相同的设计问题和工况（包括荷载条件、功能函数和输入信息等）。

6.3　充分条件介绍

本节以广义可靠指标相对安全率和基于广义可靠指标相对安全率的可靠度设计安全判据为基础，在安全系数原始空间提出 SFBD 与可靠度设计安全判据的等价性充分条件，所提充分条件具有普适性，并且其充分性得到了理论证明。

6.3.1　充分条件的提出

本节提出的 SFBD 与可靠度设计安全判据的等价性充分条件，就是两种设计方法能够得到相同的设计可行域的条件。为此，SFBD 和可靠度设计的安全判据对比如下：

$$FS_k / FS_a \geq 1 \qquad (6.3.1)$$

$$\eta_{GR} = CDF_{FS}^{-1}(P_T) \geq 1 \qquad (6.3.2)$$

如式（6.3.1）和式（6.3.2）所示，如果同时满足下列两个条件，则对于给定的 FS_a，两种安全判据是等价的。

条件 1（记为 C-1）：在设计空间（记为 Ω_S）中存在一个由一组设计参数组成的临界设计方案（$D=d_c$），其满足

$$\eta_{GR}(X, D = d_c) = FS(X = x_k, D = d_c)/FS_a = 1, \quad \exists d_c \in \Omega_S \qquad (6.3.3)$$

式中：$\eta_{GR}(X, D=d_c)$ 和 $FS(X=x_k, D=d_c)$ 分别为临界设计方案的广义可靠指标相对安全率和安全系数标准值。

条件 2（记为 C-2）：在设计空间中，FS_k/FS_a（或 FS_k）随着 η_{GR} 单调递增，即

$$FS(X = x_k, D)/FS_a = F[\eta_{GR}(X, D)], \quad \forall D \in \Omega_S \qquad (6.3.4)$$

式中：$F(\cdot)$ 为单调递增函数。由广义可靠指标相对安全率的定义可知，η_{GR} 是安全系数累积分布函数的 P_T 分位值。因此，C-2 要求由不确定性参数的标准值（即 x_k）计算得到的设计方案的 FS_k 随安全系数累积分布函数 P_T 分位值的增大而增大。图 6.3.1 为所提充分条件（C-1 和 C-2）的示意图，C-1 和 C-2 需要同时满足进而构成所提充分条件。在某些岩土工程设计问题中，C-1 和 C-2 可能无法同时满足，但是只要同时满足 C-1 和 C-2，两种设计方法的安全判据就存在等价关系。因此，如何验证一个岩土工程设计问题的 C-1 和 C-2 是否满足是一个重要问题，接下来将给出若干个验证所提充分条件的方法。在此之前，先从理论上证明所提条件的充分性。

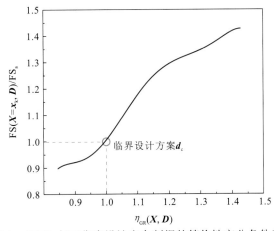

图 6.3.1　SFBD 与可靠度设计安全判据的等价性充分条件示意图

6.3.2　理论证明

将安全系数标准值等于容许安全系数的设计方案作为临界设计方案 d_c，然后将其失效概率作为目标失效概率 P_{TE} 从而保证临界设计方案的广义可靠指标相对安全率为 1，即 $\eta_{GR}(X, D=d_c)=1$，则 C-1 可以自动满足。换言之，对于给定的 FS_a，只要设计空间包含临界设计方案，充分条件 C-1 必然可以满足。

设计空间中的临界设计方案可能不是唯一的，这意味着可能存在多个设计方案同时满足 $FS_k=FS_a$，这些设计方案可能具有不同的失效概率。在这种情况下，C-2 无法得到满足。如果能够满足充分条件 C-2，那么设计空间中 $FS_k=FS_a$ 的可能设计方案具有相同的失效概率，此失效概率可以作为 P_{TE}，以确保 SFBD 和可靠度设计具有相同的可行域，即建立了 FS_a 和 P_{TE} 之间的一一对应关系，实现了 SFBD 和可靠度设计安全判据之间的

等价性。上述推论的证明如下。

证明 C-1 和 C-2 的充分性，就是证明式（6.3.3）和式（6.3.4）同时满足时，式（6.3.1）和式（6.3.2）等价，即确定性设计与可靠度设计可行域相同。以下将从两个方面分别进行论证：充分条件 C-1 和 C-2 同时满足时，一方面，满足 SFBD 安全判据的可行设计方案必然满足可靠度设计的安全判据；另一方面，满足可靠度设计安全判据的可行设计方案必然满足 SFBD 的安全判据。

对于一个给定的容许安全系数 FS_a，如果满足充分条件 C-1，则可在 SFBD 的设计空间中找到某一个临界设计方案 $d_c[FS(X=x_k,D=d_c)=FS_a]$，并将其 P_f 作为 P_{TE}，使得 d_c 对应的广义可靠指标相对安全率等于 1。因此，SFBD 可行域（Ω_D）中的设计方案满足以下条件：

$$FS(X=x_k,D\in\Omega_D)/FS_a \geqslant FS(X=x_k,D=d_c)/FS_a=1 \tag{6.3.5}$$

若满足充分条件 C-2，由于所有 SFBD 可行设计方案的 FS_k 均大于或等于临界设计方案的 FS_k，则其 η_{GR} 均大于或等于临界设计方案的 η_{GR}，即

$$\eta_{GR}(X,D\in\Omega_D) \geqslant \eta_{GR}(X,D=d_c)=1 \tag{6.3.6}$$

式（6.3.6）表明，只要同时满足充分条件 C-1 和 C-2，SFBD 的可行设计方案满足可靠度设计要求，即 $\eta_{GR} \geqslant 1$，相当于满足 $P_f \leqslant P_{TE}$。

同理，对于一个给定的目标失效概率 P_{TE}，可以在设计空间中确定 $P_f=P_{TE}$ 的临界设计方案 $d_c[\eta_{GR}(X,D=d_c)=1]$，并将其 FS_k 作为 FS_a。因此，可靠度设计可行域（Ω_R）中的设计方案满足以下条件：

$$\eta_{GR}(X,D\in\Omega_R) \geqslant \eta_{GR}(X,D=d_c)=1 \tag{6.3.7}$$

若满足充分条件 C-2，由于所有可靠度设计可行设计方案的 η_{GR} 均大于或等于临界设计方案的 η_{GR}，则其 FS_k 均大于或等于临界设计方案的 FS_k，即

$$FS(X=x_k,D\in\Omega_R)/FS_a \geqslant FS(X=x_k,D=d_c)/FS_a=1 \tag{6.3.8}$$

式（6.3.8）表明，当同时满足充分条件 C-1 和 C-2 时，可靠度设计的可行设计方案满足 SFBD 要求。综上，充分条件 C-1 和 C-2 同时满足时，满足 SFBD 安全判据的可行设计方案必然满足可靠度设计安全判据，并且满足可靠度设计安全判据的可行设计方案必然满足 SFBD 安全判据。因此，C-1 和 C-2 是 SFBD 与可靠度设计安全判据等价的充分条件。

需要强调的是，只要设计空间包含安全系数标准值等于容许安全系数的临界设计方案，且取临界设计方案的失效概率等于可靠度设计的目标失效概率，即可满足充分条件 C-1。然而，此时并不能确定充分条件 C-2 满足与否。因此，对于所关心的岩土工程设计问题，必须验证充分条件 C-2。为此，提出了基于蒙特卡罗模拟的随机模拟方法，以验证所提充分条件 C-2。虽然该方法一般适用于任意功能函数形式和分布类型的设计问题，但其需要对所有可能设计方案的 CDF_{FS} 进行评估，因此可能需要大量的计算消耗。在某些情况下，可以使用一些考虑原始功能函数属性（如函数形式和分布类型）的简单方法来验证充分条件 C-2。

6.4　充分条件的验证方法

验证 C-2 的方法取决于功能函数的复杂度和分布类型。本节首先针对可分离功能函数（方法 1）、正态分布不可分离功能函数（方法 2）和对数正态分布不可分离功能函数（方法 3）三种简单情况进行充分条件 C-2 的验证，随后给出了基于随机模拟的普适性验证方法（方法 4）。其中，本章所定义的可分离功能函数是指设计变量（D）和不确定性参数（X）可以分解成不同项的函数，如 $FS(X,D)=f_1(X)g(D)+f_2(X)$。在此，$f_1$ 和 f_2 表示与不确定性参数 X 有关但与设计变量 D 无关的函数，g 只是设计变量 D 的函数。相比之下，如果不能将 D 和 X 分解为功能函数的不同项，则认为功能函数是不可分离的。

需要指出的是，本节讨论的三种情况（方法 1～3）仅仅是简单情形的三种特殊例子，它们不是穷尽性的，但应该是有代表性的三种情况，原因有二：①一个功能函数要么是可分离的，要么是不可分离的；②正态分布和对数正态分布是岩土工程可靠度设计中最常见的分布形式。例如，表 6.4.1 列举了诸多研究中不同类型岩土工程的功能函数（或安全系数）服从正态分布或对数正态分布的例子。

表 6.4.1　功能函数（或安全系数）服从正态分布或对数正态分布的岩土工程相关文献总结

岩土工程类型	设计功能	功能函数或 安全系数分布类型	参考文献
浅基础	承载能力	对数正态分布	Griffiths 和 Fenton（2001）
	承载能力	对数正态分布	Fenton 和 Griffiths（2003）
	承载能力	对数正态分布	Pieczyńska-Kozłowska 等（2015）
	承载能力	对数正态分布	Fenton 等（2016）
	承载能力	对数正态分布	Li 等（2021）
	沉降	对数正态分布	Fenton 和 Griffiths（2002）
	不均匀沉降	正态分布	Fenton 和 Griffiths（2002）
	沉降	对数正态分布	Griffiths 和 Fenton（2005）
	竖向和水平向位移	正态分布	Al-Bittar 和 Soubra（2014）
深基础	承载能力	对数正态分布	Fenton 等（2016）
	侧向挠度	对数正态分布	Griffiths 等（2013）
	沉降	对数正态分布	Naghibi 等（2014）
支挡结构	滑动稳定	对数正态分布	陈祖煜等（2018）
	滑动稳定	对数正态分布	Chen 等（2019）
	系统稳定 抗拉稳定 抗拔稳定 侧向位移	正态分布	Johari 等（2020）

岩土工程类型	设计功能	功能函数或 安全系数分布类型	参考文献
边坡	边坡稳定	对数正态分布	Griffiths 和 Fenton（2004）
	边坡稳定	正态分布	尹建桥和罗文强（2006）
	边坡稳定	正态分布	Suchomel 和 Mašín（2010）
	路堤边坡稳定	正态分布	章荣军等（2018）
	边坡稳定	正态分布	Chen 等（2019）
	边坡稳定	对数正态分布	Zhu 等（2021）
	边坡稳定	正态分布	Wang 等（2022）

6.4.1 可分离功能函数

对于可分离功能函数，安全系数标准值可以表示为

$$FS_k = FS(\boldsymbol{X} = \boldsymbol{x}_k, \boldsymbol{D}) = f_1(\boldsymbol{x}_k)g(\boldsymbol{D}) + f_2(\boldsymbol{x}_k) \tag{6.4.1}$$

广义可靠指标相对安全率可以表示为

$$\eta_{GR} = FS(\boldsymbol{X} = \boldsymbol{x}_p^i, \boldsymbol{D}) = f_1(\boldsymbol{x}_p^i)g(\boldsymbol{D}) + f_2(\boldsymbol{x}_p^i) \tag{6.4.2}$$

式中：$\boldsymbol{x}_p^i$ 为第 i 个设计方案（$\boldsymbol{D}=\boldsymbol{d}_i$）中，安全系数的 P_{TE} 分位值对应的随机变量 $\boldsymbol{X}$ 的实现（或数值）。由式（6.4.1）和式（6.4.2）可得

$$FS_k = \frac{f_1(\boldsymbol{x}_k)}{f_1(\boldsymbol{x}_p^i)}\eta_{GR} + \frac{f_1(\boldsymbol{x}_p^i)f_2(\boldsymbol{x}_k) - f_1(\boldsymbol{x}_k)f_2(\boldsymbol{x}_p^i)}{f_1(\boldsymbol{x}_p^i)} \tag{6.4.3}$$

其中，$f_1(\boldsymbol{x}_k)$ 和 $f_2(\boldsymbol{x}_k)$ 在设计空间中是常数，因为它们与设计变量无关。例如，考虑一个简单的情况，假设 $\boldsymbol{x}_p^i$ 在设计空间上保持不变，记为 $\boldsymbol{x}_p$。式（6.4.3）中上标"i"表示所有设计方案安全系数的 P_{TE} 分位值对应于同一组随机变量取值。因此，式（6.4.2）可以改写为

$$\eta_{GR} = FS(\boldsymbol{X} = \boldsymbol{x}_p, \boldsymbol{D}) = f_1(\boldsymbol{x}_p)g(\boldsymbol{D}) + f_2(\boldsymbol{x}_p) \tag{6.4.4}$$

换言之，各设计方案的广义可靠指标相对安全率可以由 $\boldsymbol{X}$ 的同一个样本计算得到。由式（6.4.4）和式（6.4.1）可得

$$FS_k = \frac{f_1(\boldsymbol{x}_k)}{f_1(\boldsymbol{x}_p)}\eta_{GR} + \frac{f_1(\boldsymbol{x}_p)f_2(\boldsymbol{x}_k) - f_1(\boldsymbol{x}_k)f_2(\boldsymbol{x}_p)}{f_1(\boldsymbol{x}_p)} \tag{6.4.5}$$

其中，$f_1(\boldsymbol{x}_k)$、$f_2(\boldsymbol{x}_k)$、$f_1(\boldsymbol{x}_p)$ 和 $f_2(\boldsymbol{x}_p)$ 在设计空间中为常数，原因是它们与设计变量无关。因此，由式（6.4.5）可知，FS_k 随 η_{GR} 单调变化，即满足充分条件 C-2。

基于一定的假设条件推导式（6.4.5），即假设不同设计方案安全系数的 P_{TE} 分位值（即 η_{GR}）对应 $\boldsymbol{X}$ 的某个相同的样本。实际上，可以根据设计空间中任意两个设计方案的功能函数（或安全系数）之间的统计相关性（ρ_{FS}）来验证此假设。如图 6.4.1 所示，如

果两个设计方案（$\boldsymbol{D}=\boldsymbol{d}_i$ 和 $\boldsymbol{D}=\boldsymbol{d}_j$）的安全系数 $\mathrm{FS}(\boldsymbol{X},\boldsymbol{D}=\boldsymbol{d}_i)$ 和 $\mathrm{FS}(\boldsymbol{X},\boldsymbol{D}=\boldsymbol{d}_j)$ 是完全相关的，则可以由 $\boldsymbol{X}$ 的相同取值（如 $\boldsymbol{x}_\mathrm{p}^i = \boldsymbol{x}_\mathrm{p}^j = \boldsymbol{x}_\mathrm{p}$）计算出两个设计方案的广义可靠指标相对安全率，即

$$\rho_{\mathrm{FS}(\boldsymbol{X},\boldsymbol{D}=\boldsymbol{d}_i),\mathrm{FS}(\boldsymbol{X},\boldsymbol{D}=\boldsymbol{d}_j)} = 1 \tag{6.4.6}$$

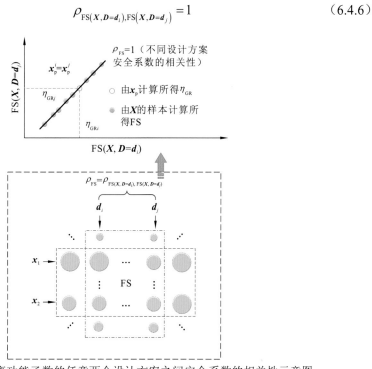

图 6.4.1　可分离功能函数的任意两个设计方案之间安全系数的相关性示意图

$\boldsymbol{x}_1$、$\boldsymbol{x}_2$ 为任意两个示意样本

此外，如果 $f_2(\boldsymbol{X})=0$，即 $\mathrm{FS}(\boldsymbol{X},\boldsymbol{D})=f_1(\boldsymbol{X})g(\boldsymbol{D})$，那么安全系数标准值和广义可靠指标相对安全率可以分别表示为

$$\mathrm{FS}_k = \mathrm{FS}(\boldsymbol{X}=\boldsymbol{x}_k,\boldsymbol{D}) = f_1(\boldsymbol{x}_k)g(\boldsymbol{D}) \tag{6.4.7}$$

$$\eta_{\mathrm{GR}} = \mathrm{CDF}_{\mathrm{FS}}^{-1}(P_{\mathrm{TE}}) = \mathrm{CDF}_{f_1}^{-1}(P_{\mathrm{TE}})g(\boldsymbol{D}) \tag{6.4.8}$$

联合式（6.4.7）和式（6.4.8），可得

$$\mathrm{FS}_k = \frac{f_1(\boldsymbol{x}_k)}{\mathrm{CDF}_{f_1}^{-1}(P_{\mathrm{TE}})}\eta_{\mathrm{GR}} \tag{6.4.9}$$

其中，$f_1(\boldsymbol{x}_k)/\mathrm{CDF}_{f_1}^{-1}(P_{\mathrm{TE}})$ 在设计空间中为常数，所以满足充分条件 C-2。当功能函数为 $\mathrm{FS}(\boldsymbol{X},\boldsymbol{D})=f_1(\boldsymbol{X})g(\boldsymbol{D})$ 的形式而没有附加项 $f_2(\boldsymbol{X})$ 时，C-2 总是满足的，不需要假设不同设计方案的 $\boldsymbol{x}_\mathrm{p}^i$ 相同。

综上，验证可分离功能函数的充分条件需要检验其函数形式。如果功能函数可以写成式（6.4.1）的形式，不同设计方案的安全系数之间的完全相关性可以保证所提出的充分条件得到满足；如果功能函数可以写成 $\mathrm{FS}(\boldsymbol{X},\boldsymbol{D})=f_1(\boldsymbol{X})g(\boldsymbol{D})$ 形式，则理论上所提出的充分条件必然满足。

6.4.2 正态分布不可分离功能函数

在功能函数为不可分离且安全系数服从正态分布的情况下，可以对 C-2 进行如下验证。正态分布下，安全系数累积分布函数 CDF_{FS} 的表达式为

$$CDF_{FS} = \Phi\left(\frac{FS - \mu_{FS}}{\sigma_{FS}}\right) \qquad (6.4.10)$$

式中：$\Phi(\cdot)$ 为标准正态分布的累积分布函数；μ_{FS} 和 σ_{FS} 分别为安全系数的平均值和标准差。因此，广义可靠指标相对安全率可以表示为

$$\eta_{GR} = \mu_{FS} + \sigma_{FS}\Phi^{-1}(P_{TE}) = \left[1 + COV_{FS}\Phi^{-1}(P_{TE})\right]\mu_{FS} \qquad (6.4.11)$$

式中：$\Phi^{-1}(\cdot)$ 为标准正态分布累积分布函数的逆函数；COV_{FS} 为安全系数的变异系数。

式（6.4.11）可以改写为

$$\eta_{GR} = \mu_{FS} + \sigma_{FS}\Phi^{-1}(P_{TE}) = \left[1 + COV_{FS}\Phi^{-1}(P_{TE})\right]\frac{\mu_{FS}}{FS_k}FS_k \qquad (6.4.12)$$

如式（6.4.12）所示，使得充分条件 C-2 满足的前提是，安全系数的变异系数（COV_{FS}）和 μ_{FS}/FS_k 在设计空间中不变。

当将不确定性参数的均值作为标准值时，由参数的标准值计算得到的安全系数标准值可以近似等于安全系数的均值，式（6.4.12）可以表达为

$$\eta_{GR} \approx \left[1 + COV_{FS}\Phi^{-1}(P_{TE})\right]FS_k \qquad (6.4.13)$$

在此情况下，设计空间中 COV_{FS} 为常数时，充分条件 C-2 可以得到满足。当然，以上简化的合理性取决于使用不确定性参数的均值计算得到的安全系数标准值与安全系数均值的接近程度。不确定性参数标准值的取值对充分条件及安全判据的影响将在 6.6 节算例中讨论。

6.4.3 对数正态分布不可分离功能函数

当功能函数为不可分离且安全系数服从对数正态分布时，安全系数累积分布函数可以表示为

$$CDF_{FS} = \Phi\left(\frac{\ln FS - \lambda}{\zeta}\right) \qquad (6.4.14)$$

式中：λ 和 ζ 分别为安全系数对数值（lnFS）的平均值和标准差，根据正态分布与对数正态分布的关系，其表达式分别为（Ang and Tang，2007）

$$\lambda = \ln \mu_{FS} - \frac{1}{2}\zeta^2 \qquad (6.4.15)$$

$$\zeta^2 = \ln\left(1 + \frac{\sigma_{FS}^2}{\mu_{FS}^2}\right) \qquad (6.4.16)$$

由式（6.4.14）和广义可靠指标相对安全率的定义（即安全系数累积分布函数的 P_{TE}

分位值）可得

$$\eta_{\mathrm{GR}} = \exp\left[\lambda + \zeta \cdot \Phi^{-1}(P_{\mathrm{TE}})\right] \qquad (6.4.17)$$

将式（6.4.15）代入式（6.4.17），得

$$\eta_{\mathrm{GR}} = \mu_{\mathrm{FS}} \exp\left[\zeta \cdot \Phi^{-1}(P_{\mathrm{TE}}) - 0.5\zeta^2\right] = \mathrm{FS}_{\mathrm{k}} \frac{\mu_{\mathrm{FS}}}{\mathrm{FS}_{\mathrm{k}}} \exp\left[\zeta \cdot \Phi^{-1}(P_{\mathrm{TE}}) - 0.5\zeta^2\right] \qquad (6.4.18)$$

因此，若 $\mathrm{COV}_{\mathrm{FS}}$ 和 $\mu_{\mathrm{FS}}/\mathrm{FS}_{\mathrm{k}}$ 在设计空间中不变，则充分条件 C-2 可以满足。

与 6.4.2 小节中安全系数服从正态分布的情况相同，当将不确定性参数的均值作为标准值时，由参数的标准值计算得到的安全系数标准值可以近似等于安全系数的均值，式（6.4.18）可以简化为

$$\eta_{\mathrm{GR}} \approx \exp\left[\zeta \cdot \Phi^{-1}(P_{\mathrm{TE}}) - 0.5\zeta^2\right]\mathrm{FS}_{\mathrm{k}} \qquad (6.4.19)$$

因此，当在设计空间中 ζ 为常数[或者 $\mathrm{COV}_{\mathrm{FS}}$ 为常数，见式（6.4.16）]时，充分条件 C-2 可以得到满足。同样地，其合理性也取决于依据不确定性参数均值估计的安全系数标准值与安全系数均值的近似程度。

综上，对于不可分离的具有正态分布或对数正态分布的功能函数（或安全系数），如果 $\mathrm{COV}_{\mathrm{FS}}$ 和 μ_{FS} 在设计空间上保持恒定，则满足充分条件 C-2。对于 FS_{k} 近似等于 μ_{FS} 的特殊情况，只要 $\mathrm{COV}_{\mathrm{FS}}$ 在设计空间内保持不变，则满足充分条件 C-2。当设计所涉及的功能函数的均值和标准差与设计参数呈线性变化时，便会满足此种情况。

6.4.4 任意分布的复杂功能函数

对于既不是可分离的又不是正态分布或对数正态分布的功能函数，可采用普适性的随机模拟方法验证充分条件。如 6.3 节所述，对于给定的容许安全系数，临界设计方案的安全系数标准值等于容许安全系数。通过计算临界设计方案的失效概率确定目标失效概率，则可以满足充分条件 C-1。换言之，对于给定的容许安全系数，通过选择适当的目标失效概率，必然可以满足充分条件 C-1。然而，在不同的设计问题和设计工况下，充分条件 C-2 不一定成立，需要验证设计方案广义可靠指标相对安全率与安全系数标准值的单调递增关系。基于随机模拟的验证方法如下。

通过计算广义可靠指标相对安全率与安全系数标准值的相关性验证两者的单调递增关系。选定目标失效概率（如临界设计方案的失效概率）计算设计方案的广义可靠指标相对安全率和安全系数标准值，进而通过两者的拟合优度判断是否满足充分条件。可以采用随机模拟方法计算设计方案的广义可靠指标相对安全率，如蒙特卡罗模拟方法和子集模拟方法等。

综上所述，本节介绍了四种验证充分条件 C-2 的方法。图 6.4.2 总结了考虑功能函数形式和分布类型的三种简单验证方法和基于随机模拟的普适性验证方法，为探讨 SFBD 与可靠度设计安全判据的定量关系提供了理论支撑。接下来将通过半重力式挡土墙和基坑算例说明所提充分条件的有效性。

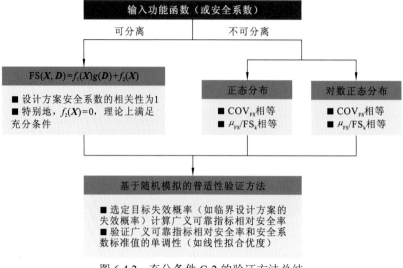

图 6.4.2　充分条件 C-2 的验证方法总结

6.5　算 例 分 析

6.5.1　算例分析 I：半重力式挡土墙抗滑稳定

本小节利用第 5 章的半重力式挡土墙算例说明本章提出的充分条件的有效性，即当满足所提充分条件时，SFBD 与可靠度设计的安全判据等价，由两种设计方法得到的设计可行域相同。所采用的半重力式挡土墙算例在多个岩土工程相关问题的分析中得到了研究（Pan et al.，2021；Gao et al.，2019；Low，2005）。本算例的确定性分析模型、确定性参数、不确定性参数及其统计特征、设计变量和设计空间等均与第 5 章保持一致，详细内容可参考第 5 章半重力式挡土墙算例，在此不再赘述。

为了验证充分条件 C-2，半重力式挡土墙抗滑稳定安全系数可以改写为

$$\mathrm{FS}(\boldsymbol{X},\boldsymbol{D})=\frac{2(a+b_{\mathrm{h}})\times c_{\mathrm{a}}}{K_{\mathrm{a}}\gamma H^2\cos(\delta+\theta-90°)}=\frac{c_{\mathrm{a}}}{K_{\mathrm{a}}\gamma\cos(\delta+\theta-90°)}\frac{2(a+b_{\mathrm{h}})}{H^2} \quad (6.5.1)$$

式（6.5.1）符合可分离的功能函数的定义，即 $f_1(\boldsymbol{X})=c_{\mathrm{a}}/[K_{\mathrm{a}}\gamma\cos(\delta+\theta-90°)]$，$f_2(\boldsymbol{X})=0$，$g(\boldsymbol{D})=2(a+b_{\mathrm{h}})/H^2$。因此，本算例中的设计参数（即 a 和 b_{h}）与其他不确定性参数（如 φ、δ 和 c_{a}）是可分离的。由于功能函数是可分离的且 $f_2(\boldsymbol{X})=0$，因此本算例在理论上必然满足充分条件 C-2，详细过程参考 6.4.1 小节。换言之，本算例对所提充分条件 C-2 理论上严格满足，无须验证其他条件。由此可以得出结论：在满足充分条件 C-1 的前提下，本算例 SFBD 与可靠度设计的安全判据是等价的。如 6.3 节所述，只要设计空间包含安全系数标准值等于容许安全系数的临界设计方案，取临界设计方案的失效概率等于可靠度设计的目标失效概率就能够使充分条件 C-1 得到满足。

为了验证所提充分条件 C-1 和 C-2 的有效性，可以通过对比设计可行域进一步验证 SFBD 与可靠度设计安全判据的等价性。首先依据给定的容许安全系数确定临界设计方案，然后将临界设计方案的失效概率作为目标失效概率，进而对比容许安全系数和对应的目标失效概率确定的设计可行域。

例如，假设容许安全系数取四个不同的值（即 1.60、2.00、2.15 和 2.50），分别记为方案 I~IV，如表 6.5.1 第（1）和（2）列所示。在本算例中，取不确定性参数的均值 $\pmb{\mu}_X$ 计算安全系数标准值，即 $\pmb{x}_k=\pmb{\mu}_X$ 和 $\mathrm{FS}_k=\mathrm{FS}(\pmb{X}=\pmb{\mu}_X, \pmb{D})$，不确定性参数标准值的影响将在 6.6 节中讨论。

表 6.5.1　半重力式挡土墙算例中不同容许安全系数取值对应的目标失效概率计算结果

方案	FS_a	临界设计方案		样本数	$P_f(=P_{TE})$
		a/m	b_h/m		
(1)	(2)	(3)		(4)	(5)
I	1.60	0.20	1.14	10^5	2.46×10^{-2}
	1.60	0.25	1.09		2.47×10^{-2}
	1.60	0.30	1.04		2.41×10^{-2}
II	2.00	0.40	1.28	10^6	2.29×10^{-3}
III	2.15	0.40	1.40		1.04×10^{-3}
IV	2.50	0.40	1.69		2.02×10^{-4}

对于给定的容许安全系数，可能存在若干个安全系数标准值等于容许安全系数的临界设计方案。因为已经验证了本算例满足充分条件 C-2，所以每个临界设计方案具有相同的广义可靠指标相对安全率且均等于 1，可靠度水平也相同。因此，在给定容许安全系数的前提下，可以利用设计空间中任意的一个临界设计方案来确定对应的目标可靠度。

保持某个设计参数（如 a）不变，通过改变另一个参数（如 b_h）确定一个安全系数标准值等于容许安全系数的设计方案，将此设计方案作为临界设计方案。不同容许安全系数取值下，表 6.5.1 列出了对应的临界设计方案[见表 6.5.1 第（3）列]。对于 $\mathrm{FS}_a=1.60$ 的方案 I，确定了三个临界设计方案来说明不同临界设计方案的失效概率基本相同。然后，采用不同的样本数进行蒙特卡罗模拟[见表 6.5.1 第（4）列]来评估四种临界设计方案的失效概率，如表 6.5.1 第（5）列所示，这些值表示每个方案中容许安全系数对应的可靠度水平（即 P_{TE}）。对于方案 I，安全系数标准值均为 1.60 的三个不同临界设计方案的失效概率约为 2.45×10^{-2}。由于满足所提出的充分条件（即 C-1 和 C-2），对于给定的容许安全系数，其临界设计方案对应相同的可靠度水平。临界设计方案失效概率的微小差异（如 2.47×10^{-2} 对比 2.41×10^{-2}），归因于蒙特卡罗模拟的随机波动。

同时注意到，当 $a=0.40$ m 时，随着容许安全系数从 2.00 增大到 2.50，临界设计方案的 b_h 从 1.28 m 增大到 1.69 m。同时，其失效概率从 2.29×10^{-3} 减小到 2.02×10^{-4}。此结果显然是合理的，因为较大的容许安全系数表示 SFBD 更加保守，因此对应较低的失效概率水平（即更高的可靠度水平）。满足所提出的充分条件保证了 SFBD 采用的容许安全系数能够一一映射到可靠度设计的 P_{TE}，使得 SFBD 与可靠度设计安全判据的等价成为可能。

对比利用表 6.5.1 的 FS_a 及其对应的 P_{TE}[如表 6.5.1 第（5）列中的值]确定的可行域，可以验证 SFBD 与可靠度设计在满足充分条件时设计安全判据的等价性。取容许安全系数分别为 1.60、2.00、2.15 和 2.50，SFBD 的可行域（即 Ω_D）由 $FS_k \geq FS_a$ 的设计方案组成，如图 6.5.1 阴影部分所示。对于容许安全系数等于 1.60、2.00、2.15 和 2.50 的方案 I～IV，可靠度设计的可行域（即 Ω_R）也通过蒙特卡罗模拟方法计算失效概率来确定，由 $P_f \leq P_{TE}(\eta_{GR} \geq 1)$ 的设计方案组成，分别用图 6.5.1（a）～（d）中的实心方形表示。对于给定的容许安全系数，SFBD 的可行域与可靠度设计的可行域一致。因此，本算例满足所提的充分条件，实现了两种设计方法的等价。

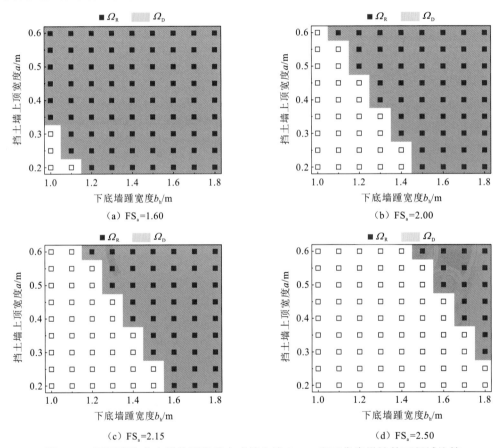

图 6.5.1　不同容许安全系数下半重力式挡土墙 SFBD 和可靠度设计的可行域比较

6.5.2　算例分析 II：基坑抗隆起稳定

6.5.1 小节中半重力式挡土墙算例为可分离的功能函数，在本小节中，通过一个基坑算例进一步说明对于不可分离的功能函数，所提充分条件及其验证方法的有效性。

图 6.5.2 为正常固结黏土场地的开挖剖面，开挖剖面和支护形式参考文献 Ching（2009）和 Wu 等（2012）中基坑开挖设计算例。本算例中考虑的不确定性参数 X 包括黏土的重度（γ_{soil}）、黏土的饱和重度（γ_{sat}）、地表的附加荷载（q_s）和黏土不排水抗剪强度比 s_u / σ_v'。这些不确定性参数均假定服从对数正态分布，其统计特征见表 6.5.2。

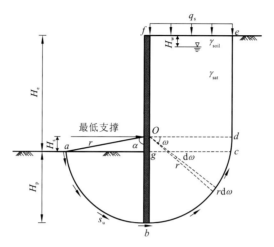

图 6.5.2　基坑抗隆起稳定分析的圆弧滑动模式示意图

表 6.5.2　基坑算例中的不确定性参数及其统计特征

不确定性参数	分布类型	均值	变异系数
s_u / σ_v'	对数正态分布	0.25	0.3
γ_{soil}	对数正态分布	16 kN/m^3	0.1
γ_{sat}	对数正态分布	19 kN/m^3	0.1
q_s	对数正态分布	10 kN/m	0.2

本算例中考虑基坑底部隆起破坏模式，采用 Japanese Society of Architecture（1988）和 Taiwan Geotechnical Society（2001）中建议的滑移圆法评价基底抗隆起稳定安全系数，计算安全系数的表达式为（Wu et al.，2012；Ching，2009）

$$\text{FS} = M_r / M_s \tag{6.5.2}$$

式中：M_r 和 M_s 分别为抗滑力矩和滑动力矩，它们的计算公式为

$$M_s = W\frac{r}{2} + q_s\frac{r^2}{2} \tag{6.5.3}$$

$$M_r = r\int_0^{\frac{\pi}{2}+\alpha} s_u r\mathrm{d}\omega = \frac{s_u}{\sigma_v'}r^2\int_0^{\frac{\pi}{2}+\alpha}\sigma_v'\mathrm{d}\omega \tag{6.5.4}$$

其中，

$$\int_0^{\frac{\pi}{2}+\alpha} \sigma_v' \mathrm{d}\omega = \int_0^{\frac{\pi}{2}+\alpha} \Big[\gamma_{\mathrm{soil}} H_w + (\gamma_{\mathrm{sat}} - \gamma_w)(H_e - H_s - H_w) + (\gamma_{\mathrm{sat}} - \gamma_w) r \sin\omega \Big] \mathrm{d}\omega$$

$$= \left(\frac{\pi}{2} + \alpha\right) \Big[\gamma_{\mathrm{soil}} H_w + (\gamma_{\mathrm{sat}} - \gamma_w)(H_e - H_s - H_w) \Big] + \left[1 - \cos\left(\frac{\pi}{2} + \alpha\right) \right](\gamma_{\mathrm{sat}} - \gamma_w) r$$

$$\text{（6.5.5）}$$

$$W = \Big[\gamma_{\mathrm{soil}} H_w + \gamma_{\mathrm{sat}} (H_e - H_w) \Big] r \qquad \text{（6.5.6）}$$

$$r = H_p + H_s \qquad \text{（6.5.7）}$$

$$\alpha = \cos^{-1}(H_s/r) \qquad \text{（6.5.8）}$$

式中：r 为失效圆弧的半径（图 6.5.2）；W 为墙后及开挖面以上土体的重量；α 为圆弧 ab 的中心角（以弧度表示）；ω 为图 6.5.2 所示的顺时针角度；$H_w = 2\,\mathrm{m}$ 为水位深度；$H_s = 3\,\mathrm{m}$ 为最低支撑与开挖水平之间的距离；H_e 为开挖深度；H_p 为钢板桩嵌入深度；γ_w 为水的重度。这里采用 Ladd 和 Foott（1974）提出的应力历史与归一化土的工程特性（stress history and normalized soil engineering properties，SHANSEP）框架表征黏土的不排水抗剪强度。在 SHANSEP 框架下，不排水抗剪强度比 s_u/σ_v' 是地表附加荷载（q_s）条件下不排水抗剪强度（s_u）与原位有效应力（σ_v'）的比值。

本算例中包括开挖深度 H_e 和钢板桩嵌入深度 H_p 两个设计参数。设计空间 Ω_S 由 H_e 和 H_p 各自的设计范围定义，其中，H_e 的可能取值范围为 10～20 m，设计方案间隔为 0.5 m。Wu 等（2012）认为，实际中钢板桩嵌入深度 H_p 的范围为 H_e 的 0.5～2.0 倍。当 H_e=10 m 时，H_p 的范围为 5～20 m；当 H_e=20 m 时，H_p 的范围为 10～40 m。为了满足充分条件 C-1，Ω_S 应包含安全系数标准值等于容许安全系数的临界设计方案。下面将考虑不同的容许安全系数取值（即 1.30、1.50、1.80 和 2.10）。对于给定的 H_e，所需的 H_p 一般随着容许安全系数的增加而增加。为保证 Ω_S 包含不同容许安全系数取值时的临界设计方案，将 H_p 的取值范围设置为 20～30 m，设计方案间隔为 0.5 m。设计空间中的一些设计方案很少被实际使用（如 H_e=10 m，H_p=20～30 m），因为这些设计方案只是为了研究的完备性，并使不同容许安全系数对应的设计可行域能够进行一致的比较。使用式（6.5.2）～式（6.5.8），对不确定性参数取均值计算每个可能设计方案的安全系数标准值。6.6 节将讨论不确定性参数标准值取值的影响。

对于功能函数为不可分离的情况，采用 6.4.2 小节和 6.4.3 小节中所提验证方法（图 6.4.2）验证充分条件（特别是 C-2）。对于安全系数服从正态分布或对数正态分布的情况，可以通过验证安全系数的分布类型、均值和 $\mathrm{COV}_{\mathrm{FS}}$ 来验证充分条件 C-2 是否满足。在本算例中，基于表 6.5.2 所示的统计数据和安全系数计算公式，发现每个可能设计方案的安全系数服从对数正态分布。例如，图 6.5.3（a）展示了基于 10 000 个蒙特卡罗模拟样本计算得到的可能设计方案 H_e=15 m 和 H_p=25 m 的安全系数直方图，使用对数正态分布进行拟合，得到图中红色实线所示的最佳对数正态分布拟合线。相应地，图 6.5.3（b）为分位值-分位值图，比较了蒙特卡罗模拟样本估计的安全系数分位值与对数正态分布安全系数的理论分位值。如图 6.5.3（b）所示，设计方案（H_e=15 m 和 H_p=25 m）安全系数分位值-分位值图中的散点几乎均位于 1∶1 参考线上，以上结果均表明本算例中安全系数服从对数正态分布。对于其他可能的设计方案也得到了相同的结果，为了简明起见，这里不一一列出它们的安全系数分布类型验证结果。

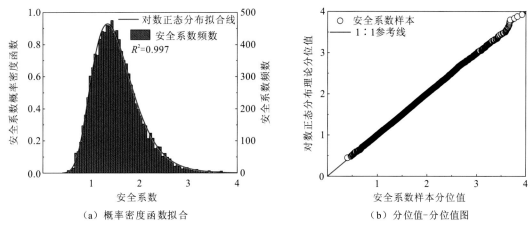

（a）概率密度函数拟合　　　　　　　（b）分位值-分位值图

图 6.5.3　基坑抗隆起稳定安全系数分布类型验证

此外，本算例进一步利用一次二阶矩法（Baecher and Christian，2003）估计了每个可能设计方案的安全系数均值（μ_{FS}）和标准差（σ_{FS}）。根据 μ_{FS} 和 σ_{FS} 的值，计算了每个可能设计方案的 COV_{FS}。所有可能设计方案的 COV_{FS} 在设计空间内几乎不变，均在 0.32 左右，表明设计方案安全系数的变异性与其均值成正比。COV_{FS} 在设计空间中的这种不变性在一般情况下可能并非如此，但由于不同设计方案的功能函数高度相关，它们在设计空间上的变异性相似。

图 6.5.4 比较了安全系数均值与不确定性参数取均值时评估得到的 441 个可能设计方案的安全系数标准值。对于给定的可能设计方案，由 X 的均值计算的 FS_k 与 μ_{FS} 相同，表明 μ_{FS}/FS_k 等于 1，因此其值为常数。然后，根据 6.4.3 小节的讨论，可以推断出本算例能够满足所提充分条件 C-2。

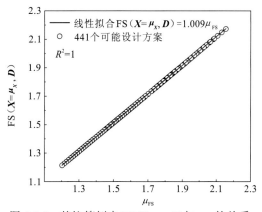

图 6.5.4　基坑算例中 $FS(X=\mu_X,D)$ 与 μ_{FS} 的关系

与 6.5.1 小节类似，通过对比设计可行域进一步验证 SFBD 与可靠度设计安全判据的等价性。例如，假设容许安全系数取四个不同的值（即 1.30、1.50、1.80 和 2.10），如表 6.5.3 第（1）和（2）列所示，在本算例中分别表示为方案 I～IV。对于每个给定的容许安全系数，根据充分条件 C-1，$FS_k=FS_a$ 的临界设计方案具有相同的广义可靠指标相对安全率并且均等于 1。在此，$FS_k=FS_a$ 的临界设计方案是在固定其他设计参数（如开挖深度 H_e）的同时，通过改变一个设计参数（钢板桩嵌入深度 H_p）从可能的设计方案中识别得到的，用于确定给定容许安全系数对应的可靠度水平。

表 6.5.3　基坑算例中不同容许安全系数取值对应的目标失效概率计算结果

方案	FS_a	临界设计方案		样本数	P_f（$=P_{TE}$）
		H_e/m	H_p/m		
（1）	（2）	（3）		（4）	（5）
I	1.30	16.9	20		0.252
II	1.50	12.5	20	10 000	0.130
III	1.80	13.5	30		0.044
IV	2.10	10.5	30		0.015

表 6.5.3 显示了四种容许安全系数取值对应的临界设计方案[见第（3）列]。当 H_p=20 m，容许安全系数为 1.30 和 1.50（方案 I 和方案 II）时，临界设计方案的 H_e 分别为 16.9 m 和 12.5 m；而当容许安全系数为 1.80 和 2.10（方案 III 和方案 IV）时，未找到临界设计方案。因此，将 H_p 增加至 30 m，以确定方案 III 和方案 IV 中的临界设计方案，结果为对于容许安全系数 1.80 和 2.10，临界设计方案的 H_e 分别为 13.5 m 和 10.5 m。虽然临界设计方案的 H_p 在不同的方案中不同，但这并不影响不同容许安全系数对应的可靠度水平的确定，因为在满足 C-2 的前提下，相同安全系数标准值的设计方案具有相同的失效概率。

采用蒙特卡罗模拟方法评估了四种方案对应的临界设计方案的失效概率，蒙特卡罗模拟方法的样本数为 10 000，计算结果如表 6.5.3 第（5）列所示。这些失效概率表示每个方案中容许安全系数对应的可靠度水平（即 P_{TE}）。同样地，随着容许安全系数从 1.30 增加到 2.10，临界设计方案的失效概率从 0.252 降低到 0.015。因为满足所提的充分条件，本算例中存在从 SFBD 的安全判据 FS_a 到可靠度设计的安全判据 P_{TE} 的一一映射，从而 SFBD 与可靠度设计的安全判据等价。

当满足充分条件时，利用表 6.5.3 的 FS_a 及其对应的 P_{TE} 来确定设计可行域，SFBD 和可靠度设计安全判据的等价性可以通过比较它们的设计可行域来验证。对于容许安全系数分别等于 1.30、1.50、1.80 和 2.10 的情况，SFBD 的可行域 Ω_D 由 $FS_k \geqslant FS_a$ 的设计方案组成，如图 6.5.5 阴影部分所示。对于容许安全系数为 1.30、1.50、1.80 和 2.10 的方案 I～IV，使用蒙特卡罗模拟方法计算设计方案的失效概率，可靠度设计的可行域 Ω_R

由 $P_f \leqslant P_{TE}$ 的设计方案组成，如图 6.5.5（a）～（d）中实心方形所示。结果表明，对于给定的容许安全系数，SFBD 的可行域（即 Ω_D）与可靠度设计的可行域（即 Ω_R）具有较好的一致性。因此，SFBD 和可靠度设计得到了相同的可行设计方案。本算例满足本章所提出的充分条件，实现了两种设计方法安全判据的等价性。

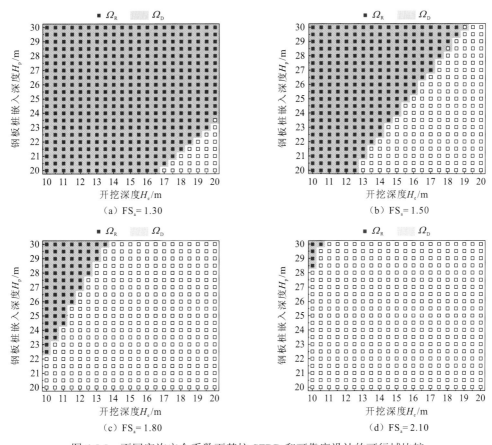

图 6.5.5　不同容许安全系数下基坑 SFBD 和可靠度设计的可行域比较

6.6　设计标准值的影响

　　SFBD 的安全裕幅取决于设计过程中采用的容许安全系数和不确定性参数标准值的取值（即 x_k）。对于给定的容许安全系数，验证所提出的充分条件，需要给定 x_k 来计算安全系数标准值。在上述半重力式挡土墙和基坑算例中，安全系数标准值是采用不确定性参数的均值（即 μ_X）计算的，本小节讨论不确定性参数标准值 x_k 的选择对所提充分条件有效性的影响。

6.6.1 半重力式挡土墙算例

考虑不确定性参数φ、δ和c_a的 5 个标准值，包括它们各自的 0.2、0.3、0.4 和 0.5 分位值及均值。对每一组标准值，计算可能设计方案的安全系数标准值，进而确定临界设计方案。本算例以容许安全系数等于 2.00 为例，表 6.6.1 总结了不同标准值取值时的临界设计方案及采用蒙特卡罗模拟方法计算的其对应的失效概率。临界设计方案的失效概率随着土体参数分位值的增加而增加，从 1.18×10^{-4} 增加到 2.29×10^{-3}。此结果是合理的，因为对于给定的容许安全系数，如 $FS_a = 2.00$，随着影响岩土工程抗力的土体参数标准值的增大，SFBD 的安全裕幅降低。

表 6.6.1 半重力式挡土墙不确定性参数取不同标准值时对应的失效概率（$FS_a = 2.00$）

不确定性参数的标准值	临界设计方案		FS_a	P_f（$= P_{TE}$）
	a/m	b_h/m		
0.2 分位值	0.40	1.80		1.18×10^{-4}
0.3 分位值	0.40	1.58		3.59×10^{-4}
0.4 分位值	0.40	1.42	2.00	9.09×10^{-4}
0.5 分位值	0.40	1.28		2.29×10^{-3}
均值	0.40	1.28		2.29×10^{-3}

临界设计方案的失效概率可以作为可靠度设计的目标失效概率，对于给定的容许安全系数，使用 X 的不同标准值会得到不同的临界设计方案，进而使给定的容许安全系数对应可靠度设计中不同的 P_{TE}。对于随机变量的每一组标准值取值，分别基于 FS_a 和与之相应的 P_{TE} 确定 SFBD 与可靠度设计的可行域（Ω_D 和 Ω_R）。图 6.6.1 比较了不同随机变量标准值取值时的 Ω_D（阴影所示）和 Ω_R（红色方形所示）。结果表明，随机变量取不同的标准值时，Ω_D 和 Ω_R 均具有很好的一致性。因此，只要 SFBD 中给定的 FS_a 和 X 的标准值正确地标定 P_{TE}，就可以实现 SFBD 和可靠度设计安全判据的等价。换言之，在半重力式挡土墙算例中，无论采用 X 的何种分位值作为标准值，SFBD 和可靠度设计的

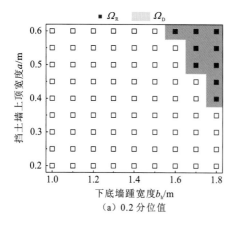

(a) 0.2 分位值

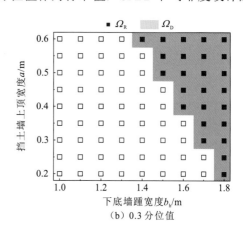

(b) 0.3 分位值

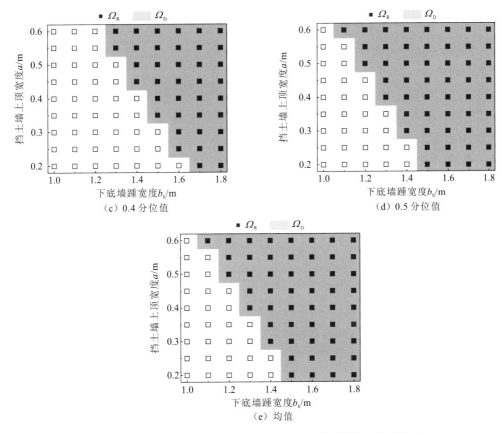

图 6.6.1　不同标准值取值时半重力式挡土墙 SFBD 和可靠度设计的可行域比较（FS_a=2.00）

安全判据都存在等价性。由于本算例中的功能函数为如式（6.4.7）所示的可分离的功能函数，所提出的充分条件在理论上是满足的，不涉及参数标准值的选择，因此该结论合理且可以预见。

6.6.2　基坑算例

与半重力式挡土墙算例不同，验证本算例中具有对数正态分布不可分离功能函数的充分条件 C-2 需要考虑不确定性参数标准值的取值，因为对数正态分布不可分离功能函数要求 μ_{FS}/FS_k 在设计空间中为一个常数。例如，考虑土体参数的 5 个标准值（即 0.2、0.3、0.4、0.5 分位值和均值），同时附加荷载 q_s 的标准值固定在 0.95 分位值。此处，附加荷载的标准值取为上分位值（即 0.95 分位值）而不是下分位值，相对保守，这与 SFBD 通常的规定一致。利用每一组标准值，计算所有可能设计方案的 FS_k 和 μ_{FS}/FS_k，并以 FS_a=1.30 为例确定 Ω_D。

由不同土体参数标准值计算的 μ_{FS}/FS_k 分别约为 1.48、1.31、1.17、1.05 和 1.01。在给定土体参数标准值的情况下，μ_{FS}/FS_k 在设计空间内几乎不变。因此，在本算例中，土体参数标准值变化后，仍然满足充分条件 C-2。

对于每一组参数标准值，确定 $FS_k=FS_a=1.30$ 的临界设计方案，并采用蒙特卡罗模拟方法计算临界设计方案的失效概率，计算结果如表 6.6.2 所示。当土体参数标准值取 0.5 分位值和均值时，$H_p=30\,\mathrm{m}$ 时设计空间内不存在可行设计方案，即无法找到相应的 H_e 作为临界设计方案。因此，将 H_p 减小至 20 m，以确保将土体参数 0.5 分位值和均值作为标准值时，设计空间中能够找到临界设计方案。再次指出，尽管当将参数不同的分位值作为标准值时，最终确定的临界设计方案的 H_p 是不同的，但这并不影响相应的可靠度水平（即 P_{TE}）的确定，因为在充分条件 C-2 满足的情况下，具有相同安全系数标准值的设计方案具有相同的失效概率。

表 6.6.2　基坑算例中不确定性参数取不同标准值时对应的失效概率（$FS_a=1.30$）

不确定性参数的标准值		临界设计方案		FS$_a$	P_f（$=P_{TE}$）
土体参数（s_u/σ_v'、γ_{soil} 和 γ_{sat}）	附加荷载（q_s）	H_e/m	H_p/m		
0.2 分位值		11.9	30		0.025
0.3 分位值		14.9	30		0.065
0.4 分位值	0.95 分位值	18.4	30	1.30	0.123
0.5 分位值		14.8	20		0.200
均值		16.5	20		0.245

将临界设计方案的失效概率作为可靠度设计中的目标失效概率，据此确定 Ω_R。图 6.6.2 比较了不同土体参数标准值取值时，使用两种设计方法得到的可行域 Ω_R 与 Ω_D。对于 5 种标准值取值情况，Ω_R 与 Ω_D 十分吻合，再次说明只要满足所提出的充分条件，SFBD 和可靠度设计的等价性是可以实现的。应用本章提出的充分条件时，不确定性参数标准值的选取不局限于参数的均值。

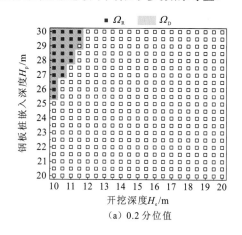

(a) 0.2 分位值

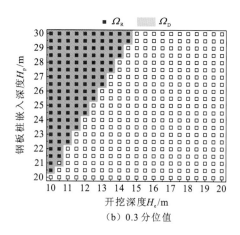

(b) 0.3 分位值

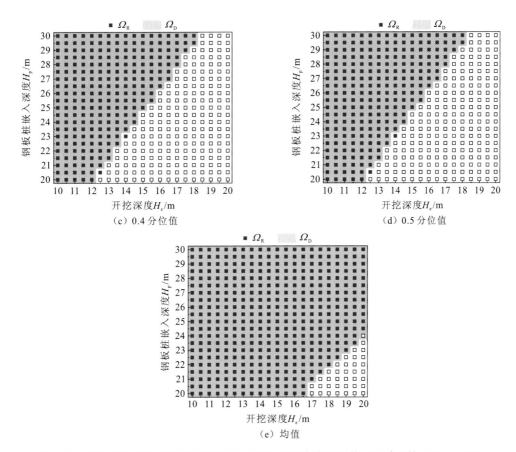

图 6.6.2 不同标准值取值时基坑算例中 SFBD 和可靠度设计的可行域比较（FS$_a$=1.30）

参 考 文 献

边晓亚, 郑俊杰, 徐志军, 2014. 群桩基础抗力系数和安全系数的可靠度设计[J]. 华中科技大学学报(自然科学版), 42(3): 87-91.

陈祖煜, 黎康平, 李旭, 等, 2018. 重力式挡土墙抗滑稳定容许安全系数取值标准初探[J]. 岩土力学, 39(1): 1-10.

邓志平, 牛景太, 潘敏, 等, 2019. 考虑地层变异性和土体参数空间变异性的边坡可靠度全概率设计方法[J]. 岩土工程学报, 41(6): 1083-1090.

黄宏伟, 龚文平, 庄长贤, 等, 2014. 重力式挡土墙鲁棒性设计[J]. 同济大学学报(自然科学版), 42(3): 377-385.

李典庆, 唐小松, 2021. 水工岩土工程可靠度与风险控制领域基础研究回顾与展望[J]. 中国科学基金, 35(3): 440-450.

尹建桥, 罗文强, 2006. 斜坡安全系数概率分布的参数估计与假设检验[J]. 应用数学, 19(S1): 133-136.

章荣军，于同生，郑俊杰，2018. 材料参数空间变异性对水泥固化淤泥填筑路堤稳定性影响研究[J]. 岩土工程学报, 40(11): 2078-2086.

AL-BITTAR T, SOUBRA A H, 2014. Probabilistic analysis of strip footings resting on spatially varying soils and subjected to vertical or inclined loads[J]. Journal of geotechnical and geoenvironmental engineering, 140(4): 04013043.

ANG A H S, TANG W H, 2007. Probability concepts in engineering: Emphasis on applications to civil and environmental engineering[M]. Hoboken: John Wiley & Sons.

BAECHER G B, CHRISTIAN J T, 2003. Reliability and statistics in geotechnical engineering[M]. Hoboken: John Wiley & Sons.

CAO Z J, PENG X, LI D Q, et al., 2019. Full probabilistic geotechnical design under various design scenarios using direct Monte Carlo simulation and sample reweighting[J]. Engineering geology, 248: 207-219.

CHEN Z Y, CHEN L H, XU J H, et al., 2014. Quantitative deterministic versus probability analyses based on a safety margin criterion[J]. Science China technological sciences, 57(10):1988-2000.

CHEN Z Y, DU J F, YAN J J, et al., 2019. Point estimation method: Validation, efficiency improvement, and application to embankment slope stability reliability analysis[J]. Engineering geology, 263: 105232.

CHING J, 2009. Equivalence between reliability and factor of safety[J]. Probabilistic engineering mechanics, 24(2): 159-171.

CHING J, HSU W C, 2009. Approximation of reliability constraints by estimating quantile functions[J]. Structural engineering and mechanics, 32(1): 127-145.

CHING J, HSU W C, 2010. Converting reliability constraints by adaptive quantile estimation[J]. Structural safety, 32(5): 316-325.

FENTON G A, GRIFFITHS D V, 2002. Probabilistic foundation settlement on spatially random soil[J]. Journal of geotechnical and geoenvironmental engineering, 128(5): 381-390.

FENTON G A, GRIFFITHS D V, 2003. Bearing-capacity prediction of spatially random c-ϕ soils[J]. Canadian geotechnical journal, 40(1): 54-65.

FENTON G A, NAGHIBI F, GRIFFITHS D V, 2016. On a unified theory for reliability-based geotechnical design[J]. Computers and geotechnics, 78: 110-122.

GAO G H, LI D Q, CAO Z J, et al., 2019. Full probabilistic design of earth retaining structures using generalized subset simulation[J]. Computers and geotechnics, 112: 159-172.

GRIFFITHS D V, FENTON G A, 2001. Bearing capacity of spatially random soil: The undrained clay Prandtl problem revisited[J]. Géotechnique, 51(4): 351-359.

GRIFFITHS D V, FENTON G A, 2004. Probabilistic slope stability analysis by finite elements[J]. Journal of geotechnical and geoenvironmental engineering, 130(5): 507-518.

GRIFFITHS D V, FENTON G A, 2005. Probabilistic settlement analysis of rectangular footings[C]// Proceedings of the 16th International Conference on Soil Mechanics and Geotechnical Engineering. Amsterdam: IOS Press: 1041-1044.

GRIFFITHS D V, PAIBOON J, HUANG J, et al., 2013. Reliability analysis of beams on random elastic foundations[J]. Géotechnique, 63(2): 180-188.

Japanese Society of Architecture, 1988. Guidelines of design and construction of deep excavation[S]. Tokyo: Japanese Society of Architecture.

JI J, ZHANG C S, GAO Y F, et al., 2019. Reliability-based design for geotechnical engineering: An inverse FORM approach for practice[J]. Computers and geotechnics, 111: 22-29.

JOHARI A, HAJIVAND A K, BINESH S M, 2020. System reliability analysis of soil nail wall using random finite element method[J]. Bulletin of engineering geology and the environment, 79(6): 2777-2798.

LADD C C, FOOTT R, 1974. New design procedure for stability of soft clays[J]. Journal of the geotechnical engineering division, 100: 763-786.

LI Y J, FENTON G A, HICKS M A, et al., 2021. Probabilistic bearing capacity prediction of square footings on 3D spatially varying cohesive soils[J]. Journal of geotechnical and geoenvironmental engineering, 147(6): 04021035.

LOW B K, 2005. Reliability-based design applied to retaining walls[J]. Géotechnique, 55(1): 63-75.

NAGHIBI F, FENTON G A, GRIFFITHS D V, 2014. Serviceability limit state design of deep foundations[J]. Géotechnique, 64(10): 787-799.

PAN Q J, ZHANG R F, YE X Y, et al., 2021. An efficient method combining polynomial-chaos kriging and adaptive radial-based importance sampling for reliability analysis[J]. Computers and geotechnics, 140: 104434.

PAPAIOANNOU L, STRAUB D, 2017. Learning soil parameters and updating geotechnical reliability estimates under spatial variability–theory and application to shallow foundations[J]. Georisk: Assessment and management of risk for engineered systems and geohazards, 11(1): 116-128.

PHOON K K, 2020. The story of statistics in geotechnical engineering[J]. Georisk: Assessment and management of risk for engineered systems and geohazards, 14(1): 3-25.

PIECZYŃSKA-KOZŁOWSKA J M, PUŁA W, GRIFFITHS D V, et al., 2015. Influence of embedment, self-weight and anisotropy on bearing capacity reliability using the random finite element method[J]. Computers and geotechnics, 67: 229-238.

SUCHOMEL R, MAŠÍN D, 2010. Comparison of different probabilistic methods for predicting stability of a slope in spatially variable c-φ soil[J]. Computers and geotechnics, 37(1/2): 132-140.

Taiwan Geotechnical Society, 2001. Design specifications for the foundation of buildings[S]. Taipei: Taiwan Geotechnical Society.

WANG M Y, LI D Q, TANG X S, et al., 2022. Modeling irregularly inclined fissure surfaces within nonuniform expansive soil slopes[J]. International journal of geomechanics, 22: 04022124.

WANG Y, AU S K, KULHAWY F H, 2011. Expanded reliability-based design approach for drilled shafts[J]. Journal of geotechnical and geoenvironmental engineering, 137(2): 140-149.

WU S H, OU C Y, CHING J, et al., 2012. Reliability-based design for basal heave stability of deep excavations in spatially varying soils[J]. Journal of geotechnical and geoenvironmental engineering, 138(5): 594-603.

WU Z Y, CHEN C, LU X, et al., 2020. Discussion on the allowable safety factor of slope stability for high rockfill dams in China[J]. Engineering geology, 272: 105666.

ZHU D S, XIA L, GRIFFITHS D V, et al., 2021. Reliability analysis of infinite slopes with linearly increasing mean undrained strength[J]. Computers and geotechnics, 140: 104442.

第 7 章

基于广义可靠指标相对安全率的
目标可靠度校准方法及应用

7.1 引　言

可靠度设计方法分为全概率可靠度设计方法与半概率可靠度设计方法。全概率可靠度设计方法又称为直接概率设计方法，是一种最有效、最具有普适性的可靠度设计方法，包括扩展可靠度设计方法（张亚楠 等，2018；邵克博 等，2017；Wang and Cao，2013）和鲁棒性设计方法（张峰 等，2018；Juang et al.，2014）等。在全概率可靠度设计中，通过对设计空间中备选设计方案进行可靠度分析得到失效概率（或可靠指标），进而识别满足可靠度要求（设计方案的失效概率小于目标失效概率或可靠指标大于目标可靠指标）的设计方案。半概率可靠度设计方法与传统的 SFBD 方法类似，通过一组荷载和抗力分项系数（或材料分项系数）代替单一的安全系数，设计过程中通过试错法将选定的设计方案代入设计表达式中判断其是否满足设计要求（Phoon and Retief，2016；Becker，1996）。半概率可靠度设计方法的安全判据由给定的分项系数确定，其背后隐含着校准时所给定的目标可靠度。

全概率可靠度设计和半概率可靠度设计的前提条件是确定目标可靠度。标定目标可靠度需要考虑众多因素，包括工程结构安全等级、建造时的可利用资源情况、结构破坏后造成的后果、社会经济的承受能力及不良的社会和环境影响等（彭兴，2018；International Organization for Standardization，2015；周建平和杜效鹄，2010）。目前，现有文献中确定目标可靠度的方法主要包括经济分析法、风险类别法和经验校准法（魏永幸 等，2017；Li et al.，2015；周建平 等，2015；周诗广和张玉玲，2011；杜效鹄和杨健，2010）。在上述方法中，经验校准法具有概念简单、直观、便于执行并且能够充分利用从确定性设计实践中积累的工程经验等优势，是确定性设计规范向可靠度设计规范"形式转轨"阶段常用的目标可靠度确定方法。"形式转轨"阶段的主要目标是以现行确定性设计规范为基准转变设计方法，但保证新的设计方法与原设计方法得到的最终设计方案具有基本一致的安全裕幅。然而，受土体参数空间变异性和功能函数非线性等因素的影响，采用以上方法校准得到的设计方案的可靠度水平可能差异极大。因此，合理地确定安全判据是关键问题之一。

章荣军等（2018）研究了不同条件下路基稳定安全系数与可靠度之间的对应关系；陈胜（2018）校准了高速铁路桩网复合地基正常使用极限状态的目标可靠度；Zhang W S 等（2020）提出了长路堤边坡可靠度分段设计方法并对土质路堤边坡目标可靠度进行了研究。目标可靠度校准是半概率可靠度设计中分项系数标定的前提，岩土工程中关于分项系数的校准已有大量研究，如基础设计中材料分项系数、荷载和抗力分项系数的标定及荷载和抗力组合分项系数等（Huffman and Stuedlein，2015；Fenton et al.，2005）。陈文等（2010）标定了地基承载力和土坡抗滑稳定中土体抗剪强度分项系数；郑俊杰等（2012）基于贝叶斯理论提出了估计桩基抗力系数的优化方法；李昂等（2019）探讨了考虑不同土体参数变异性时土坡稳定的抗力和荷载分项系数；陈祖煜等（2021）基于相对安全率准则标定了土石坝坝坡抗滑稳定分项系数。然而，上述目标可靠度和分项系数校准研究均未与 SFBD 的结果进行对比，未验证结果的一致性，对标定所得安全判据的安全裕幅大小认识不清。

第 6 章基于广义可靠指标相对安全率提出了确定性设计与可靠度设计安全判据的等价性充分条件，本章基于此充分条件提出基于广义可靠指标相对安全率的目标可靠度校准方法，能够保证可靠度设计安全判据与确定性设计安全判据具有一致的安全裕幅。最后，通过重力式挡土墙、土质边坡和土石坝坝坡算例说明所提方法的有效性。

7.2　目标可靠度标定方法

第 6 章提出了确定性设计与可靠度设计安全判据等价的充分条件，在满足所提充分条件的情况下，与容许安全系数对应的目标可靠度能够保证两种设计得到的可行域相同。本节在广义可靠指标相对安全率的基础上，基于所提确定性设计与可靠度设计等价的充分条件，根据等安全裕幅原则提出目标可靠度标定方法，基于现行规范中给定的容许安全系数确定与之等价的目标可靠度。

与传统的目标可靠度校准方法不同，本节所提方法的目的是得到与容许安全系数具有相同安全裕幅的目标可靠度，为确定性设计向可靠度设计"形式转轨"阶段中目标可靠度的确定提供参考。如图 7.2.1 所示，本节所提方法主要包括三部分：安全判据等价性充分条件验证、目标可靠度标定和可行域对比。安全判据等价性充分条件及其验证方法的详细论述见第 6 章，在此不再赘述。当安全判据满足等价性充分条件时（第一部分），进行目标可靠度标定（第二部分），此时确定性设计与可靠度设计的安全判据满足等价关系，即标定的目标可靠度与给定的容许安全系数具有相同的安全裕幅。需要指出的是，当不满足所提充分条件时，两种设计方法的安全判据不一定等价。通过本节所提方法筛选满足安全判据等价性充分条件的功能函数，进而标定其目标可靠度。在标定目标可靠度之后，计算设计方案的安全系数标准值与广义可靠指标相对安全率，进而对比确定性设计与可靠度设计的可行域（第三部分），验证两种设计方法所得设计结果的一致性，避免了对安全裕幅大小认识不清的问题。

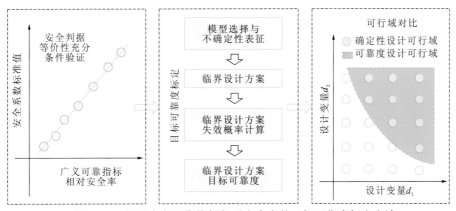

图 7.2.1　基于广义可靠指标相对安全率的目标可靠度标定方法

7.3　重力式挡土墙设计安全判据

通过一个重力式挡土墙算例（Gao et al.，2019；Bond and Harris，2008）说明本章所提可靠度设计安全判据的标定方法。首先，基于规范给定的容许安全系数，得到与确定性设计安全判据等价的可靠度设计安全判据（容许失效概率和分项系数）。然后，对比可行域，验证标定所得可靠度设计安全判据的有效性。

7.3.1　算例介绍

图 7.3.1 所示为本算例中采用的重力式挡土墙的横截面，墙体由重度为 $\gamma_c = 24$ kN/m³ 的混凝土制成，W 为墙体自重，θ' 为墙背与竖直方向的夹角，P_a 为作用在挡土墙上的土压力，墙体高度为确定值 $H=4$ m，墙体上顶宽度（a）和下底墙踵宽度（b_h，等效下底宽度为 $b=a+2b_h$）为设计变量。墙后为干燥的砂性回填土，填土与水平面的夹角 $\alpha=14°$。本算例中考虑填土表面附加荷载（q_s）、填土干重度（γ_d）和内摩擦角（φ）、墙背与墙后填土之间的摩擦角（δ），以及基岩抗剪有效摩擦角（φ_{fdn}）为不确定性参数。假设这些不确定性参数均服从对数正态分布，并且考虑 φ 与 δ 的相关性，两者为正相关关系，相关系数为 0.8。表 7.3.1 给出了不确定性参数的统计特征（Gao et al.，2019）。此外，墙体底部与基岩之间的摩擦角（δ_{fdn}）通常取基岩抗剪有效摩擦角折减后的值，本算例中折减系数取 0.8，即 $\delta_{fdn} = 0.8\varphi_{fdn}$。

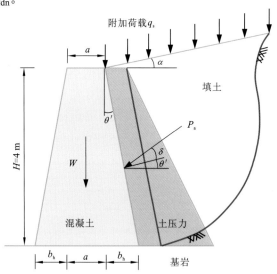

图 7.3.1　重力式挡土墙横截面示意图

表 7.3.1　不确定性参数统计特征（Gao et al.，2019）

不确定性参数	统计特征		标准值	分布类型	相关系数
	均值	变异系数			
q_s	7.36 kPa	0.2	10 kPa	对数正态分布	

续表

不确定性参数	统计特征		标准值	分布类型	相关系数
	均值	变异系数			
φ	38°	0.1	36°	对数正态分布	
δ	31.7°	0.1	30°	对数正态分布	0.8
φ_{fdn}	42.3°	0.1	40°	对数正态分布	
γ_d	16.2 kN/m³	0.1	19 kN/m³	对数正态分布	

设计参数（墙体上顶宽度 a 和下底墙踵宽度 b_h）可能的取值如下：上顶宽度 a 的取值范围为 $0.5\sim1.0$ m，间隔为 0.05 m，下底墙踵宽度 b_h 的取值范围为 $0.1\sim0.5$ m，间隔为 0.05 m，设计空间中共计包含 99 个可能的设计方案。

本算例中，基岩具有足够的承载力，因此忽略基底承载力破坏模式，只考虑墙体的滑动和倾覆两种失效模式。抗滑稳定和抗倾覆稳定安全系数（FS_S 和 FS_O）分别由式（7.3.1）、式（7.3.2）计算：

$$FS_S = \frac{H_R}{H_E} \tag{7.3.1}$$

$$FS_O = \frac{M_{Stb}}{M_{Dst}} \tag{7.3.2}$$

式中：H_R 和 H_E 分别为挡土墙底面的抗滑力和滑动力；M_{Stb} 和 M_{Dst} 分别为挡土墙墙趾的抗倾覆力矩和倾覆力矩，计算表达式分别为式（7.3.3）~式（7.3.6）（Gao et al.，2019；Bond and Harris，2008）。

$$H_R = W\mu + \left(K_{a\gamma}\frac{\gamma_d H^2}{2} + K_{aq}q_s H\right)\tan(\delta + \theta')\mu \tag{7.3.3}$$

$$H_E = K_{a\gamma}\frac{\gamma_d H^2}{2} + K_{aq}q_s H \tag{7.3.4}$$

$$M_{Stb} = W\frac{a}{2} + K_{a\gamma}\frac{\gamma_d H^2}{2}\left(a - \frac{b_h}{3}\right)\tan(\delta + \theta') + K_{aq}q_s H\left(a - \frac{b_h}{2}\right)\tan(\delta + \theta') \tag{7.3.5}$$

$$M_{Dst} = K_{a\gamma}\frac{\gamma_d H^2}{2}\times\frac{H}{3} + K_{aq}q_s H\times\frac{H}{2} \tag{7.3.6}$$

式中：$\mu=\tan\delta_{fdn}=\tan(0.8\varphi_{fdn})$ 为挡土墙底面与基岩的摩擦系数；θ' 为挡土墙的墙背与竖直方向的夹角（图 7.3.1）；$K_{a\gamma}$ 和 K_{aq} 分别为填土重度和填土表面附加荷载对挡土墙产生的主动土压力系数，计算公式为

$$K_{a\gamma} = K_n \times \cos\alpha \times \cos(\alpha - \theta') \tag{7.3.7}$$

$$K_{aq} = K_n \times \cos^2\alpha \tag{7.3.8}$$

其中：K_n 为竖直方向作用力对墙体产生的土压力系数，主动土压力和被动土压力下计算方法不同。本算例中考虑主动土压力时 K_n 的表达式为（Bond and Harris，2008）

$$K_n = \frac{1 - \sin\varphi \times \sin(2m_\omega - \varphi)}{1 + \sin\varphi \times \sin(2m_t - \varphi)}\exp[-2(m_t + \alpha - m_\omega - \theta')\tan\varphi] \tag{7.3.9}$$

式中：m_t 和 m_ω 均为辅助计算系数，与土压力类型有关，本算例主动土压力系数计算中它们的表达式分别为

$$m_t = 0.5\left[\cos^{-1}\left(\frac{\sin\alpha}{\sin\varphi}\right)+\varphi-\alpha\right] \quad (7.3.10)$$

$$m_\omega = 0.5\left[\cos^{-1}\left(\frac{\sin\delta}{\sin\varphi}\right)+\varphi+\delta\right] \quad (7.3.11)$$

7.3.2 目标可靠度

1. 充分条件验证

本算例中采用第 6 章所提方法验证确定性设计与可靠度设计安全判据的等价性充分条件（特别是 C-2）。对于安全系数服从正态分布或对数正态分布的情况，可以通过验证安全系数的均值和变异系数来验证充分条件 C-2 是否满足。

基于表 7.3.1 所示的统计数据及抗滑稳定和抗倾覆稳定安全系数计算公式，发现每个可能设计方案的安全系数均服从对数正态分布。例如，采用蒙特卡罗模拟方法得到 10^4 个样本，图 7.3.2（a）和（b）分别展示了依据样本计算得到的可能设计方案 $a=0.75$ m 和 $b_h=0.3$ m 的抗滑稳定安全系数与抗倾覆稳定安全系数的直方图。使用对数正态分布进行拟合，得到图 7.3.2 中红色实线所示的最佳对数正态分布拟合线，拟合优度 R^2 分别为 0.995 和 0.993，结果表明两种失效模式的安全系数均服从对数正态分布。其他的可能设计方案也能够得到相同的结果，为了简明起见，这里不一一列出它们的安全系数分布类型验证结果。

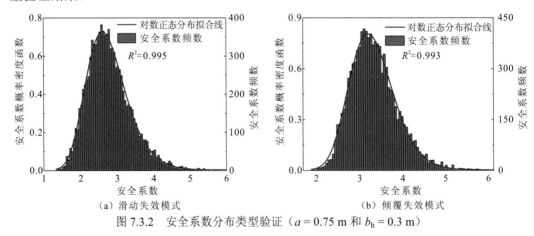

（a）滑动失效模式　　　　（b）倾覆失效模式

图 7.3.2　安全系数分布类型验证（$a=0.75$ m 和 $b_h=0.3$ m）

此外，计算每个可能设计方案安全系数的平均值（μ_{FS}）和标准差（σ_{FS}），进而得到变异系数 COV_{FS}。如图 7.3.3 所示，滑动失效模式和倾覆失效模式的 COV_{FS} 分别保持在 0.223 和 0.167 左右，在设计空间内几乎没有变化。进一步计算两种失效模式的安全系数标准值（FS_k），如图 7.3.4 所示，滑动失效模式和倾覆失效模式安全系数平均值与标准值

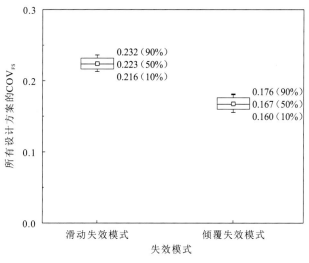

图 7.3.3　可能设计方案的 COV_{FS} 对比

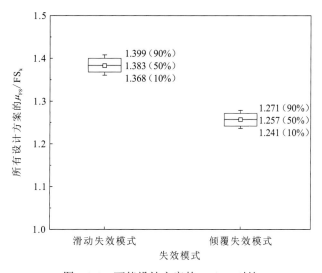

图 7.3.4　可能设计方案的 μ_{FS}/FS_k 对比

的比值分别保持在 1.383 和 1.257 左右，在设计空间内变化很小。

　　上述计算结果表明，设计空间中各设计方案的 COV_{FS} 和 μ_{FS}/FS_k 近似相等。因此，本算例中两种失效模式均满足所提确定性设计与可靠度设计安全判据等价的充分条件 C-2。

2. 标定结果

　　依据《水工挡土墙设计规范》（SL 379—2007）（中华人民共和国水利部，2007）中不同级别挡土墙容许安全系数的规定，考虑 4 个抗滑稳定容许安全系数取值（即 1.35、1.30、1.25 和 1.20）和 3 个抗倾覆稳定容许安全系数取值（即 1.60、1.50 和 1.40），如表 7.3.2 和表 7.3.3 所示。对于每个给定的容许安全系数，根据充分条件 C-1，$FS_k=FS_a$

的临界设计方案具有相同的广义可靠指标相对安全率并且均等于 1，依据临界设计方案失效概率确定目标失效概率（或目标可靠指标）。

表 7.3.2　滑动失效模式下不同容许安全系数取值对应的目标可靠指标

| 挡土墙等级 | 容许安全系数 FS_a | 临界设计方案 | | FS_k | $P_f = P_{TE}$ | β_{TE} | 《统一标准》中 β_T |
		a/m	b_h/m				
1	1.35	0.5	0.33	1.350	1.34×10^{-3}	3.00	3.7
2	1.30	0.5	0.28	1.301	2.74×10^{-3}	2.78	3.2
3	1.25	0.5	0.23	1.250	5.41×10^{-3}	2.55	3.2
4	1.20	0.5	0.19	1.208	9.23×10^{-3}	2.36	2.7

表 7.3.3　倾覆失效模式下不同容许安全系数取值对应的目标可靠指标

| 挡土墙等级 | 容许安全系数 FS_a | 临界设计方案 | | FS_k | $P_f = P_{TE}$ | β_{TE} | 《统一标准》中 β_T |
		a/m	b_h/m				
1	1.60	0.75	0.357	1.602	1.30×10^{-7}	5.15	3.7
2/3	1.50	0.75	0.322	1.500	2.66×10^{-6}	4.55	3.2
4	1.40	0.75	0.287	1.401	4.06×10^{-5}	3.94	2.7

考虑挡土墙滑动失效模式时，表 7.3.2 给出了 4 个容许安全系数取值对应的临界设计方案。采用蒙特卡罗模拟方法计算临界设计方案的失效概率 P_f 并将其作为目标失效概率 P_{TE}，同时表中还给出了计算所得目标可靠指标 β_{TE}。依据《水利水电工程结构可靠性设计统一标准》（GB 50199—2013）（中华人民共和国住房和城乡建设部和中华人民共和国国家质量监督检验检疫总局，2013）（本节以下称为《统一标准》）中不同水工建筑物级别对应的结构安全级别，以及不同结构安全级别对应的目标可靠度的规定，作为对比表 7.3.2 中给出了《统一标准》中关于目标可靠指标的建议值 β_T。类似地，考虑挡土墙倾覆失效模式时，表 7.3.3 中给出了依据容许安全系数得到的等价的目标可靠指标及《统一标准》中给定的目标可靠指标。

由表 7.3.2 和表 7.3.3 中标定所得目标可靠指标（β_{TE}）与既有规范中给定的目标可靠指标（β_T）的对比可知，滑动失效模式下 β_{TE} 小于 β_T，表明 β_T 相较于 FS_a 具有足够的安全裕幅；相反，倾覆失效模式下 β_{TE} 大于 β_T，表明规范中 β_T 的取值无法满足 FS_a 的安全裕幅要求。上述安全判据的差异会导致依据《统一标准》得到的最终设计方案与依据《水工挡土墙设计规范》（SL 379—2007）中容许安全系数（或等价的目标可靠指标 β_{TE}）得到的最终设计方案不一致。例如，以挡土墙的体积来评估设计方案的建造成本，它与墙顶宽度和墙底宽度之和（即 $2a + 2b_h$）成正比。以 1 级挡土墙为例，滑动失效模式的容许安全系数 $FS_a = 1.35$ 且具有等价的目标可靠指标 $\beta_{TE} = 3.00$，最优设计方案（即 $2a + 2b_h$ 最小的设计方案）的墙顶宽度和墙底宽度之和为 1.7 m（即 $a = 0.5$ m 和 $b_h = 0.35$ m）；然而，在《统一标准》中目标可靠指标建议值为 $\beta_T = 3.7$，此时最优设计方案的墙顶宽度和墙底宽度之和为 2.1 m（即 $a = 0.55$ m 和 $b_h = 0.5$ m）。此外，1 级挡土墙倾覆失效模式的容许

安全系数 $FS_a = 1.60$ 且等价的目标可靠指标 $\beta_{TE} = 5.15$，最优设计方案的墙顶宽度和墙底宽度之和为 2.1 m（即 $a = 0.55$ m 和 $b_h = 0.5$ m），相较于确定性设计安全判据（或等价的可靠度设计安全判据）得到了偏保守的设计方案；然而，在《统一标准》中目标可靠指标建议值为 $\beta_T = 3.7$，此时，最优设计方案的墙顶宽度和墙底宽度之和为 1.9 m（即 $a = 0.5$ m 和 $b_h = 0.45$ m），相较于确定性设计安全判据（或等价的可靠度设计安全判据）得到了偏不保守的设计方案。结果表明，《统一标准》中 β_T 与《水工挡土墙设计规范》（SL 379—2007）中容许安全系数（或等价的目标可靠指标 β_{TE}）具有不同的安全裕幅，得到的最终设计方案不一致。

满足充分条件时，利用表 7.3.2 的 FS_a 及其对应的 P_{TE} 来确定设计可行域，确定性设计安全判据和可靠度设计安全判据的等价性可以通过比较两种设计方法得到的可行域来验证。考虑挡土墙滑动失效模式，不同容许安全系数取值时确定性设计的可行域 Ω_D 由 $FS_k \geqslant FS_a$ 的设计方案组成，如图 7.3.5 阴影部分所示。由于滑动失效模式的目标可靠指标均不高于 3.00（对应的目标失效概率 $P_{TE} \approx 1.3 \times 10^{-3}$），且功能函数为线性表达式，因此采用蒙特卡罗模拟方法计算设计方案的失效概率。为了能得到足够的计算精度，随机样本数量取 10^7（大于 100 倍的 $1/P_{TE}$）。可靠度设计的可行域 Ω_R 由 $P_f \leqslant P_{TE}$ 的设计方案组成，如图 7.3.5（a）～（d）中实心方形所示。结果表明，对于给定的容许安全系数，

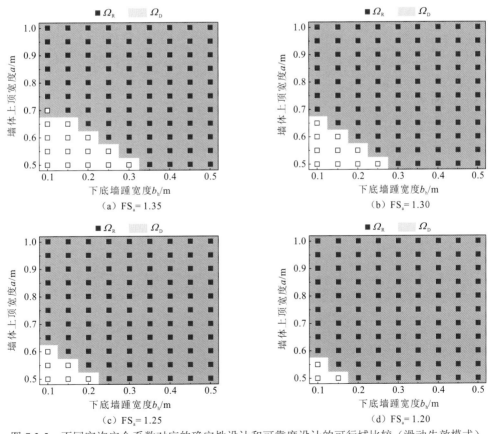

图 7.3.5　不同容许安全系数对应的确定性设计和可靠度设计的可行域比较（滑动失效模式）

两种设计方法的可行域（即 Ω_D 与 Ω_R）具有较好的一致性，验证了滑动失效模式确定性设计与可靠度设计安全判据的等价性。

同样地，考虑倾覆失效模式时，图 7.3.6（a）～（c）中阴影部分为不同容许安全系数下确定性设计的可行域（$FS_k \geqslant FS_a$），红色实心方形为可靠度设计的可行域（$P_f \leqslant P_{TE}$）。与滑动失效模式对比结果相同，对于给定的容许安全系数，两种设计方法的可行域（即 Ω_D 与 Ω_R）具有较好的一致性，验证了倾覆失效模式确定性设计与可靠度设计安全判据的等价性。

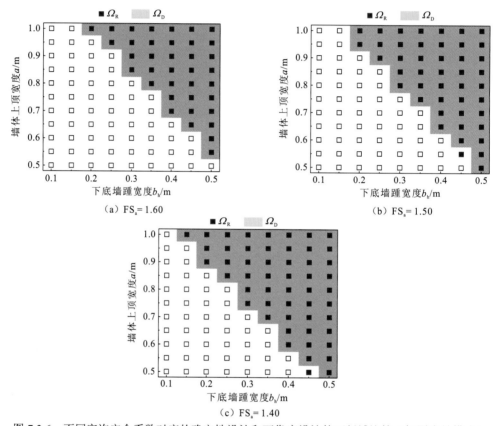

图 7.3.6　不同容许安全系数对应的确定性设计和可靠度设计的可行域比较（倾覆失效模式）

7.4　土质边坡稳定设计安全判据

7.4.1　空间变异性模拟

天然土体是常见的工程材料，其在形成过程中受多种作用的影响（如地质环境、物理化学变化作用等），使得土体参数在空间上呈现与位置相关的特性，即土体的空间变异性（Fenton and Griffiths，2008；Phoon and Kulhawy，1999）。土体空间变异性的具体表现为在空间上不同位置处的土体参数具有相关性，且相关性大小与位置的远近有关。空间上距离越近的两点，土体参数具有更强的相关性；距离越远的两点，土体参数具有更弱的相关性。随机场理论是常用的描述土体空间变异性的方法，Vanmarcke（2010）最早将此理论引入岩土工程可靠度分析中。随机场作为表征土体空间变异性的模型，通常表示为一个趋势项和一个残余项，前者相对平滑，而后者为一个波动项。当随机场残余项的均值和标准差与空间中的绝对位置无关且相关性仅与空间相对位置有关时，称为平稳随机场。本章采用平稳随机场表征边坡土体空间变异性。

边坡随机变量模型中，通常需要已知土体不确定性参数的分布类型及均值、变异系数、相关系数等统计量。与随机变量模型不同，随机场还需要已知土体参数的自相关函数来反映土体参数的空间相关性，常用的自相关函数类型包括指数型、高斯型、二阶自回归型等，诸多文献对自相关函数类型进行了总结（Zhang S H et al.，2020；Liu et al.，2017；李典庆和蒋水华，2016；Li and Chu，2015；蒋水华 等，2014），本章不再赘述。自相关函数中表征土体参数空间相关性大小的关键参数为波动范围和相关距离，不同类型自相关函数中波动范围和相关距离存在一一对应的关系。此外，波动范围越大，参数自相关性越强。当波动范围为无穷大时，认为土体参数在空间上具有完全相关性，此时随机场退化为随机变量模型。

根据土体参数的统计特征（均值、变异系数、自相关函数、波动范围、互相关系数等）可以进行随机场模拟，进而表征土体的空间变异性。常用的生成随机场的方法有局部平均法、协方差矩阵分解法、K-L 级数展开法和扩展最优线性估计法等（Jiang et al.，2022）。以协方差矩阵分解法模拟二维边坡随机场为例，如图 7.4.1 所示，模拟过程中首先将边坡离散成 n_e 个网格单元，每一个网格单元可以看作一个随机变量。采用二维指数型自相关函数量化土体参数自相关性（Tang et al.，2020；Liu et al.，2017；Ji et al.，2012）：

$$\rho(\tau_x, \tau_y) = \exp\left[-2\left(\frac{\tau_x}{\delta_h} + \frac{\tau_y}{\delta_v}\right)\right] \tag{7.4.1}$$

式中：τ_x 和 τ_y 分别为两个随机场网格单元之间的水平向和竖直向的相对距离；δ_h 和 δ_v 分别为水平向和竖直向波动范围。将各网格单元的坐标代入式（7.4.1），得到 $n_e \times n_e$ 的自相关矩阵 C：

$$C = \begin{bmatrix} 1 & \rho(\tau_{x12}, \tau_{y12}) & \cdots & \rho(\tau_{x1n_e}, \tau_{y1n_e}) \\ \rho(\tau_{x12}, \tau_{y12}) & 1 & \cdots & \rho(\tau_{x2n_e}, \tau_{y2n_e}) \\ \vdots & \vdots & & \vdots \\ \rho(\tau_{x1n_e}, \tau_{y1n_e}) & \rho(\tau_{x2n_e}, \tau_{y2n_e}) & \cdots & 1 \end{bmatrix} \tag{7.4.2}$$

此外，m 个土体参数之间的互相关性可以由互相关矩阵 R 表示，R 为对角元素为 1 的 $m \times m$ 矩阵。用楚列斯基（Cholesky）分解法将自相关矩阵 C 和互相关矩阵 R 分解，分别得到下三角矩阵 L_1 和 L_2。上述模拟过程中共涉及 $n_e \times m$ 个随机变量，参数原始空间中一组维度为 $n_e \times m$ 的随机样本矩阵 X（即一次互相关非正态随机场实现）为

$$X_{k,i} = F_i^{-1}[\Phi(L_1 U L_2^T)], \quad k = 1, 2, \cdots, n_e, i = 1, 2, \cdots, m \tag{7.4.3}$$

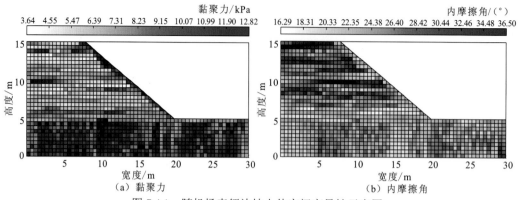

图 7.4.1　随机场表征边坡土体空间变异性示意图

式中：$X_{k,i}$ 为随机样本矩阵 $\boldsymbol{X}$ 第 k 行、第 i 列的元素；$F_i^{-1}(\cdot)$ 为第 i 个土体参数的累积分布函数的逆函数；$\varPhi(\cdot)$ 为标准正态分布的累积分布函数；$\boldsymbol{U}$ 为独立标准正态空间产生的随机样本，维度为 $n_e \times m$；$\boldsymbol{L}_1\boldsymbol{U}\boldsymbol{L}_2^{\mathrm{T}}$ 为互相关标准高斯随机场，其维度为 $n_e \times m$。如图 7.4.1 所示，考虑黏聚力和内摩擦角的负相关性，采用基于楚列斯基分解的中点法离散随机场，分别得到了边坡土体黏聚力和内摩擦角随机场的一次实现。

7.4.2　单层土质边坡稳定

1. 算例介绍

如图 7.4.2 所示，本算例中坡高 H_s、坡角 $\varPsi_f$ 为设计变量，设计参数可能的取值如下：H_s 为 8.0～10.0 m，间隔为 0.2 m，$\varPsi_f$ 为 35°～45°，间隔为 0.5°，设计空间中共计包含 231 个可能的设计方案。土体重度 γ 取为 20 kN/m³。黏聚力 c 和内摩擦角 φ 为不确定性参数，其统计特征如表 7.4.1 所示。

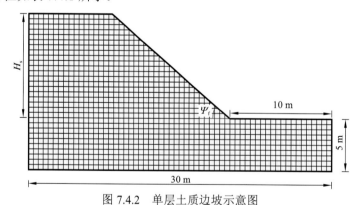

图 7.4.2　单层土质边坡示意图

表 7.4.1　单层土质边坡的土体参数统计特征

土体参数	均值	变异系数	分布类型	自相关函数	波动范围	相关系数
c	10 kPa	0.3	对数正态分布	指数型	$\delta_h = \delta_v = 10\,000$ m;	−0.5
φ	30°	0.2	对数正态分布		$\delta_h = 40$ m，$\delta_v = 8$ m	

采用指数型自相关函数描述土体抗剪强度参数的空间自相关性，同时考虑了黏聚力与内摩擦角的互相关性。如图 7.4.2 所示，本算例采用基于楚列斯基分解的中点法离散随机场，随机场网格单元尺寸为 0.5 m×0.5 m。为了研究空间变异性对单层土质边坡稳定设计的影响，随机场参数水平向（δ_h）波动范围和竖直向波动范围（δ_v）取两种组合，即 $\delta_h = \delta_v = 10\,000$ m 及 $\delta_h = 40$ m 和 $\delta_v = 8$ m。第一种参数组合（$\delta_h = \delta_v = 10\,000$ m）中波动范围远大于模型尺寸，可以认为土体参数在空间上具有完全相关性，此时随机场近似为随机变量模型，即忽略了空间变异性。

2. 充分条件的正向推论验证

采用拉丁超立方抽样方法从设计空间中随机抽取 8 个设计方案（即 D1～D8），附加 4 个设计空间中的角点设计方案（即 D9～D12），使用共计 12 个设计方案验证充分条件，如表 7.4.2 所示。由于采用随机场表征边坡土体空间变异性时，边坡系统可靠度分析复杂、计算耗时长，因此本算例采用子集模拟方法计算广义可靠指标相对安全率。子集模拟中，初始条件概率 p_0 取 0.1，条件样本数 N 取 2 000。验证充分条件时，目标失效概率取 10^{-3} 并计算广义可靠指标相对安全率。

表 7.4.2　单层土质边坡的代表性设计方案及其计算结果

设计方案				FS_k	η_{GR}（$P_T = 10^{-3}$）	
设计方案来源	编号	H_s/m	Ψ_f /(°)	（参数取 0.2 分位值）	$\delta_h = \delta_v = 10\,000$ m	$\delta_h = 40$ m, $\delta_v = 8$ m
拉丁超立方抽样方法随机抽取的设计方案	D1	9.4	39.3	1.089	0.941	1.008
	D2	8.3	36.5	1.209	1.009	1.120
	D3	8.6	37.9	1.157	0.985	1.073
	D4	8.9	35.1	1.220	1.072	1.128
	D5	8.0	40.7	1.117	0.952	1.038
	D6	10.0	42.1	1.004	0.833	0.930
	D7	9.1	45.0	0.977	0.857	0.907
	D8	9.7	43.6	0.983	0.867	0.912
附加角点设计方案	D9	8.0	35.0	1.267	1.075	1.174
	D10	8.0	45.0	1.025	0.885	0.954
	D11	10.0	35.0	1.179	0.972	1.088
	D12	10.0	45.0	0.944	0.798	0.876

采用 MATLAB 自编程序进行边坡稳定确定性分析，表 7.4.2 汇总了代表性设计方案的安全系数标准值 FS_k 和广义可靠指标相对安全率 η_{GR} 的计算结果。安全系数标准值与广义可靠指标相对安全率之间的关系如图 7.4.3 所示，当 $\delta_h = \delta_v = 10\,000$ m 时，设计过程中忽略了土体空间变异性，两者的拟合优度为 0.991，大于本节所设置的阈值 0.99，因此满足所提确定性设计与可靠度设计安全判据的等价性充分条件；当 $\delta_h = 40$ m，$\delta_v = 8$ m 时，设计过程中同时考虑水平向和竖直向空间变异性，两者的拟合优度达 0.999，大于

本节设置的阈值 0.99，满足所提确定性设计与可靠度设计安全判据的等价性充分条件。上述结果说明单层土质边坡确定性设计与可靠度设计的安全判据之间存在较明确的对应关系，使得两种设计方法对应的可行域相同。

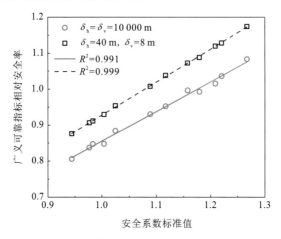

图 7.4.3　单层土质边坡算例中代表性设计方案 $\mathrm{FS_k}$ 与 η_{GR} 关系的对比

3. 可行域对比

下面进一步对比两种设计安全判据下的可行域。本节依据《水利水电工程边坡设计规范》（SL 386—2007）选取容许安全系数为 1.05、1.15 和 1.25 并分别标定目标失效概率，对比两种设计方法的可行域。

为了确定临界设计方案（即安全系数标准值等于容许安全系数的设计方案），根据表 7.4.2 中已经计算的 12 个代表性设计方案的安全系数标准值构建安全系数标准值与设计参数之间的响应面：

$$\mathrm{FS_k} = 3.632\,7 - 0.132\,9H_s - 0.064\,2\Psi_f + 0.004\,2H_s^2 + 3.737\,9 \times 10^{-4}\Psi_f H_s + 4.627\,0 \times 10^{-4}\Psi_f^2 \tag{7.4.4}$$

式（7.4.4）计算的安全系数标准值与简化毕晓普法计算的安全系数标准值之间的拟合优度 R^2 为 0.999，表明式（7.4.4）具有足够的准确性。根据式（7.4.4）计算设计空间中设计方案的安全系数标准值从而确定临界设计方案，如表 7.4.3 所示。

表 7.4.3　单层土质边坡目标失效概率标定结果

| $\mathrm{FS_a}$ | 随机场参数 | 临界设计方案 | | $\mathrm{FS_k}$ (GEO-SLOPE/W) | $P_T = P_f$ |
		H_s/m	$\Psi_f/(°)$		
1.05	$\delta_h = \delta_v = 10\,000$ m	9.4	40.9	1.052	1.39×10^{-2}
	$\delta_h = 40$ m，$\delta_v = 8$ m				1.29×10^{-3}
1.15	$\delta_h = \delta_v = 10\,000$ m	8.6	38.2	1.150	1.51×10^{-3}
	$\delta_h = 40$ m，$\delta_v = 8$ m				4.38×10^{-5}
1.25	$\delta_h = \delta_v = 10\,000$ m	8.0	35.7	1.246	1.50×10^{-4}
	$\delta_h = 40$ m，$\delta_v = 8$ m				5.21×10^{-7}

如图 7.4.4 所示，采用边坡稳定分析软件 GEO-SLOPE/W（GEO-SLOPE International Ltd.，2011）中的简化毕晓普法计算临界设计方案的安全系数标准值，表 7.4.3 所示 GEO-SLOPE/W 计算结果与 MATLAB 自编程序的计算结果十分吻合，验证了本算例中使用 MATLAB 自编程序计算边坡稳定安全系数和确定临界设计方案的准确性。

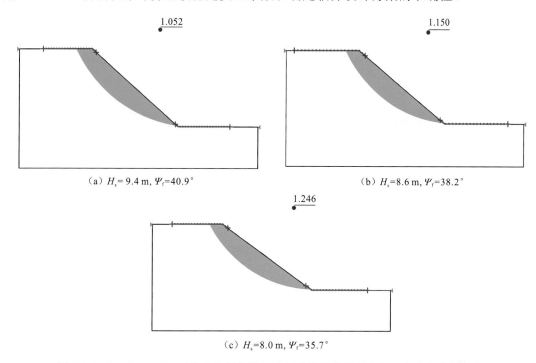

（a）$H_s = 9.4$ m, $\Psi_f = 40.9°$ 　　　　（b）$H_s = 8.6$ m, $\Psi_f = 38.2°$

（c）$H_s = 8.0$ m, $\Psi_f = 35.7°$

图 7.4.4　GEO-SLOPE/W 软件计算的单层土质边坡临界设计方案的安全系数标准值

确定临界设计方案后，采用子集模拟方法计算其失效概率并将其作为目标失效概率，计算结果见表 7.4.3。对于设计空间中的 231 个设计方案，由式（7.4.4）计算各设计方案的安全系数标准值，并根据容许安全系数得到确定性设计可行域。采用表 7.4.3 中的目标失效概率分别对 12 个代表性设计方案进行可靠度分析，计算广义可靠指标相对安全率，构建其与设计参数之间的响应面。当 $FS_a = 1.25$ 时，在不考虑和考虑空间变异性条件下响应面分别为

$$\begin{aligned}
\eta_{GR} = {} & 2.847\,3 - 0.192\,4H_s - 0.028\,1\Psi_f + 0.009\,4H_s^2 \\
& - 3.514\,4 \times 10^{-4}\Psi_f H_s + 1.538\,7 \times 10^{-4}\Psi_f^2, \quad \text{忽略空间变异性}
\end{aligned} \tag{7.4.5}$$

$$\begin{aligned}
\eta_{GR} = {} & 3.900\,1 - 0.114\,1H_s - 0.101\,4\Psi_f + 0.001\,3H_s^2 \\
& + 1.577\,1 \times 10^{-3}\Psi_f H_s + 8.591\,1 \times 10^{-4}\Psi_f^2, \quad \text{考虑空间变异性}
\end{aligned} \tag{7.4.6}$$

式（7.4.5）和式（7.4.6）对应的响应面的拟合优度分别为 0.996 和 0.994，说明低目标失效概率下，采用广义可靠指标相对安全率构建的低阶多项式响应面具有较高的准确性。同理，在不同容许安全系数对应的目标失效概率下，可以得到不考虑和考虑土体空间变异性时广义可靠指标相对安全率与设计参数的响应面。根据响应面求得设计空间所有设计方案的广义可靠指标相对安全率，确定 $\eta_{GR} \geq 1$ 的可靠度设计可行域。

图 7.4.5 对比了忽略土体空间变异性（即 $\delta_h = \delta_v = 10\,000$ m）条件下不同容许安全系数对应的确定性设计可行域（灰色阴影）与可靠度设计可行域（红色方形）。如图 7.4.5 所示，忽略空间变异性条件下单层土质边坡确定性设计可行域与可靠度设计可行域基本相同，说明了确定性设计与可靠度设计安全判据的等价关系及所提充分条件的有效性。

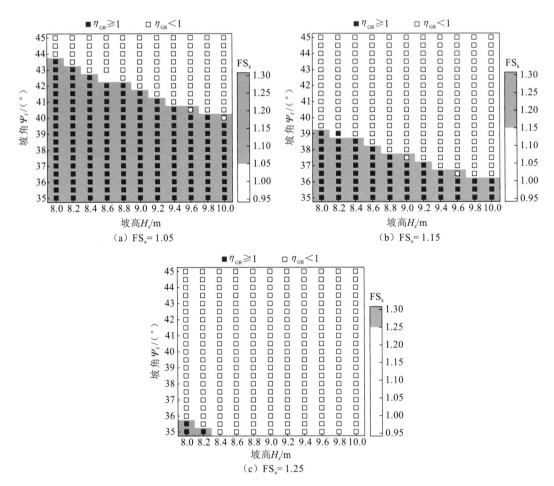

图 7.4.5　单层土质边坡确定性设计与可靠度设计的可行域对比（$\delta_h = \delta_v = 10\,000$ m）

与忽略空间变异性的计算结果相似，在考虑土体空间变异性（$\delta_h = 40$ m，$\delta_v = 8$ m）时，单层土质边坡的确定性设计可行域与可靠度设计可行域基本相同，对比结果如图 7.4.6 所示。此外，如表 7.4.3 所示，对于给定的容许安全系数（如 1.05），考虑空间变异性时，标定的目标失效概率（即 1.29×10^{-3}）小于忽略空间变异性时标定的结果（即 1.39×10^{-2}）。因此，与忽略空间变异性相比，考虑空间变异性时相同容许安全系数对应的目标可靠度水平更高。

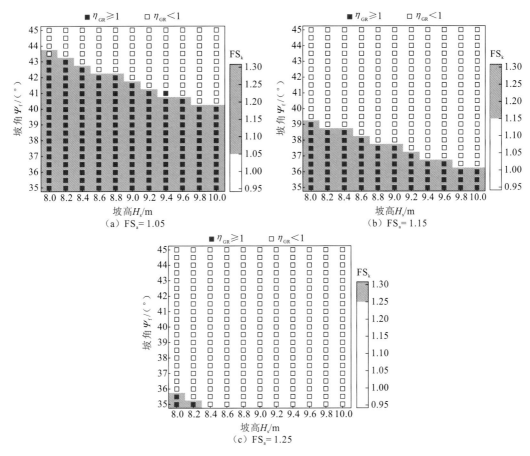

图 7.4.6　单层土质边坡确定性设计与可靠度设计的可行域对比（$\delta_h = 40\text{m}$，$\delta_v = 8\text{ m}$）

7.4.3　双层土质边坡稳定

7.4.2 小节采用单层土质边坡说明了所提充分条件的正向推论。本节采用双层土质边坡算例说明所提充分条件的逆向推论，即确定性设计与可靠度设计可行域不相同时无法满足所提充分条件。

本算例边坡稳定确定性分析模型中采用简化毕晓普法计算边坡稳定安全系数。如图 7.4.7 所示，双层土质边坡坡高 H_s、坡角 Ψ_f 为设计变量。其中，H_s 为 4.0～5.0 m，设计方案间隔为 0.1 m，Ψ_f 为 16.0°～26.5°，设计方案间隔为 0.5°，设计空间中共计包含 242 个可能的设计方案。土体重度为确定性参数，上层土的重度 γ_1 取为 19 kN/m^3，下层土的重度 γ_2 取为 20 kN/m^3。上下层土体的黏聚力（c_1、c_2）、上层土体内摩擦角 φ_1 及地表的附加荷载 q 为不确定性参数，它们的统计特征如表 7.4.4 所示。

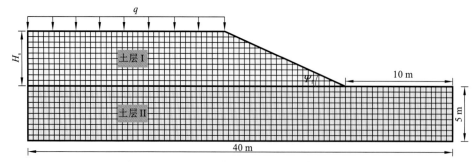

图 7.4.7　双层土质边坡确定性分析模型示意图

表 7.4.4　双层土质边坡不确定性参数统计特征

不确定性参数		均值	变异系数	分布类型	自相关函数	波动范围	互相关系数
土层 I	c_1	5 kPa	0.3	对数正态分布		$\delta_h=20$ m，$\delta_v=0.5$ m；	−0.5
	φ_1	30°	0.2	对数正态分布	指数型	$\delta_h=20$ m，$\delta_v=2$ m；	
土层 II	c_2	30 kPa	0.3	对数正态分布		$\delta_h=\delta_v=10\,000$ m	—
荷载	q	20 kN/m	0.1	对数正态分布	—		—

　　采用指数型自相关函数描述土体参数的空间相关性，同时上层土体考虑黏聚力与内摩擦角之间的互相关性。本算例中采用基于楚列斯基分解的中点法离散随机场，随机场网格单元尺寸为 0.5 m×0.5 m。为了研究空间变异性对双层土质边坡确定性设计与可靠度设计安全判据等价性的影响，随机场参数水平向和竖直向波动范围取三种组合，即 $\delta_h=20$ m 和 $\delta_v=0.5$ m、$\delta_h=20$ m 和 $\delta_v=2$ m 及 $\delta_h=\delta_v=10\,000$ m。

　　与单层土质边坡算例相同，采用 12 个代表性设计方案验证充分条件，包括采用拉丁超立方抽样方法从设计空间中随机抽取的 8 个设计方案（即 D1～D8）和 4 个附加的设计空间中的角点设计方案（即 D9～D12），如表 7.4.5 所示。

表 7.4.5　双层土质边坡代表性设计方案及其计算结果

设计方案				FS_k（参数取 0.2 分位值）	η_{GR}		
设计方案来源	编号	H_s/m	Ψ_f/(°)		$\delta_h=20$ m，$\delta_v=0.5$ m	$\delta_h=20$ m，$\delta_v=2$ m	$\delta_h=\delta_v=10\,000$ m
拉丁超立方抽样方法随机抽取的设计方案	D1	5.0	23.4	1.161	0.931	0.911	0.926
	D2	4.3	16.1	1.406	1.119	1.123	1.131
	D3	4.7	22.0	1.228	0.982	0.969	0.953
	D4	4.9	19.1	1.246	0.998	0.995	0.999
	D5	4.6	25.0	1.211	0.961	0.936	0.950
	D6	4.0	17.6	1.433	1.146	1.130	1.126
	D7	4.2	26.5	1.273	0.984	0.967	1.003
	D8	4.4	20.6	1.304	1.035	1.013	1.032

续表

设计方案来源	编号	H_s/m	Ψ_f/(°)	FS_k（参数取 0.2 分位值）	η_{GR} $\delta_h=20$ m, $\delta_v=0.5$ m	η_{GR} $\delta_h=20$ m, $\delta_v=2$ m	η_{GR} $\delta_h=\delta_v=$ 10 000 m
	D9	4.0	16.0	1.467	1.162	1.164	1.190
附加角点设计	D10	4.0	26.5	1.316	1.003	0.984	1.028
方案	D11	5.0	16.0	1.298	1.038	1.060	1.063
	D12	5.0	26.5	1.129	0.898	0.881	0.903

依据《水利水电工程边坡设计规范》（SL 386—2007）选取容许安全系数 1.25 标定目标失效概率，对比两种设计方法的可行域。为了确定临界设计方案，首先采用 MATLAB 自编程序计算 12 个代表性设计方案的安全系数标准值，结果见表 7.4.5，进而构建安全系数标准值与设计参数之间的响应面：

$$FS_k = 3.162\,0 - 0.408\,9H_s - 0.038\,1\Psi_f + 0.029\,8H_s^2 - 0.001\,8\Psi_f H_s + 7.249\,6\times10^{-4}\Psi_f^2 \quad (7.4.7)$$

式（7.4.7）计算的安全系数标准值与简化毕晓普法计算的安全系数标准值之间的拟合优度 R^2 为 0.999。根据响应面计算设计空间中设计方案的安全系数标准值，确定本算例的临界设计方案为坡高 $H_s=5.0$ m 和坡角 $\Psi_f = 18.1°$，取其失效概率为目标失效概率，计算结果如表 7.4.6 所示。

表 7.4.6　双层土质边坡目标失效概率标定结果

FS_a	随机场参数	临界设计方案 H_s/m	临界设计方案 Ψ_f/(°)	FS_k（GEO-SLOPE/W）	$P_T=P_f$
1.25	$\delta_h=20$ m, $\delta_v=0.5$ m				4.10×10^{-8}
	$\delta_h=20$ m, $\delta_v=2$ m	5.0	18.1	1.246	6.41×10^{-5}
	$\delta_h=\delta_v=10\,000$ m				3.65×10^{-2}

如图 7.4.8 所示，采用边坡稳定分析软件 GEO-SLOPE/W 中的简化毕晓普法计算临界设计方案的安全系数标准值，结果见表 7.4.6。GEO-SLOPE/W 计算结果与 MATLAB 自编程序计算结果近似相等，验证了使用 MATLAB 自编程序计算边坡稳定安全系数和确定临界设计方案的准确性。

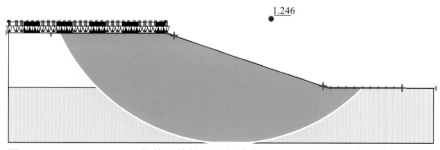

图 7.4.8　GEO-SLOPE/W 软件计算的双层土质边坡临界设计方案的安全系数标准值

对于设计空间中的 242 个设计方案，由式（7.4.7）计算其安全系数标准值，通过对比安全系数标准值和容许安全系数得到确定性设计可行域。基于子集模拟方法对 12 个代表性设计方案进行可靠度分析，根据目标失效概率计算广义可靠指标相对安全率。本算例中子集模拟方法的参数 p_0 取 0.1，N 取 2 000，计算结果见表 7.4.5，并构建广义可靠指标相对安全率与设计参数之间的响应面，不同随机场参数对应的响应面分别为

$$\eta_{GR} = 2.468\,6 - 0.296\,7H_s - 0.034\,5\Psi_f + 0.014\,5H_s^2$$
$$+ 2.173\,8\times10^{-3}\Psi_f H_s + 2.488\,0\times10^{-4}\Psi_f^2, \quad \delta_h = 20\ \text{m}, \delta_v = 0.5\ \text{m} \tag{7.4.8}$$

$$\eta_{GR} = 2.516\,3 - 0.243\,7H_s - 0.052\,1\Psi_f + 0.015\,4H_s^2$$
$$- 5.941\,8\times10^{-5}\Psi_f H_s + 8.368\,1\times10^{-4}\Psi_f^2, \quad \delta_h = 20\ \text{m}, \delta_v = 2\ \text{m} \tag{7.4.9}$$

$$\eta_{GR} = 3.109\,8 - 0.425\,42H_s - 0.068\,5\Psi_f + 0.036\,0H_s^2$$
$$- 8.594\,6\times10^{-4}\Psi_f H_s + 1.355\,6\times10^{-3}\Psi_f^2, \quad \delta_h = \delta_v = 10\,000\ \text{m} \tag{7.4.10}$$

式（7.4.8）～式（7.4.10）对应的响应面的拟合优度分别为 0.997、0.997、0.993，说明响应面具有较高的精度。据此求得设计空间所有设计方案的广义可靠指标相对安全率，从而确定可靠度设计可行域。

图 7.4.9（a）～（c）分别对比了不同随机场参数取值条件下确定性设计可行域与可靠度设计可行域，发现确定性设计可行域（灰色阴影）与可靠度设计可行域（红色方形）

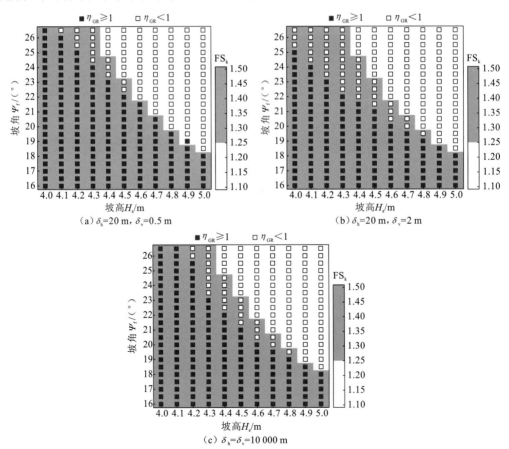

图 7.4.9　双层土质边坡确定性设计与可靠度设计的可行域对比

差异较大，说明双层土质边坡确定性设计与可靠度设计的安全判据不具有明确的对应关系，不能建立两者的等价关系。

双层土质边坡确定性设计与可靠度设计的可行域不一致，说明两种设计方法的安全判据不等价，则本算例无法满足所提等价性充分条件。为了进一步说明该问题，本节验证了安全系数标准值与广义可靠指标相对安全率之间是否存在单调的映射关系，即充分条件 C-2 是否满足。与单层土质边坡算例相同，验证充分条件时目标失效概率取 10^{-3} 来计算广义可靠指标相对安全率。

图 7.4.10 为考虑不同土体空间变异性条件下 12 个代表性设计方案的安全系数标准值与广义可靠指标相对安全率之间的关系。当 $\delta_h=20$ m，$\delta_v=0.5$ m 时，拟合优度为 0.959（见三角形）；当 $\delta_h=20$ m，$\delta_v=2$ m 时，拟合优度为 0.917（见方形）；当 $\delta_h=\delta_v=10\,000$ m 时，拟合优度为 0.914（见圆形）。结果表明：随着土体参数空间变异性的增强（空间自相关性减弱），确定性设计与可靠度设计安全判据的相关性增强。然而，无论是否考虑空间变异性，双层土质边坡安全系数标准值与广义可靠指标相对安全率之间的拟合优度均小于本节设置的阈值 0.99。因此，本算例不满足所提充分条件 C-2，至此完成了充分条件逆向推论的验证。

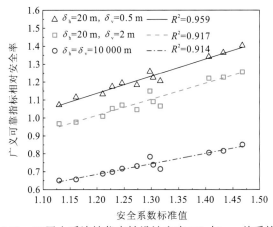

图 7.4.10　双层土质边坡代表性设计方案 FS_k 与 η_{GR} 关系的对比

7.4.4　含软弱层土质边坡稳定

本节在双层土质边坡的基础上，假设存在土体抗剪强度较低的软弱层，土质边坡不同设计方案的失效模式会受到软弱层的影响。下面将进一步探讨含软弱层土质边坡中，基于广义可靠指标相对安全率的边坡稳定确定性设计与可靠度设计安全判据的等价性问题，同时探究考虑多失效模式时空间变异性对含软弱层土质边坡设计安全判据等价性的影响。

1. 算例介绍

如图 7.4.11 所示，在 7.4.3 小节双层土质边坡的基础上，将土层 II 中 1 m 厚的土层设置为软弱层。与双层土质边坡相同，本算例中坡高 H_s、坡角 Ψ_f 为设计变量，设计参数可能的取值如下：H_s 为 4.0～5.0 m，设计方案间隔为 0.1 m，Ψ_f 为 16.0°～26.5°，设计方案间隔为 0.5°，设计空间中共计包含 242 个可能的设计方案。土体重度和下层土的内摩擦角为确定性参数，土层 I 的重度 γ_1 取为 19 kN/m³，土层 II 和软弱层的重度 γ_2 取为 20 kN/m³，下层土的内摩擦角为 0°。各土层中土体的黏聚力（c_1、c_2、c_3）、上层土体内摩擦角 φ_1 及地表的附加荷载 q 为不确定性参数，它们的统计特征见表 7.4.7。

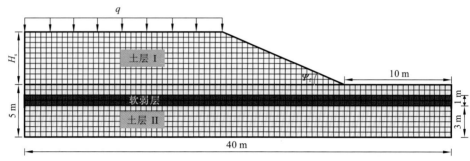

图 7.4.11　含软弱层土质边坡示意图

表 7.4.7　含软弱层土质边坡的不确定性参数统计特征

不确定性参数		均值	变异系数	分布类型	自相关函数	波动范围	互相关系数
土层 I	c_1	5 kPa	0.3	对数正态分布	指数型	$\delta_h=20$ m，$\delta_v=2$ m；$\delta_h=\delta_v=10\,000$ m	−0.5
	φ_1	30°	0.2	对数正态分布			
土层 II	c_2	30 kPa	0.3	对数正态分布			—
软弱层	c_3	10 kPa	0.3	对数正态分布			—
荷载	q	20 kN/m	0.1	对数正态分布	—	—	—

采用指数型自相关函数描述土体参数的空间相关性，同时土层 I 考虑了黏聚力与内摩擦角之间的互相关性。如图 7.4.11 所示，本算例采用基于楚列斯基分解的中点法离散随机场，随机场网格单元尺寸为 0.5 m×0.5 m。为了研究空间变异性对含软弱层土质边坡稳定设计的影响，随机场参数水平向波动范围（δ_h）和竖直向波动范围（δ_v）取两种组合，即 $\delta_h=\delta_v=10\,000$ m（忽略土体空间变异性）及 $\delta_h=20$ m 和 $\delta_v=2$ m（考虑土体空间变异性）。

2. 充分条件验证

采用双层土质边坡中 12 个代表性设计方案验证安全系数标准值与广义可靠指标相对安全率之间是否存在单调的映射关系，即验证本算例是否满足所提等价性充分条件 C-2。表 7.4.8 汇总了代表性设计方案的安全系数标准值和广义可靠指标相对安全率的计算结果。

表 7.4.8　含软弱层土质边坡的代表性设计方案及其计算结果

设计方案				FS_k	η_{GR}（$P_T = 10^{-3}$）	
设计方案来源	编号	H_s/m	Ψ_f/(°)	（参数取 0.2 分位值）	$\delta_h = \delta_v = 10\,000$ m	$\delta_h = 20$ m，$\delta_v = 2$ m
拉丁超立方抽样方法随机抽取的设计方案	D1	5.0	23.4	0.899	0.650	0.857
	D2	4.3	16.1	1.185	0.793	1.124
	D3	4.7	22.0	0.936	0.685	0.891
	D4	4.9	19.1	1.020	0.707	0.979
	D5	4.6	25.0	0.888	0.666	0.834
	D6	4.0	17.6	1.137	0.796	1.081
	D7	4.2	26.5	0.876	0.667	0.812
	D8	4.4	20.6	1.009	0.714	0.958
附加角点设计方案	D9	4.0	16.0	1.203	0.804	1.150
	D10	4.0	26.5	0.909	0.692	0.841
	D11	5.0	16.0	1.167	0.749	1.085
	D12	5.0	26.5	0.860	0.628	0.812

安全系数标准值与广义可靠指标相对安全率之间的相关关系如图 7.4.12 所示。当 $\delta_h = \delta_v = 10\,000$ m 时，设计过程中忽略了空间变异性，两者的拟合优度为 0.907，小于本节所设置的阈值 0.99，因此不满足所提确定性设计与可靠度设计安全判据的等价性充分条件；当 $\delta_h = 20$ m，$\delta_v = 2$ m 时，设计过程中同时考虑水平和竖向空间变异性，两者的拟合优度达 0.992，大于本节所设置的阈值 0.99，满足所提确定性设计与可靠度设计安全判据的等价性充分条件。

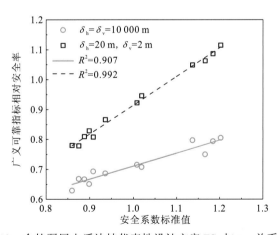

图 7.4.12　含软弱层土质边坡代表性设计方案 FS_k 与 η_{GR} 关系的对比

上述结果表明：与双层土质边坡相同，随着土体参数空间变异性的增强（空间自相关性减弱），确定性设计与可靠度设计安全判据的相关性增强；不同的是，含软弱层土质边坡稳定设计中，空间变异性会影响确定性设计与可靠度设计安全判据的等价性充分条件满足与否。$\delta_h = \delta_v = 10\ 000$ m（不考虑空间变异性）时不满足充分条件；$\delta_h = 20$ m，$\delta_v = 2$ m（考虑空间变异性）时充分条件能够得到满足。

3. 可行域对比

本算例中，无论是所提充分条件的正向推论（考虑空间变异性时，满足所提充分条件，进而得到设计可行域相同的推论）还是逆向推论（忽略空间变异性时，设计可行域不相同，进而得到不满足所提充分条件的推论），均需要对比两种设计方法下可行域的关系。本节依据《水利水电工程边坡设计规范》（SL 386—2007）选取容许安全系数为 1.05、1.15 并分别标定目标失效概率，对比两种设计方法的可行域。为了确定临界设计方案（即安全系数标准值等于容许安全系数的设计方案），根据表 7.4.8 中已经计算的 12 个代表性设计方案的安全系数标准值构建安全系数标准值与设计参数之间的响应面：

$$FS_k = 3.267\ 2 - 0.307\ 6H_s - 0.111\ 8\Psi_f + 0.028\ 9H_s^2 + 2.931\ 2\times10^{-5}\Psi_f H_s + 1.939\ 7\times10^{-3}\Psi_f^2$$

$$(7.4.11)$$

式（7.4.11）计算的安全系数标准值与简化毕晓普法计算的安全系数标准值之间的拟合优度 R^2 为 0.993，表明式（7.4.11）具有足够的准确性。根据式（7.4.11）计算设计空间中设计方案的安全系数标准值从而确定临界设计方案，如表 7.4.9 所示。

表 7.4.9　含软弱层土质边坡的目标失效概率标定结果

FS$_a$	随机场参数	临界设计方案		FS$_k$（GEO-SLOPE/W）	$P_T = P_f$
		H_s/m	Ψ_f/(°)		
1.05	$\delta_h = \delta_v = 10\ 000$ m	4.5	18.9	1.050	5.00×10^{-2}
	$\delta_h = 20$ m，$\delta_v = 2$ m				2.81×10^{-3}
1.15	$\delta_h = \delta_v = 10\ 000$ m	4.5	16.6	1.143	2.87×10^{-2}
	$\delta_h = 20$ m，$\delta_v = 2$ m				1.12×10^{-4}

如图 7.4.13 所示，采用边坡稳定分析软件 GEO-SLOPE/W 中的简化毕晓普法计算临界设计方案的安全系数标准值，表 7.4.9 所示 GEO-SLOPE/W 计算结果与 MATLAB 自编程序计算结果十分吻合，验证了本算例中使用 MATLAB 自编程序计算边坡稳定安全系数和确定临界设计方案的准确性。

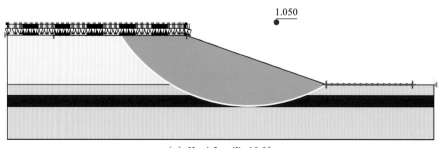

（a）$H_s = 4.5$ m，$\Psi_f = 18.9°$

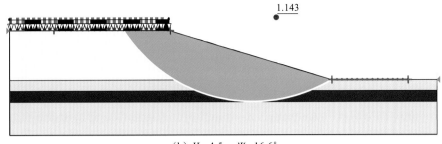

（b）$H_s = 4.5\,\text{m}$，$\Psi_f = 16.6°$

图 7.4.13　GEO-SLOPE/W 软件计算的含软弱层土质边坡临界设计方案的安全系数标准值

确定临界设计方案后，采用子集模拟方法计算其失效概率并将其作为目标失效概率，计算结果见表 7.4.9。对于设计空间中的 242 个设计方案，由式（7.4.11）计算各设计方案的安全系数标准值，并根据容许安全系数得到确定性设计可行域。采用表 7.4.9 中的目标失效概率分别对 12 个代表性设计方案进行可靠度分析，计算广义可靠指标相对安全率，构建其与设计参数之间的响应面。本算例中采用含交叉项的三阶响应面，广义可靠指标相对安全率与设计参数之间三阶响应面各项的系数及各响应面的拟合优度见表 7.4.10，结果表明所构建的响应面具有较高的精度。

表 7.4.10　含软弱层土质边坡的广义可靠指标相对安全率三阶响应面

项目		目标失效概率			
		$P_T = 5.00 \times 10^{-2}$	$P_T = 2.81 \times 10^{-3}$	$P_T = 2.87 \times 10^{-2}$	$P_T = 1.12 \times 10^{-4}$
三阶响应面各项的系数	b_0	6.531 8	4.511 6	11.265 4	7.759 3
	$b_1(H_s)$	−3.861 8	−2.719 2	−0.968 6	−5.284 8
	$b_2(\Psi_f)$	0.178 2	0.221 1	0.152 1	0.268 5
	$b_3(H_s^2)$	1.075 2	0.841 8	1.718 0	1.423 2
	$b_4(H_s\Psi_f)$	−0.123	−0.124 9	−0.102 0	−0.120 0
	$b_5(\Psi_f^2)$	0.002 6	-1.779×10^{-4}	0.001 8	−0.002 7
	$b_6(H_s^3)$	−0.087 5	−0.078 1	−0.132 0	−0.118 3
	$b_7(H_s^2\Psi_f)$	0.007 1	0.011 4	0.005 0	0.009 3
	$b_8(H_s\Psi_f^2)$	0.001 5	6.092×10^{-4}	0.001 5	9.111×10^{-4}
	$b_9(\Psi_f^3)$	−1.352 7	-2.044×10^{-5}	-1.224×10^{-4}	-3.369×10^{-6}
拟合优度 R^2		0.997	0.996	0.998	0.998

图 7.4.14 对比了忽略土体空间变异性（即 $\delta_h = \delta_v = 10\,000\,\text{m}$）条件下不同容许安全系数对应的确定性设计可行域（灰色阴影）与可靠度设计可行域（红色方形）。结果表明，忽略土体空间变异性条件下含软弱层土质边坡确定性设计可行域与可靠度设计可行域差

异较大。同理，图 7.4.15 对比了考虑土体空间变异性（$\delta_h = 20$ m，$\delta_v = 2$ m）时不同容许安全系数对应的确定性设计可行域（灰色阴影）与可靠度设计可行域（红色方形），考虑土体空间变异性条件下含软弱层土质边坡确定性设计可行域与可靠度设计可行域基本相同。上述结果表明，忽略土体空间变异性时，含软弱层土质边坡确定性设计与可靠度设计的可行域不同，不满足所提安全判据的等价性充分条件，即验证了充分条件的逆向推论；考虑土体空间变异性（$\delta_h = 20$ m，$\delta_v = 2$ m）时，含软弱层土质边坡满足所提安全判据的等价性充分条件，确定性设计与可靠度设计的可行域相同，验证了充分条件的正向推论。

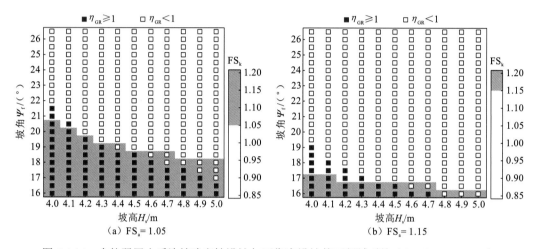

图 7.4.14 含软弱层土质边坡确定性设计与可靠度设计的可行域对比（$\delta_h = \delta_v = 10\,000$ m）

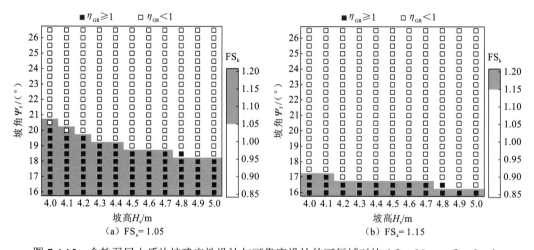

图 7.4.15 含软弱层土质边坡确定性设计与可靠度设计的可行域对比（$\delta_h = 20$ m，$\delta_v = 2$ m）

7.5　土石坝坝坡设计安全判据

7.5.1　坝坡稳定分析模型与参数

1. 坝坡稳定分析模型

如图 7.5.1 所示，陈祖煜（2018）指出，在工程实践中，坡比为 1∶1.3，坝高为 150 m 的土石坝坝坡稳定是行业公认的具有典型意义的坝坡稳定问题。本节在具有典型意义的坝坡稳定问题的基础上，调整土石坝坡比和坝高取值，组成若干个不同的设计方案。选择坡比为 $n = 1.1$，1.2，$\cdots$，1.6，坝高为 $H_{\mathrm{d}} = 100$ m，125 m，$\cdots$，350 m，共 66 个设计方案进行可靠度设计，研究土石坝坝坡稳定安全判据。需要强调的是，某些坝高和坡比的组合设计方案（如 $n = 1.1$，$H_{\mathrm{d}} = 350$ m）在实际工程中不会采用，本算例中仅仅将其作为一种可能的设计方案，使得设计空间范围更大，确保设计空间中存在临界设计方案，从而探究依据不同安全判据得到的设计可行域的关系。

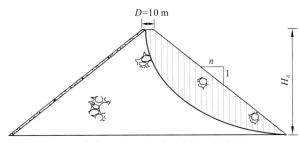

图 7.5.1　土石坝坝坡稳定分析示意图（陈祖煜，2018）

土石坝坝坡稳定分析时，采用简化毕晓普法计算堆石体边坡稳定安全系数，计算表达式为（吴震宇和陈建康，2018）

$$\mathrm{FS} = \frac{\sum \{[(W_{\mathrm{soil}} \pm V) - ub_{\mathrm{soil}}] \tan \varphi' + c'b_{\mathrm{soil}}\} / (\cos \alpha_{\mathrm{d}} + \sin \alpha_{\mathrm{d}} \tan \varphi' / \mathrm{FS})}{\sum [(W_{\mathrm{soil}} \pm V) \sin \alpha_{\mathrm{d}} + M_{\mathrm{c}} / R]} \quad (7.5.1)$$

式中：W_{soil} 为土条重力；V 为考虑地震作用时竖直方向的地震惯性力；M_{c} 为考虑地震作用时水平方向的地震惯性力力矩；u 为滑动面土条孔隙水压力；α_{d} 为土条底面的倾角；b_{soil} 为土条宽度；c'、φ' 为有效黏聚力和有效内摩擦角；R 为滑动圆弧半径。

高围压下堆石料的剪切强度具有明显的非线性特征（Charles and Soares，1984），堆石料的内摩擦角随着围压的增加而减小（Xu et al.，2012）。本算例采用《混凝土面板堆石坝设计规范》（SL 228—2013）所采纳的邓肯（Duncan）指数模式考虑堆石料的剪切强度非线性特征。使用非线性强度参数计算坝坡稳定安全系数时，内摩擦角 φ 是滑动面上小主应力的函数，计算表达式为（吴震宇和陈建康，2018，2013；Duncan et al.，1978）

$$\varphi = \varphi_0 - \Delta\varphi \lg(\sigma_3 / p_{\mathrm{a}}) \quad (7.5.2)$$

式中：φ_0 为标准大气压 p_{a} 下堆石料的内摩擦角；$\Delta\varphi$ 为小主应力增加一个对数周期下内

摩擦角的减小值；σ_3 为滑动面底部中点处的小主应力，计算公式为

$$\sigma_3 = \sigma_n(\sec^2\varphi_f - \tan\varphi_f \sec\varphi_f) \tag{7.5.3}$$

其中：σ_n 为滑动面底部中点处的法向应力；φ_f 为破坏摩擦角。σ_n、φ_f 的计算公式为

$$\sigma_n = (W_{soil} + V)/(b_{soil} + b_{soil}\tan\varphi\tan\alpha_d) - u \tag{7.5.4}$$

$$\tan\varphi_f = \tan\varphi / FS \tag{7.5.5}$$

2. 堆石料非线性强度参数统计

通过迭代计算式（7.5.1）～式（7.5.5）求解土石坝坝坡稳定安全系数。本算例中，坝顶宽度 D 和干重度 γ_d 为确定性参数，干重度取值为表 7.5.1 所示 30 座土石坝干重度的均值，即 $\gamma_d = 21.1$ kN/m³。堆石料的非线性强度参数 φ_0 和 $\Delta\varphi$ 为随机变量，本节中假设 φ_0 与 $\Delta\varphi$ 相互独立，φ_0 与 $\Delta\varphi$ 的相关性对坝坡稳定可靠度分析的影响可以参考吴震宇等（2009）的研究成果。为了避免堆石体产生过大的变形，土石坝的筑坝材料通常采用硬岩。然而，为了发挥土石坝就近取材的优势，实际工程中仍有不少土石坝的主体部分或全部将软岩作为筑坝材料（杨林 等，2020；李宁博 等，2017；Lu et al.，2013），如糯扎渡土石坝和大坳土石坝将软岩作为堆石料（张幸幸 等，2018；Xing et al.，2006）。本节考虑坝体堆石料为硬岩和软岩两种工况，探讨坝坡稳定安全判据及筑坝材料特性对安全判据的影响。

表 7.5.1　国内 30 座土石坝非线性强度参数统计

序号	土石坝名称	γ_d/(kN/m³)	φ_0/(°)	$\Delta\varphi$/(°)	数据来源
1	西北口土石坝	20.3	52.87	8.02	
2	天生桥土石坝	20.7	54.03	9.81	
3	珊溪土石坝	19.8	52.00	7.57	
4	两河口土石坝	21.7	52.96	9.12	
5	洪家渡土石坝	21.3	51.42	6.67	
6	狮子坪土石坝	20.1	49.60	9.40	
7	苗家坝土石坝	22.5	51.77	8.56	Wu 等
8	三板溪土石坝	21.2	56.60	11.67	(2020)
9	江坪河土石坝	21.0	53.69	9.95	
10	盘石头土石坝	21.0	53.37	9.50	
11	小浪底土石坝	20.0	50.68	9.92	
12	水牛家土石坝	20.8	50.75	9.46	
13	双江口土石坝	20.7	48.17	6.47	
14	糯扎渡土石坝	19.8	54.92	10.13	
15	水布垭土石坝	21.5	52.00	8.50	φ_0 和 $\Delta\varphi$ 来自陈祖煜等（2021），γ_d 来自陈祖煜（2010）
16	吉林台土石坝	22.5	49.00	8.10	
17	桐柏土石坝	19.7	47.00	7.00	

序号	土石坝名称	$\gamma_d/(\mathrm{kN/m^3})$	$\varphi_0/(°)$	$\Delta\varphi/(°)$	数据来源
18	紫坪铺土石坝	21.0	53.51	11.00	
19	冶勒土石坝	22.9	50.00	5.00	
20	天荒坪土石坝	21.0	51.70	10.80	
21	鲁布革土石坝	21.9	53.00	8.00	
22	白溪土石坝	20.7	47.00	7.00	
23	拉满土石坝	21.9	—	—	φ_0 和 $\Delta\varphi$ 来自陈祖煜等（2021），γ_d 来自陈祖煜（2010）
24	云龙土石坝	19.7	—	—	
25	引子渡土石坝	21.8	53.00	9.00	
26	乌鲁瓦提土石坝	23.4	51.00	6.50	
27	董箐土石坝	20.5	51.10	13.90	
28	鄂坪土石坝	21.7	51.36	10.21	
29	察汗乌苏土石坝	19.4	51.42	9.27	
30	高塘土石坝	22.0	50.47	7.43	
	均值	**21.1**	**51.59**	**8.86**	
	标准差	—	**2.21**	**1.86**	

确定性分析模型中使用强度参数小值平均值计算土石坝坝坡稳定安全系数标准值，强度参数小值平均值分别通过式（7.5.6）和式（7.5.7）计算：

$$\varphi_0 = \mu_{\varphi_0} - \sigma_{\varphi_0} \tag{7.5.6}$$

$$\Delta\varphi = \mu_{\Delta\varphi} + \sigma_{\Delta\varphi} \tag{7.5.7}$$

式中：μ_{φ_0} 和 $\mu_{\Delta\varphi}$ 分别为 φ_0 和 $\Delta\varphi$ 的均值；σ_{φ_0} 和 $\sigma_{\Delta\varphi}$ 分别为 φ_0 和 $\Delta\varphi$ 的标准差。硬岩堆石料非线性强度参数分布类型及其统计特征根据国内 30 座土石坝工程数据统计得到，30 座土石坝工程数据如表 7.5.1 所示。

根据表 7.5.1 中堆石料非线性强度参数值，图 7.5.2（a）统计得到了 φ_0 的概率密度函数，图 7.5.2（b）为相应的分位值-分位值图。同样地，图 7.5.3（a）和（b）分别为 $\Delta\varphi$ 的概率密度函数和分位值-分位值图。

统计结果表明，硬岩堆石料的 φ_0 和 $\Delta\varphi$ 均服从正态分布，正态分布的统计参数（均值和标准差）见表 7.5.2。软岩堆石料非线性强度参数 φ_0 和 $\Delta\varphi$ 的均值和标准差采用《水利水电工程风险分析及可靠度设计技术进展》（陈祖煜，2010）中的建议值，陈祖煜（2010）没有给出软岩堆石料 φ_0 和 $\Delta\varphi$ 的分布类型，本节假设软岩堆石料非线性强度参数的分布类型与硬岩堆石料非线性强度参数的分布类型一致，即均假设为正态分布。软岩堆石料的非线性强度参数 φ_0 和 $\Delta\varphi$ 的分布类型及统计特征见表 7.5.2。此外，表 7.5.2 中列出了依据式（7.5.6）和式（7.5.7）计算的软岩和硬岩堆石料非线性强度参数的小值平均值。

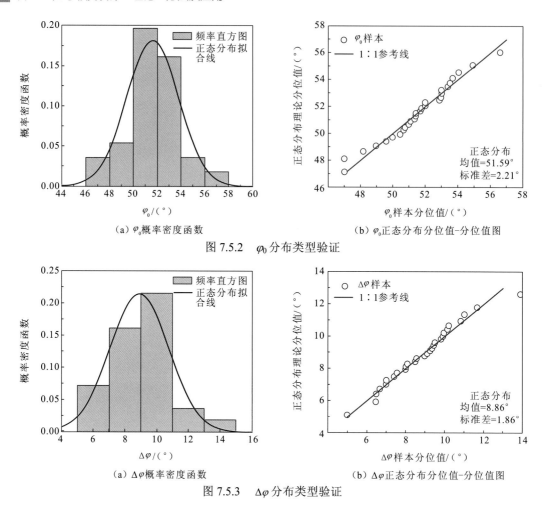

（a）φ_0概率密度函数　　　　　　（b）φ_0正态分布分位值-分位值图

图 7.5.2　φ_0 分布类型验证

（a）$\Delta\varphi$概率密度函数　　　　　　（b）$\Delta\varphi$正态分布分位值-分位值图

图 7.5.3　$\Delta\varphi$ 分布类型验证

表 7.5.2　堆石料非线性强度参数分布类型及统计特征

堆石料类型	材料非线性强度参数	均值	标准差	小值平均值	分布类型
硬岩堆石料（统计得到）	$\varphi_0/(°)$	51.59	2.21	49.38	正态分布
	$\Delta\varphi/(°)$	8.86	1.86	10.72	正态分布
软岩堆石料（陈祖煜，2010）	$\varphi_0/(°)$	44.58	1.77	42.81	正态分布
	$\Delta\varphi/(°)$	5.87	1.52	7.39	正态分布

7.5.2　安全判据的标定

1. 现行规范中安全判据规定

现行土石坝设计规范将安全系数作为土石坝坝坡稳定的安全判据，依据不同土石坝级别和运用条件规定相应的最小安全系数。考虑条块间作用力时，最小安全系数（即容

许安全系数 FS_a）取值如表 7.5.3 所示。7.5.1 小节提到的行业公认的具有典型意义的土石坝坝坡稳定问题中没有考虑渗流与地震作用，属于非常运用条件 I。因此，不同级别土石坝对应的容许安全系数为 1.15～1.30。

表 7.5.3　土石坝坝坡稳定容许安全系数和目标可靠指标

（a）容许安全系数

运用条件	土石坝级别			
	1 级	2 级	3 级	4、5 级
正常运用条件	1.50	1.35	1.30	1.25
非常运用条件 I	1.30	1.25	1.20	1.15
非常运用条件 II	1.20	1.15	1.15	1.10

（b）目标可靠指标

破坏类型	建筑物结构安全级别		
	I	II	III
第一类破坏	3.7	3.2	2.7
第二类破坏	4.2	3.7	3.2

需要指出的是，现行土石坝设计规范明确指出其仅适用于 200 m 以下坝高的土石坝，在坝高超 200 m 的土石坝坝坡稳定分析中应进行专门研究。此外，与确定性设计相比，可靠度设计能够合理地考虑土石坝堆石料强度参数的不确定性，将失效概率与目标失效概率对比（或可靠指标与目标可靠指标对比）作为土石坝坝坡稳定的安全判据。《水利水电工程结构可靠性设计统一标准》（GB 50199—2013）对不同安全级别和破坏类型的建筑物结构分别给出了相应的可靠度安全裕幅（即目标可靠指标 β_T）建议值，如表 7.5.3 所示。本节所研究的土石坝坝坡稳定问题中考虑土石坝破坏类型为第二类破坏，因此，规范中规定的不同建筑物结构安全级别对应的目标可靠指标为 3.2、3.7 和 4.2。

依据规范中给定的容许安全系数标定目标可靠指标，探讨《水利水电工程结构可靠性设计统一标准》（GB 50199—2013）中规定的目标可靠指标的合理性，同时为土石坝坝坡稳定目标可靠指标的取值提供建议。特别地，本算例中土石坝坝高取值为 100～350 m，安全判据研究结果对超 200 m 土石坝容许安全系数的取值具有一定的参考价值。采用表 7.5.2 中堆石料非线性强度参数统计特征，分别讨论硬岩堆石料和软岩堆石料土石坝坝坡稳定安全判据。

2. 采用硬岩堆石料的土石坝坝坡稳定安全判据

硬岩堆石料作为筑坝材料时，堆石料非线性强度参数的统计特征见表 7.5.2，下面探讨土石坝坝坡稳定确定性设计安全判据与可靠度设计安全判据之间的关系。确定性设计时，堆石料非线性强度参数取小值平均值（表 7.5.2），计算设计空间中 66 个设计方案的安全系数标准值。选取目标可靠指标 $\beta_T=3.2$，采用子集模拟方法计算各设计方案的广义可靠指标相对安全率。图 7.5.4 为安全系数标准值与广义可靠指标相对安全率的线性拟合结果，拟合优度 $R^2=0.996$，说明将硬岩堆石料作为筑坝材料的土石坝坝坡稳定满足确定性设计与可靠度设计安全判据的等价性充分条件。因此，本算例将依据容许安全系数标定目标可靠度，实现两种安全判据的等价。

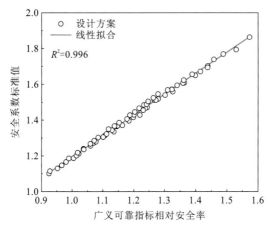

图 7.5.4　土石坝坝坡稳定安全判据的等价性充分条件验证（硬岩堆石料）

如表 7.5.3 所示，容许安全系数取 1.15、1.20、1.25 和 1.30，标定相应的目标可靠度（目标可靠指标或目标失效概率）。为了便于在设计空间中寻找临界设计方案（即安全系数标准值等于容许安全系数的设计方案），首先构建安全系数标准值（FS_k）与设计参数（坝高 H_d 和坡比 n）的响应面，二阶多项式响应面的表达式为

$$FS_k = 0.252\,2 - 1.756\,7\times10^{-3}H_d + 1.325\,4n + 3.420\,1\times10^{-6}H_d^2$$
$$- 0.104\,1n^2 - 7.215\,2\times10^{-4}H_dn \quad (7.5.8)$$

式（7.5.8）计算的安全系数标准值与简化毕晓普法计算的安全系数标准值之间的拟合优度 R^2 为 0.997，表明式（7.5.8）具有足够的准确性。根据响应面[式（7.5.8）]将安全系数标准值等于容许安全系数的设计方案作为临界设计方案，临界设计方案如表 7.5.4 所示。此外，对此临界设计方案进行确定性分析并计算安全系数标准值，结果与容许安全系数十分接近，验证了依据响应面确定的临界设计方案的正确性。对临界设计方案进行可靠度分析，计算其失效概率并将其作为可靠度设计的目标失效概率（或目标可靠指标），结果见表 7.5.4。

表 7.5.4　土石坝坝坡稳定安全判据的标定结果（硬岩堆石料）

FS_a	临界设计方案		FS_k	$P_f=P_{TE}$（β_{TE}）
	H_d/m	n		
1.15	270	1.1	1.151	2.25×10^{-3}（2.84）
1.20	325	1.2	1.201	5.97×10^{-4}（3.24）
1.25	255	1.2	1.252	1.23×10^{-4}（3.67）
1.30	300	1.3	1.303	3.09×10^{-5}（4.00）

196

对于设计空间中的 66 个设计方案,比较各设计方案的安全系数标准值与容许安全系数可以得到确定性设计可行域,可行设计方案的 $\mathrm{FS_k} \geqslant \mathrm{FS_a}$。此外,根据表 7.5.4 中依据容许安全系数标定的目标失效概率(或目标可靠指标),采用子集模拟方法对所有设计方案进行可靠度分析,计算每个设计方案的广义可靠指标相对安全率,进而可以确定可靠度设计可行域,可行设计方案满足条件 $\eta_{\mathrm{GR}} \geqslant 1$。

将硬岩堆石料作为筑坝材料时,图 7.5.5 分别对比了确定性设计与可靠度设计的可行域,灰色阴影部分为满足确定性设计安全判据的设计方案,红色实心方形表示满足可靠度设计安全判据的设计方案。对比可知,确定性设计与可靠度设计的可行域相同,进一步验证了硬岩堆石料作为筑坝材料时土石坝坝坡稳定确定性设计与可靠度设计的安全判据存在等价关系,表 7.5.4 中容许安全系数与标定的目标可靠度具有相同的设计安全裕幅。

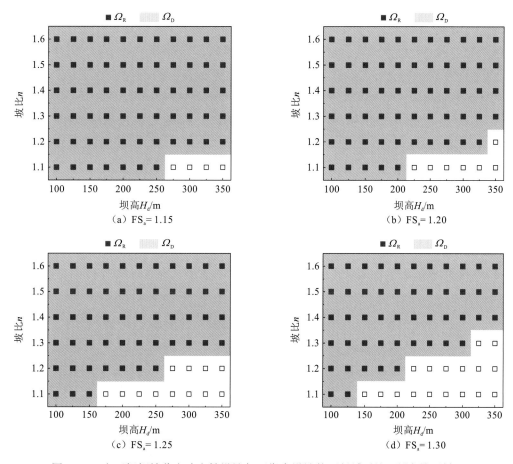

图 7.5.5　土石坝坝坡稳定确定性设计与可靠度设计的可行域对比(硬岩堆石料)

3. 采用软岩堆石料的土石坝坝坡稳定安全判据

为减少堆石体的变形,土石坝一般将硬岩作为堆石料。随着筑坝技术的发展与成熟,为了就近取材，一些相对软弱的岩石也可以作为筑坝材料，国内外利用软岩修筑的土石坝有百余座，如天生桥一级土石坝下游干燥区、大坳土石坝主体等。与硬岩堆石料相同，本节探讨以软岩堆石料为筑坝材料的土石坝坝坡稳定确定性设计安全判据与可靠度设计安全判据，堆石料的非线性强度参数统计特征见表 7.5.2。将非线性强度参数的小值平均值（表 7.5.2）作为确定性分析模型的输入参数，计算设计空间中 66 个设计方案的安全系数标准值。选取目标可靠指标β_T=3.2，采用子集模拟方法计算每个设计方案的广义可靠指标相对安全率。图 7.5.6 为 FS_k 与 η_{GR} 的线性拟合结果，拟合优度为 R^2=0.997，说明将软岩堆石料作为筑坝材料的土石坝坝坡稳定满足确定性设计与可靠度设计安全判据的等价性充分条件。因此，可以依据容许安全系数标定目标可靠度，实现两种安全判据的等价。

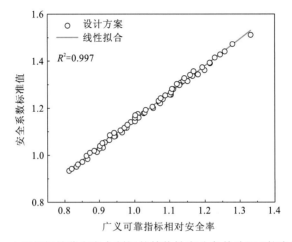

图 7.5.6　土石坝坝坡稳定安全判据的等价性充分条件验证（软岩堆石料）

与硬岩堆石料标定方法相同，取表 7.5.3 中列出的容许安全系数，即 1.15、1.20、1.25 和 1.30，分别标定相应的目标可靠度（目标可靠指标或目标失效概率）。首先构建安全系数标准值（FS_k）与设计参数（坝高 H_d 和坡比 n）的响应面，二阶多项式响应面的表达式为

$$FS_k = 0.1221 - 9.0576\times10^{-4}H_d + 1.0495n + 1.8565\times10^{-6}H_d^2$$
$$- 0.0599n^2 - 4.5509\times10^{-4}H_dn \tag{7.5.9}$$

式（7.5.9）计算的安全系数标准值与简化毕晓普法计算的安全系数标准值之间的拟合优度 R^2 为 0.998，表明式（7.5.9）具有足够的准确性。根据响应面[式（7.5.9）]将安全系数标准值等于容许安全系数的设计方案作为临界设计方案，临界设计方案如表 7.5.5 所示。此外，对此临界设计方案进行确定性分析并计算安全系数标准值，结果与容许安全系数十分接近，验证了依据响应面确定的临界设计方案的正确性。对临界设计方案进行可靠度分析，计算其失效概率并将其作为可靠度设计的目标失效概率（或目标可靠指标），结果见表 7.5.5。

表 7.5.5　土石坝坝坡稳定安全判据的标定结果（软岩堆石料）

FS$_a$	临界设计方案		FS$_k$	$P_f = P_{TE}$（β_{TE}）
	H_d/m	n		
1.15	210	1.3	1.153	6.19×10^{-4}（3.23）
1.20	150	1.3	1.200	6.15×10^{-5}（3.84）
1.25	180	1.4	1.253	6.96×10^{-6}（4.35）
1.30	220	1.5	1.301	1.33×10^{-6}（4.7）

进而，通过对比两种设计方法得到的可行域进一步验证安全判据的等价性。如果两种设计方法得到的可行域相同，则说明表 7.5.5 中容许安全系数与目标失效概率（或目标可靠指标）具有相同的安全裕幅，两种设计方法的安全判据具有等价关系。通过比较各设计方案的安全系数标准值与容许安全系数可以得到确定性设计可行域，可行设计方案的 FS$_k \geqslant$ FS$_a$。此外，根据表 7.5.5 中依据容许安全系数标定的目标失效概率（或目标可靠指标），计算每个设计方案的广义可靠指标相对安全率，进而可以确定可靠度设计可行域，可行设计方案的 $\eta_{GR} \geqslant 1$。

将软岩堆石料作为筑坝材料时，图 7.5.7 分别对比了土石坝坝坡稳定确定性设计可行

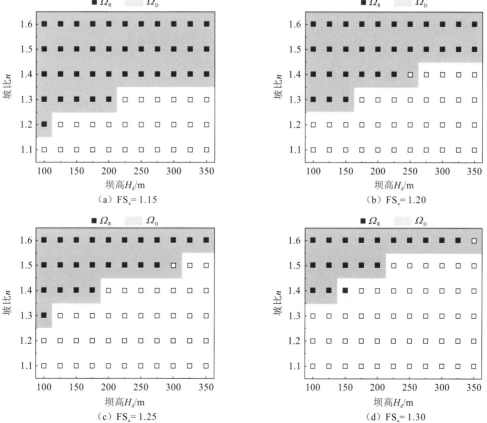

图 7.5.7　土石坝坝坡稳定确定性设计与可靠度设计的可行域对比（软岩堆石料）

域与可靠度设计可行域，灰色阴影部分为满足确定性设计安全判据的设计方案，红色实心方形表示满足可靠度设计安全判据的设计方案。通过对比可知，确定性设计可行域与可靠度设计可行域基本相同，进一步验证了软岩堆石料作为筑坝材料时土石坝坝坡稳定确定性设计与可靠度设计的安全判据存在等价关系，表 7.5.5 中容许安全系数与标定的目标可靠度具有相同的设计安全裕幅。

7.5.3　安全判据比较与目标可靠指标建议值

表 7.5.6 列出了以硬岩堆石料和软岩堆石料为筑坝材料的土石坝坝坡稳定标定的目标可靠指标 β_{TE}，并将其与《水利水电工程结构可靠性设计统一标准》（GB 50199—2013）中规定的目标可靠指标 β_T（表 7.5.3）进行比较。结果表明，将硬岩堆石料作为筑坝材料时，β_T 大于 β_{TE}，说明基于 β_T 的可靠度设计安全裕幅能够满足基于 FS_a 的确定性设计安全裕幅要求。将软岩堆石料作为筑坝材料时，β_T 小于 β_{TE}，说明基于 β_T 的可靠度设计安全裕幅不能够满足基于 FS_a 的确定性设计安全裕幅要求。

根据表 7.5.6 中的标定结果，当采用软岩堆石料时，土石坝结构安全级别 Ⅰ、Ⅱ、Ⅲ 对应的目标可靠指标建议分别提高至 4.7、4.4、3.3。此外，本算例中土石坝设计方案的最大坝高为 350 m，说明研究结果适用于超 200 m 土石坝设计安全判据的规定。

表 7.5.6　土石坝坝坡稳定目标可靠指标建议值

堆石料类型	建筑物结构安全级别（土石坝级别）			
	Ⅰ（1 级）	Ⅱ（2 级）	Ⅱ（3 级）	Ⅲ（4、5 级）
硬岩堆石料	4.00	3.67	3.24	2.84
软岩堆石料	4.70	4.35	3.84	3.23

参 考 文 献

陈胜, 2018. 高速铁路桩网复合地基正常使用极限状态可靠度研究[D]. 武汉: 中国地质大学(武汉).

陈文, 陈立宏, 孙平, 2010. 岩土材料性能分项系数的标定[C]//水利水电工程风险分析及可靠度设计方法研讨会. 宜昌: 中国水利水电科学研究院: 321-342.

陈祖煜, 2010. 水利水电工程风险分析及可靠度设计技术进展[M]. 北京: 中国水利水电出版社.

陈祖煜, 2018. 建立在相对安全率准则基础上的岩土工程可靠度分析与安全判据[J]. 岩石力学与工程学报, 37(3): 521-544.

陈祖煜, 周恒, 陆希, 等, 2021. 土坝坝坡抗滑稳定分项系数方法: 理论和标定[J]. 水力发电学报, 40(6): 99-116.

杜效鹄, 杨健, 2010. 我国水电站大坝溃坝生命风险标准讨论[J]. 水力发电, 36(5): 68-70, 94.

GEO-SLOPE International Ltd., 2011. 边坡稳定性分析软件 SLOPE/W 用户指南[M]. 中仿科技(CnTech) 公司, 译. 北京: 冶金工业出版社.

蒋水华, 李典庆, 周创兵, 等, 2014. 考虑自相关函数影响的边坡可靠度分析[J]. 岩土工程学报, 36(3): 508-518.

李昂, 罗强, 张文生, 等, 2019. 土坡稳定分析中考虑参数变异水平的分项系数取值[J]. 铁道科学与工程学报, 16(2): 341-350.

李典庆, 蒋水华, 2016. 边坡稳定可靠度非侵入式随机分析方法[M]. 北京: 科学出版社.

李宁博, 邵剑南, 徐艳杰, 2017. 软岩作为面板堆石坝筑料的探讨[J]. 水利规划与设计, 11: 155-156, 178.

彭兴, 2018. 基于蒙特卡罗模拟的岩土工程可靠度设计域方法[D]. 武汉: 武汉大学.

邵克博, 曹子君, 李典庆, 2017. 基于子集模拟的浅基础扩展可靠度设计[J]. 武汉大学学报(工学版), 50(4): 517-525.

魏永幸, 罗一农, 刘昌清, 2017. 支挡结构设计的可靠性[M]. 北京: 人民交通出版社股份有限公司.

吴震宇, 陈建康, 2013. 考虑非线性强度指标的面板堆石坝坝坡稳定可靠度分析[J]. 水电能源科学, 31(9): 72-75.

吴震宇, 陈建康, 2018. 土坡体系可靠度分析方法及在高土石坝工程中的应用[J]. 岩土力学, 39(2): 699-704, 714.

吴震宇, 陈建康, 许唯临, 等, 2009. 高堆石坝非线性强度指标坝坡稳定可靠度分析方法研究及工程应用[J]. 岩石力学与工程学报, 28(1): 130-137.

杨林, 邹爽, 廖海梅, 等, 2020. 软岩筑堆石坝坝坡稳定性的参数敏感性分析[J]. 水利规划与设计(9): 105-108.

张峰, 周峰, 王耀, 等, 2018. 基于鲁棒性的地基土承载力设计研究[J]. 地下空间与工程学报, 14(6): 1594-1602.

张幸幸, 景来红, 温彦锋, 等, 2018. 软岩堆石料填筑高土石坝的技术进展[C]//水库大坝高质量建设与绿色发展: 中国大坝工程学会 2018 学术年会论文集. 郑州: 黄河水利出版社: 528-537.

张亚楠, 曹子君, 高国辉, 等, 2018. 考虑土体参数空间变异性的浅基础扩展式可靠度设计[J]. 武汉大学学报(工学版), 51(9): 753-759, 777.

章荣军, 于同生, 郑俊杰, 2018. 材料参数空间变异性对水泥固化淤泥填筑路堤稳定性影响研究[J]. 岩土工程学报, 40(11): 2078-2086.

郑俊杰, 徐志军, 刘勇, 等, 2012. 基桩抗力系数的贝叶斯优化估计[J]. 岩土工程学报, 34(9): 1716-1721.

中华人民共和国水利部, 2007. 水工挡土墙设计规范: SL 379—2007[S]. 北京: 中国水利水电出版社.

中华人民共和国住房和城乡建设部, 中华人民共和国国家质量监督检验检疫总局, 2013. 水利水电工程结构可靠性设计统一标准: GB 50199—2013[S]. 北京: 中国计划出版社.

周建平, 杜效鹄, 2010. 我国水电站大坝溃坝生命风险标准讨论[J]. 中国水能及电气化, 5: 14-18.

周建平, 王浩, 陈祖煜, 等, 2015. 特高坝及其梯级水库群设计安全标准研究 I: 理论基础和等级标准[J]. 水利学报, 46(5): 505-514.

周诗广, 张玉玲, 2011. 我国铁路工程结构设计方法转轨的认识与思考[J]. 铁道经济研究, 3: 27-32.

BECKER D E, 1996. Eighteenth Canadian geotechnical colloquium: Limit states design for foundations. Part I. An overview of the foundation design process[J]. Canadian geotechnical journal, 33(6): 956-983.

BOND A, HARRIS A, 2008. Decoding Eurocode 7[M]. London: Taylor & Francis.

CHARLES J A, SOARES M M, 1984. Stability of compacted rockfill slopes[J]. Géotechnique, 34(1): 61-76.

DUNCAN J M, BYRNE P M, WONG K S, 1978. Strength, stress-strain and bulk modulus parameters for finite element analysis of stress and movements in soil masses[R]. Berkeley: University of California.

FENTON G A, GRIFFITHS D V, 2008. Risk assessment in geotechnical engineering[M]. Hoboken: John Wiley & Sons.

FENTON G A, GRIFFITHS D V, CAVERS W, 2005. Resistance factors for settlement design[J]. Canadian geotechnical journal, 42(5): 1422-1436.

GAO G H, LI D Q, CAO Z J, et al., 2019. Full probabilistic design of earth retaining structures using generalized subset simulation[J]. Computers and geotechnics, 112: 159-172.

HUFFMAN J C, STUEDLEIN A W, 2015. Reliability-based serviceability limit state design for immediate settlement of spread footings on clay[J]. Soils and foundations, 55 (4): 798-812.

International Organization for Standardization, 2015. General principles on reliability for structures: ISO 2394: 2015[S]. Geneva: ISO.

JI J, LIAO H J, LOW B K, 2012. Modeling 2-D spatial variation in slope reliability analysis using interpolated autocorrelations[J]. Computers and geotechnics, 40: 135-146.

JIANG S H, HUANG J, GRIFFITHS D V, et al., 2022. Advances in reliability and risk analyses of slopes in spatially variable soils: A state-of-the-art review[J]. Computers and geotechnics, 141: 104498.

JUANG C H, WANG L, HSIEH H S, et al., 2014. Robust geotechnical design of braced excavations in clays[J]. Structural safety, 49: 37-44.

LI L, CHU X S, 2015. Multiple response surfaces for slope reliability analysis[J]. International journal for numerical and analytical methods in geomechanics, 39(2): 175-192.

LI S Y, ZHOU X B, WANG Y J, et al., 2015. Study of risk acceptance criteria for dams[J]. Science China technological sciences, 58(7): 1263-1271.

LIU L L, CHENG Y M, JIANG S H, et al., 2017. Effects of spatial autocorrelation structure of permeability on seepage through an embankment on a soil foundation[J]. Computers and geotechnics, 87(7): 62-75.

LU L, HAN Q R, LI X, 2013. Study on utilization of soft rock to construct 200m super high CFRD[J]. Applied mechanics and materials, 438-439: 629-633.

PHOON K K, KULHAWY F H, 1999. Characterization of geotechnical variability[J]. Canadian geotechnical journal, 36(4): 612-624.

PHOON K K, RETIEF J V, 2016. Reliability of geotechnical structures in ISO 2394[M]. Boca Raton: CRC Press.

TANG X S, WANG M X, LI D Q, 2020. Modeling multivariate cross-correlated geotechnical random fields using vine copulas for slope reliability analysis[J]. Computers and geotechnics, 127: 103784.

VANMARCKE E, 2010. Random fields: Analysis and synthesis (revised and expanded new edition)[M].

Singapore City: World Scientific.

WANG Y, CAO Z J, 2013. Expanded reliability-based design of piles in spatially variable soil using efficient Monte Carlo simulations[J]. Soils and foundations, 53(6): 820-834.

WU Z Y, CHEN C, LU X, et al., 2020. Discussion on the allowable safety factor of slope stability for high rockfill dams in China[J]. Engineering geology, 272: 105666.

XING H F, GONG X N, ZHOU X G, et al., 2006. Construction of concrete-faced rockfill dams with weak rocks[J]. Journal of geotechnical and geoenvironmental engineering, 132 (6): 778-785.

XU M, SONG E, CHEN J, 2012. A large triaxial investigation of the stress-path-dependent behavior of compacted rockfill[J]. Acta geotechnica, 7(3): 167-175.

ZHANG S H, LI Y H, LI J Z, et al., 2020. Reliability analysis of layered soil slopes considering different spatial autocorrelation structures[J]. Applied sciences, 10(11): 4029.

ZHANG W S, LUO Q, JIANG L W, et al., 2020. Target reliability indices for long geotechnical embankment slopes[J]. European journal of environmental and civil engineering, 26(4): 1622-1637.

第 8 章

岩土工程可靠度设计点计算方法

8.1 引　言

《结构可靠性的一般原则》（ISO 2394：2015）第 4.4.1 条指出，除了后果之外，当结构的失效模式和不确定性表征可以被分类与标准化时，可靠度设计方法可以被进一步地简化，这种简化的可靠度设计方法被称为半概率可靠度设计方法。在半概率可靠度设计方法中，参数不确定性主要通过其标准值或名义值体现，目标可靠指标主要通过校准后的分项系数来影响最终的设计方案。目前，半概率可靠度设计方法是岩土工程界采用较多的可靠度设计方法，中国、美国、欧洲、加拿大、日本等国家和地区陆续颁布了相应的半概率可靠度设计规范。对半概率可靠度设计方法进行校准时，设计点是一个至关重要的概念，在校准过程中起到全概率可靠度设计方法与半概率可靠度设计方法之间桥梁的作用。《欧洲规范：结构设计准则》（EN 1990：2002）附录 C 中讨论了验算点法在分项系数校准中的应用。因此，如何准确、高效地求解设计点，对于半概率可靠度设计方法的分项系数校准而言至关重要。对于特定设计工况，一次可靠度方法可以用来计算随机变量的设计点，通过设计点可以得到荷载和抗力的敏感性，确定荷载和抗力的分项系数。由于这些特性，一次可靠度方法可以用来校准规范中的分项系数，但校准结果也仅适用于特定设计工况，如果实际设计工况发生了较大的改变，利用校准后的分项系数得到的设计结果往往不能满足设计要求。相对而言，基于蒙特卡罗模拟的全概率可靠度设计方法具有较强的鲁棒性，可以解决上述问题，为半概率可靠度设计方法提供了较好的补充。

当进行蒙特卡罗模拟时需要产生大量随机样本，这些随机样本中包含着诸多信息（如不确定性变量的统计信息、结构的安全性、模型误差等）。在传统的可靠度分析中，失效概率仅仅是随机样本信息（结构的安全性）的一个综合表征，而单个随机样本所包含的信息却没有得到应有的重视。例如，Low（2017）明确指出了蒙特卡罗模拟方法无法得到设计点和随机变量的敏感性信息。分析发现，通过充分挖掘蒙特卡罗模拟过程中随机样本所包含的信息可以得到与一次可靠度方法类似的设计点，此外，一次可靠度方法中的设计点也可等效地视为单个随机样本信息的体现。借助改进的、更高效的蒙特卡罗模拟方法，如广义子集模拟方法，可以更加高效地寻找设计域内所有可能设计方案的设计点，克服了基于随机模拟的全概率可靠度设计方法在获取设计点方面的不足，为半概率可靠度设计方法中分项系数的校准提供了新思路。

本章首先对设计点的概念（经典定义、扩展椭球体定义和最可能失效点定义）进行系统的梳理和解释。其次，深入挖掘蒙特卡罗模拟过程中随机样本隐含的信息，探讨随机样本与设计点之间的内在联系，发展了基于随机模拟的设计点计算方法。最后，采用半重力式挡土墙和重力式挡土墙算例验证基于随机模拟的设计点计算方法的有效性与合理性。

8.2　设计点定义

设计点的概念于 1956 年在结构领域首次被提出,时至今日诸多学者对设计点进行了不同的解释和验证。在解释设计点的概念之前,首先应对结构的状态、极限状态和极限状态面进行定义。在结构的几何尺寸和荷载条件已知的情况下,结构的状态方程(功能函数)可用式(8.2.1)进行表示:

$$g(\boldsymbol{x}) = g(x_1, x_2, \cdots, x_n) \tag{8.2.1}$$

式中:$\boldsymbol{x}$ 为已知参数,包括但不限于几何尺寸、强度参数、外部荷载、抗力条件等。当 $g(\boldsymbol{x}) > 0$ 时,结构处于安全状态;当 $g(\boldsymbol{x}) < 0$ 时,结构处于不安全状态。当 $g(\boldsymbol{x}) = 0$ 时,结构处于极限平衡状态,此时结构的状态方程被定义为结构的极限状态方程:

$$g(\boldsymbol{x}) = g(x_1, x_2, \cdots, x_n) = 0 \tag{8.2.2}$$

在二维空间中,结构的极限状态方程可用一条线进行表示,称为极限状态线,极限状态线将结构状态空间划分为两个部分,即安全区域和非安全区域。同理,在三维空间中,结构的极限状态方程可用一个曲面进行表示,称为极限状态面。方便起见,本章统一使用极限状态面来表示结构极限状态方程在空间中的存在形式。

8.2.1　经典定义

设计点的概念最早出现于 Freudenthal(1956)中,其指出设计点是在多维独立标准正态空间 $\boldsymbol{U}$ 中,极限状态面上至坐标原点最近的点(如图 8.2.1 中 $\boldsymbol{u}^*$ 所示,此处用二维空间表示仅仅是因为说明方便)。因此,设计点的求解问题最终可以转化为一个有约束的最短距离优化问题,如式(8.2.3)所示:

$$\beta = \sqrt{\boldsymbol{u}^{*\mathrm{T}}\boldsymbol{u}^*} = \min\left\{\sqrt{\boldsymbol{u}^{\mathrm{T}}\boldsymbol{u}} \mid g(\boldsymbol{u}) = 0\right\} \tag{8.2.3}$$

式中:$\boldsymbol{u}^*$ 为所求设计点向量;$\boldsymbol{u}$ 为 $\boldsymbol{U}$ 空间中的多维随机变量向量;$g(\boldsymbol{u}) = 0$ 为结构在多维独立标准正态空间中的极限状态面;β 为可靠指标(设计点至坐标原点的距离)。

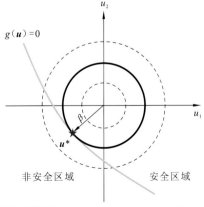

图 8.2.1　设计点示意图(Au and Wang,2014;Shinozuka,1983)

Freudenthal（1956）中的设计点定义仅适用于多维独立标准正态空间 U，在此空间中所有随机变量均服从标准正态分布且相互独立，并没有考虑随机变量服从相关非正态分布的情形。实际工程中，大部分随机变量服从非标准正态分布且具有一定的相关性，即需要在相关非正态空间 X 中寻找设计点，由于相关非正态空间 X 的非直观性和复杂性，设计点求解的难度大大增加（Shinozuka，1983）。然而，可以通过等效转换将相关非正态分布转换为独立标准正态分布（Au and Wang，2014），即将随机变量从 X 空间转换到 U 空间。转换过程可以分为两步，如图 8.2.2 所示。第一步，通过等概率转换将随机变量从相关非正态空间 X [图 8.2.2（c）] 转换到等效相关正态空间 Y [图 8.2.2（b）]，此过程中假设非正态随机变量正态化的过程基本上不改变随机变量之间的相关性，转换过程可用式（8.2.4）进行表示：

$$X \to Y : y = \Phi^{-1}[g(x)] \tag{8.2.4}$$

式中：$g(x)$ 为结构的状态方程；$\Phi^{-1}(\cdot)$ 为多维正态分布累积分布函数的逆函数；x 为 X 空间中的多维随机向量；y 为 Y 空间中的多维等效随机向量。第二步，通过正交线性变换将随机变量从等效相关正态空间 Y [图 8.2.2（b）] 转换到等效独立标准正态空间 U [图 8.2.2（a）]，转换过程可用式（8.2.5）表示：

$$Y \to U : u = L^{-1}y, \rho = LL^{\mathrm{T}} \tag{8.2.5}$$

式中：ρ 为随机变量的相关系数矩阵；L 为 ρ 的楚列斯基分解结果。经过上述转换之后，便可以在 U 空间中寻找设计点 u^*，之后通过上述步骤的逆过程求得 X 空间中的设计点。基于上述原理，发展了许多结构可靠度计算方法，如验算点法、改进的验算点法等，此类方法概念简单、计算方便，在实际工程中得到了广泛的应用。

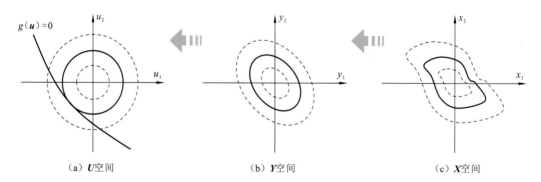

（a）U空间　　　　　　　　　　（b）Y空间　　　　　　　　　　（c）X空间

图 8.2.2　随机变量空间转换示意图（秦权 等，2006）

8.2.2　扩展椭球体

当结构的随机变量服从相关正态分布时，Hasofer 和 Lind（1974）提出了一种新的可靠指标计算方法，称该可靠指标为 Hasofer-Lind 可靠指标 β，用式（8.2.6）表示：

$$\beta = \min_{y \in F} \sqrt{(y - \overline{\mu})^{\mathrm{T}} C^{-1} (y - \overline{\mu})} \tag{8.2.6}$$

式中：F 为失效区域；y 为 Y 空间中的等效随机向量；$\overline{\mu}$ 为随机变量的均值向量；C 为

协方差矩阵。从式（8.2.6）可以看出，Hasofer-Lind 可靠指标的求解问题也可以转化为一个有约束的最短距离优化问题。此时，设计点定义为失效区域内距随机变量中心最近的点，相应的距离为 Hasofer-Lind 可靠指标β。基于上述理论，Low（2017，2005）、Low和 Tang（2004，1997）以扩展椭球体为依托，解释了设计点和可靠指标的意义。

多维相关正态分布的联合概率密度函数可用式（8.2.7）表示：

$$f(\boldsymbol{y}) = \frac{1}{(2\pi)^{\frac{n}{2}}|\boldsymbol{C}|^{0.5}} \exp\left[-\frac{1}{2}(\boldsymbol{y}-\overline{\boldsymbol{\mu}})^{\mathrm{T}}\boldsymbol{C}^{-1}(\boldsymbol{y}-\overline{\boldsymbol{\mu}})\right] \tag{8.2.7}$$

式中：n 为随机变量维数。将式（8.2.6）中算子符号 min 去除，式（8.2.6）可等价变换为

$$\beta^2 = (\boldsymbol{y}-\overline{\boldsymbol{\mu}})^{\mathrm{T}}\boldsymbol{C}^{-1}(\boldsymbol{y}-\overline{\boldsymbol{\mu}}) \tag{8.2.8}$$

在二维空间中，式（8.2.8）映射到几何空间为椭圆；在三维空间中，式（8.2.8）可以表示为椭球面；在更高维的空间中，式（8.2.8）可以表示为超椭球面。为了方便说明，本章将式（8.2.8）代表的几何体统称为椭球面。将式（8.2.8）代入式（8.2.7），多维相关正态分布的联合概率密度函数可以表示为

$$f(\boldsymbol{y}) = \frac{1}{(2\pi)^{\frac{n}{2}}|\boldsymbol{C}|^{0.5}} \exp\left(-\frac{1}{2}\beta^2\right) \tag{8.2.9}$$

对于二维随机变量，式（8.2.9）可以表示为一系列同心椭圆，如图 8.2.3 所示。这些椭圆的中心与随机变量的中心重合，同一椭圆上的点的概率密度值相同，即椭圆代表概率密度等值线。由多维相关正态分布的联合概率密度函数的性质可知：随机变量中心点的概率密度值最大，距离中心点越远，概率密度值越小。因此，从随机变量中心点开始，随着同心椭圆半径的不断扩大，其所代表的概率密度等值线的值越小。由式（8.2.6）可知，在计算结构可靠指标时，需要在结构的失效区域内找到一点，其对应的 β 最小，最小的 β 即可靠指标。由式（8.2.9）可知，空间中某一点的概率密度值与相应的 β 成反比，当 β 最小时，相应的概率密度值最大。结合随着式（8.2.9）代表的一系列同心椭圆

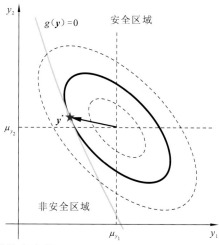

图 8.2.3　相关正态空间中的设计点意义（Low and Phoon，2015；Low and Tang，2007；Low，2005）

μ_{y_1} 为随机变量 y_1 的均值；μ_{y_2} 为随机变量 y_2 的均值

的不断扩大，其所代表的概率密度等值线的值越小这一客观事实，可以做出以下推论：在结构的失效区域内，第一个与极限状态线接触的椭圆代表的概率密度等值线的值最大，根据该接触点求得的 β 最小，此接触点即设计点，如图 8.2.3 中 y^* 所示。对于多维随机变量而言，上述推论同样成立，可以表述为：在结构的失效区域内，第一个与极限状态面接触的椭球体代表的概率密度等值线的值最大，由接触点求得的 β 最小，此接触点即设计点。此时可以发现，设计点的经典意义是随机变量服从多维独立标准正态分布时的一种特殊解释。

8.2.3 最可能失效点

Freudenthal（1956）阐明了设计点的定义和物理意义，对设计点的统计学意义进行了解释，即"如果随机变量服从独立标准正态分布，那么设计点是极限状态面上的最大似然点，这是由多维独立标准正态分布的特性决定的"。Shinozuka（1983）对此做了验证，并研究了随机变量服从相关正态分布和相关非正态分布时的情形，指出：如果随机变量服从正态分布，无论其相关与否，设计点总是极限状态面上的最大似然点；如果随机变量服从非正态分布，可以用极限状态面上的最大似然点近似代替设计点。Low（2017，2005）、Low 和 Tang（2004，1997）借助扩展椭球体对设计点的概念和意义进行了直观的解释，设计点位于失效区域内概率密度值最大的等值线上，设计点同样是极限状态面上的最大似然点。der Kiureghian 和 Dakessian（1998）对此进行了同样的解释。

上述设计点的三种解释分别对应设计点的定义、几何空间定义和统计学意义，以往学者的研究大部分停留在设计点的定义、几何空间定义层面，而对设计点的统计学意义研究较少。本章将借助随机模拟方法，从设计点的统计学意义展开研究。

8.3 基于随机模拟的设计点计算方法

8.3.1 蒙特卡罗模拟方法

当随机变量服从多维独立标准正态分布时，采用蒙特卡罗模拟方法计算结构的失效概率，可用式（8.3.1）进行表示：

$$P_f = \int_{g(\boldsymbol{u}) \leq 0} f(\boldsymbol{u}) \mathrm{d}\boldsymbol{u} = \frac{1}{N_{\mathrm{MCS}}} \sum_{k=1}^{N_{\mathrm{MCS}}} I(\boldsymbol{u}) \tag{8.3.1}$$

式中：P_f 为结构的失效概率；$f(\boldsymbol{u})$ 为随机变量的联合概率密度函数；N_{MCS} 为随机模拟的样本数目；$I(\boldsymbol{u})$ 为指示函数，当随机样本处于安全区域（如图 8.3.1 中绿色实心圆所示）时，$I(\boldsymbol{u})=0$，当随机样本处于非安全区域（如图 8.3.1 中红色实心圆所示）时，$I(\boldsymbol{u})=1$。

结构的失效概率 P_f 是随机变量的联合概率密度函数在失效区域（非安全区域）内的

积分，从随机样本角度来看，P_f 是随机样本在失效区域内的加权平均值，权重为随机变量的联合概率密度函数值。在蒙特卡罗模拟过程中，任何一个随机样本中均隐含着如下信息：①随机变量的值；②随机样本的概率值；③结构的安全程度。结构的失效概率是随机样本隐含信息的综合表征。根据设计点的几何空间定义和统计学意义可以发现，结构极限状态面上的最大似然点可以近似地是失效区域内联合概率密度函数值最大的随机样本点。因此，在蒙特卡罗模拟过程中，记录随机样本信息，然后通过一定的算法寻找失效区域内联合概率密度函数值最大的随机样本点，将该随机样本点近似等效为设计点是可行的。

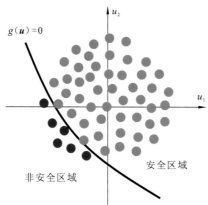

图 8.3.1　蒙特卡罗模拟随机样本点示意图

根据随机变量联合概率密度函数分布的不同，可以使用不同的方法求解设计点。如果随机变量服从多维正态分布，则可以直接将联合概率密度函数值最大的失效样本点作为设计点（Shinozuka，1983）；如果随机变量服从多维非正态分布，则可以将随机变量原始空间中等概率椭球体与极限状态面接触的点作为设计点（Low and Tang，1997）。第一种设计点的计算方法如下（Low，2005；Low and Tang，2004）：

$$\beta = \min_{\boldsymbol{x}_i \in F} \sqrt{\left(\frac{\boldsymbol{x}_i - \boldsymbol{\mu}_i^N}{\boldsymbol{\sigma}_i^N}\right)^{\mathrm{T}} \boldsymbol{R}^{-1} \left(\frac{\boldsymbol{x}_i - \boldsymbol{\mu}_i^N}{\boldsymbol{\sigma}_i^N}\right)} \qquad (8.3.2)$$

式中：$\boldsymbol{x}_i$ 为第 i 个随机样本向量；F 为失效区域；$\boldsymbol{R}$ 为随机变量的相关系数矩阵；$\boldsymbol{\mu}_i^N$ 和 $\boldsymbol{\sigma}_i^N$ 分别为随机样本向量的等效正态分布均值和标准差向量。$\boldsymbol{\mu}_i^N$ 和 $\boldsymbol{\sigma}_i^N$ 可以通过拉克维茨-菲斯勒变换得到（Rackwitz and Fiessler，1978）：

$$\begin{cases} \boldsymbol{\sigma}_i^N = \dfrac{\phi\{\Phi^{-1}[F(\boldsymbol{x}_i)]\}}{f(\boldsymbol{x}_i)} \\ \boldsymbol{\mu}_i^N = \boldsymbol{x}_i - \boldsymbol{\sigma}_i^N \Phi^{-1}[F(\boldsymbol{x}_i)] \end{cases} \qquad (8.3.3)$$

式中：$\phi(\cdot)$ 和 $\Phi^{-1}(\cdot)$ 分别为标准正态分布的概率密度函数和累积分布函数的逆函数；$f(\boldsymbol{x}_i)$ 和 $F(\boldsymbol{x}_i)$ 分别为随机样本向量 $\boldsymbol{x}_i$ 的原始概率密度函数值和累积分布函数值。

另外一种改进的设计点计算方法如下（Low and Tang，2007）：

$$\beta = \min_{\boldsymbol{x} \in F} \sqrt{\boldsymbol{n}^{\mathrm{T}} \boldsymbol{R}^{-1} \boldsymbol{n}} \qquad (8.3.4)$$

式中：$\boldsymbol{n}$ 为随机变量的敏感性因子向量，计算公式为

$$\begin{cases} n_j = \dfrac{x_j - \mu_j^N}{\sigma_j^N} = \varPhi^{-1}[F(x_j)] \\ x_j = F^{-1}[\varPhi(n_j)] \end{cases} \qquad (8.3.5)$$

式中：n_j 为随机样本向量 $\boldsymbol{x}$ 的第 j 个随机变量的敏感性因子；x_j 为随机样本向量中第 j 个随机变量；μ_j^N 和 σ_j^N 分别为随机样本向量中第 j 个随机变量的等效正态分布均值和标准差。

需要注意的是，上述两种设计点计算方法在原理上是一致的，都是基于一次可靠度方法的优化计算问题，主要不同体现在计算流程上。第一种计算方法在优化过程中将随机样本向量作为变量因子，利用式（8.3.2）和式（8.3.3）在失效区域中寻求最优解，每个迭代步都需要计算 μ_i^N 和 σ_i^N，计算过程烦琐。第二种计算方法是第一种计算方法的改进算法，在优化过程中将随机变量的敏感性因子向量作为变量因子，直接利用式（8.3.4）在失效区域中寻求最优解，然后通过式（8.3.5）转化为随机样本向量，不需要计算 μ_i^N 和 σ_i^N，提高了计算效率。

基于随机模拟的设计点计算方法根据设计点的统计学意义，从上述设计点计算方法中衍变而来，计算过程可以有两种方式。第一种，首先在蒙特卡罗模拟过程中记录失效样本的信息（仅包含失效样本的样本值），然后利用式（8.3.2）和式（8.3.3）对所有失效样本计算相应的 β，最后将最小的 β 对应的失效样本点近似作为设计点；第二种，首先在蒙特卡罗模拟过程中记录失效样本的信息（包含失效样本的样本值和联合概率密度函数值），然后将联合概率密度函数值最大的失效样本点近似作为设计点。通过上述过程不仅可以计算得出可靠指标 β 和设计点，而且可以利用式（8.3.5）计算得到随机变量的敏感性信息，为校准分项系数提供了新的方法。

8.3.2　高效随机模拟方法

计算效率低下是蒙特卡罗模拟方法最大的不足，尤其是面对小失效概率问题时。一般情况下，为了满足一定的计算精度，结构失效概率越低时，需要生成的随机样本和计算消耗越多，需要生成的最小随机样本数目 $N_{\min}$ 可用式（8.3.6）进行估计：

$$N_{\min} \approx \frac{100}{P_f} \qquad (8.3.6)$$

将式（8.3.6）进行变形，可得

$$N_F = N_{\min} P_f \approx 100 \qquad (8.3.7)$$

式中：N_F 为失效的随机样本数目。

由式（8.3.7）可知，在满足一定计算精度的前提下，失效的随机样本数目为一个近似固定的值，但是失效概率越小，需要生成的随机样本数目就越多，将导致更多的计算消耗。利用马尔可夫链蒙特卡罗模拟方法、子集模拟方法可以高效地计算失效概率，降

低计算消耗，提高失效样本的生成效率，从而提高设计点的计算精度。广义子集模拟方法是在子集模拟方法的基础上发展而来的一种更高效的失效概率计算方法，在计算过程中，可以同时记录设计空间中所有可能设计方案的失效样本，大大提高了设计点的计算效率。利用式（8.3.2）和式（8.3.3）对所有失效样本计算相应的 β，最后将最小的 β 对应的失效样本点近似作为设计点。基于广义子集模拟的设计点计算方法不仅可以得出设计空间中所有可能设计方案的可靠指标 β 和设计点，而且可以利用式（8.3.5）计算得到随机变量的敏感性信息。

8.4　算 例 分 析

本节通过半重力式挡土墙和重力式挡土墙算例，验证所提基于随机模拟的设计点计算方法的正确性和高效性。

8.4.1　半重力式挡土墙设计点

本节采用的半重力式挡土墙算例与 3.4.1 小节一致，算例介绍部分不再赘述，仅对计算结果进行解释说明。

1. 广义子集模拟方法收敛性

由 8.3 节分析可知，设计点计算结果的精度与广义子集模拟过程中生成的失效样本数目密切相关，可以通过逐渐增加广义子集模拟过程中每层生成的随机样本数目 N 进行验证，图 8.4.1 展示了设计方案为 $a=0.5\,\mathrm{m}$，$b_\mathrm{h}=1.4\,\mathrm{m}$ 时，滑动失效模式下设计点计算结果随模拟层随机样本数目增加的趋势图。图中横坐标代表模拟层随机样本数目，纵坐

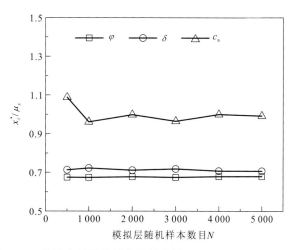

图 8.4.1　设计点计算结果收敛性分析（$a=0.5\,\mathrm{m}$，$b_\mathrm{h}=1.4\,\mathrm{m}$）

标代表由基于广义子集模拟的设计点计算方法得到的设计点结果与相应设计参数均值的比值。通过分析发现，当模拟层随机样本数目较小时，设计点计算结果具有一定的发散性，随着模拟层随机样本数目的不断增加，设计点计算结果逐渐收敛，当设置 $N=5\,000$ 时，设计点计算结果已经具有较好的收敛性。值得注意的是，对于不同的算例，广义子集模拟方法的收敛性不同，需每次试算 N 值，寻找收敛性较好时的 N 值并将其作为广义子集模拟方法的输入值。

2. 设计点结果

根据所提基于随机模拟的设计点计算方法，半重力式挡土墙设计点计算结果如表 8.4.1 所示。广义子集模拟过程中的所有参数与 3.4.1 小节一致，选取的设计方案为 $a=0.4\text{ m}$，$b_h=1.4\text{ m}$（Low，2005）。表 8.4.1 中统计了半重力式挡土墙倾覆失效模式和滑动失效模式三种设计点计算方法的计算结果，三种设计点计算方法分别为一次可靠度方法（Low，2005）、蒙特卡罗模拟方法和广义子集模拟方法。通过对比可以发现，三种设计点计算方法的计算结果基本一致，验证了所提设计点计算方法的正确性。同时，表 8.4.1 中列举了不同失效模式下，三种设计点计算方法求得的每个设计参数的敏感性因子，误差同样较小。对于倾覆失效模式，设计参数对计算结果的敏感程度（绝对值）从大到小依次为 φ、δ 和 c_a；对于滑动失效模式，设计参数对计算结果的敏感程度从大到小依次为 c_a、φ 和 δ。这一现象可以通过失效模式的原理进行解释，地基与墙体底部之间的黏聚力 c_a 不参与倾覆失效模式的计算，但在滑动失效模式中具有至关重要的作用，因此，c_a 对倾覆失效模式计算结果的敏感程度最低，但在滑动失效模式的计算结果中敏感程度最高。上述现象也从侧面反映了该设计点计算方法计算结果的正确性。

表 8.4.1　半重力式挡土墙设计点计算结果（$a=0.4\text{ m}$，$b_h=1.4\text{ m}$）

失效模式	设计参数	设计点			敏感性因子		
		一次可靠度方法	蒙特卡罗模拟方法	广义子集模拟方法	一次可靠度方法	蒙特卡罗模拟方法	广义子集模拟方法
倾覆失效模式	φ	26.4°	26.3°	26.5°	-2.45	-2.48	-2.43
	δ	15.5°	15.4°	15.5°	-2.23	-2.31	-2.28
	c_a	100.0 kPa	98.0 kPa	98.9 kPa	0.00	-0.14	-0.07
滑动失效模式	φ	29.1°	29.6°	29.4°	-1.68	-1.55	-1.59
	δ	17.2°	17.7°	16.9°	-1.40	-1.42	-1.58
	c_a	60.9 kPa	57.3 kPa	60.1 kPa	-2.61	-2.84	-2.66

3. 计算方法效率对比

图 8.4.2 和图 8.4.3 分别为基于广义子集模拟和蒙特卡罗模拟的设计点计算方法生成的随机样本图，设计方案为 $a=0.4\text{ m}$，$b_h=1.4\text{ m}$。此半重力式挡土墙的三个设计参数分别为 φ、δ 和 c_a，为了在二维空间中表示三维随机样本，必须将其中一个参数设置为固定

值。通过上面的分析可知：对于倾覆失效模式而言，设计参数 c_a 对计算结果的敏感程度最小，因此，在图 8.4.2 和图 8.4.3 中，将倾覆失效模式中 c_a 设置为固定值 100.0 kPa。对于滑动失效模式，设计参数 δ 敏感程度最小，同时又因为 φ 和 δ 存在相关性，相关系数为 0.8，因此，在图 8.4.2 和图 8.4.3 中，将滑动失效模式中 δ 设置为固定值 17.2°。固定的设计参数取值均为基于一次可靠度方法的设计点参数值，如表 8.4.1 所示。

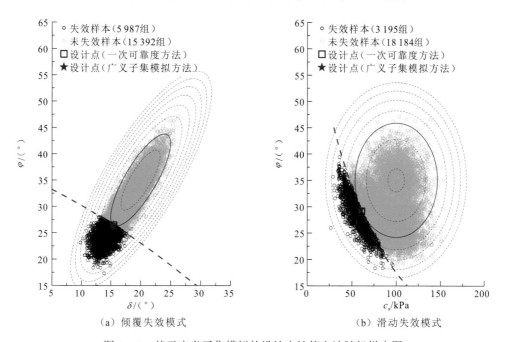

（a）倾覆失效模式　　　　　　　（b）滑动失效模式

图 8.4.2　基于广义子集模拟的设计点计算方法随机样本图

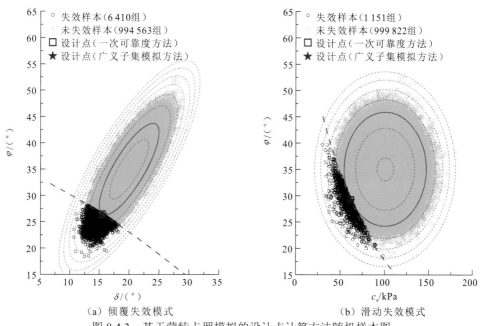

（a）倾覆失效模式　　　　　　　（b）滑动失效模式

图 8.4.3　基于蒙特卡罗模拟的设计点计算方法随机样本图

图 8.4.2 和图 8.4.3 中绿色空心圆形代表随机模拟过程中未失效的随机样本，黑色空心圆形代表随机模拟过程中失效的随机样本，蓝色空心矩形代表基于一次可靠度方法的设计点计算结果，红色实心星形代表基于广义子集模拟方法的设计点计算结果，品红色虚线代表极限状态线，椭圆形虚线代表随机变量概率密度等值线，椭圆形实线代表与极限状态线相切的随机变量概率密度等值线。由设计点的几何空间意义可知：品红色虚线与椭圆形实线的切点即设计点，通过图中线条位置关系可以清晰地看到此现象，说明了基于广义子集模拟的设计点计算方法的正确性。

从图 8.4.2 和图 8.4.3 中同样可以看出：基于广义子集模拟的设计点计算方法共生成 21 379 组随机样本，与第 3 章中一致，其中倾覆失效模式的失效样本数目为 5 987 组，占总随机样本数目的 28.00%，滑动失效模式的失效样本数目为 3 195 组，占总随机样本数目的 14.94%。作为对比，基于蒙特卡罗模拟的设计点计算方法共生成 1 000 973 组随机样本，其中倾覆失效模式的失效样本数目为 6 410 组，占总随机样本数目的 0.64%，滑动失效模式的失效样本数目为 1 151 组，占总随机样本数目的 0.11%。通过上述对比可以发现：基于广义子集模拟的设计点计算方法生成的总随机样本数目远远低于基于蒙特卡罗模拟的设计点计算方法，且生成失效样本的效率远远高于后者，计算结果更接近于基于一次可靠度方法的设计点计算结果（详见表 8.4.1），说明基于广义子集模拟的设计点计算方法在具有很高的计算效率的同时具有较高的计算精度。

8.4.2 重力式挡土墙设计点

本节采用的重力式挡土墙算例与 3.4.2 小节一致，算例介绍部分不再赘述，仅对计算结果进行解释说明。

1. 广义子集模拟方法收敛性

与图 8.4.1 类似，如图 8.4.4 所示为设计方案为 $a=0.75$ m，$b_h=0.3$ m 时，重力式挡土墙算例中滑动失效模式下设计点计算结果随模拟层随机样本数目 N 增加的趋势图。从图 8.4.4 中可以发现，当模拟层随机样本数目较小时，设计点计算结果具有一定的发散性，随着模拟层随机样本数目的不断增加，设计点计算结果逐渐收敛，当设置 $N=5\ 000$ 时，计算结果具有较好的收敛性。

2. 设计点结果

根据所提基于随机模拟的设计点计算方法，重力式挡土墙设计点计算结果如表 8.4.2 所示。选取 5 种临界设计方案，分别为：方案 I（$a=1.05$ m，$b_h=0.1$ m）、方案 II（$a=0.9$ m，$b_h=0.2$ m）、方案 III（$a=0.75$ m，$b_h=0.3$ m）、方案 IV（$a=0.65$ m，$b_h=0.4$m）和方案 V（$a=0.55$ m，$b_h=0.5$ m），考虑的失效模式为每种临界设计方案中对系统失效模式贡献最大的主要失效模式。分别采用一次可靠度方法和基于广义子集模拟的设计点计算方法

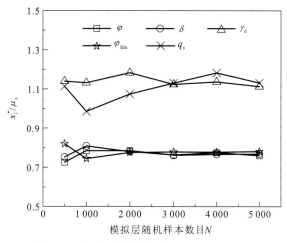

图 8.4.4　设计点计算结果收敛性分析（$a=0.75$ m，$b_h=0.3$ m）

计算每种设计方案的设计点，并统计基于广义子集模拟的设计点计算方法每种设计方案的失效样本数目。对比两种设计点计算方法的计算结果可以发现，两者的计算结果基本一致，说明了基于广义子集模拟的设计点计算方法的正确性。所选各设计方案的失效样本数目分别为 798 组、613 组、1 003 组、1 149 组和 1 278 组，失效样本数目占总随机样本数目（25 233 组）的比例分别为 3.16%、2.43%、3.97%、4.55% 和 5.06%，远远高于此算例的目标失效概率 $P_T=7.2\times10^{-5}$，说明基于广义子集模拟的设计点计算方法不仅具有很高的计算效率而且具有较高的计算精度。选择目标失效概率作为比较项的原因如下：此处选用的设计方案为临界设计方案，其失效概率与目标失效概率接近，当采用基于蒙特卡罗模拟的设计点计算方法计算设计点时，失效样本数目与总随机样本数目的比值即此设计方案的失效概率，因此，此处选用设计算例的目标失效概率作为比较项是可行的。值得注意的是，在计算设计点时，一次可靠度方法需要单独计算每种设计方案的设计点，而基于广义子集模拟的设计点计算方法可以同时得到所有设计方案的设计点，简化了计算流程。

　　表 8.4.2 中同时列出了每种设计方案的设计参数对计算结果的敏感性程度，通过分析可以发现：对于倾覆失效模式而言，设计参数对计算结果的敏感程度（绝对值）从大到小依次为 φ、δ、γ_d、q_s 和 φ_{fdn}；对于滑动失效模式而言，设计参数对计算结果的敏感程度从大到小依次为 φ_{fdn}、φ、δ、γ_d 和 q_s。上述现象表明：挡土结构临界设计方案的主要失效模式发生了转换，设计参数对设计结果的敏感程度也将发生改变，如果实际设计中不考虑这种现象，将对设计结果产生重大影响。

表 8.4.2 重力式挡土墙设计点计算结果

设计方案		I		II		III		IV		V	
		$a=1.05$ m, $b_h=0.1$ m		$a=0.9$ m, $b_h=0.2$ m		$a=0.75$ m, $b_h=0.3$ m		$a=0.65$ m, $b_h=0.4$ m		$a=0.55$ m, $b_h=0.5$ m	
主要失效模式		倾覆失效模式		倾覆失效模式		滑动失效模式		滑动失效模式		滑动失效模式	
失效样本数目		798		613		1 003		1 149		1 278	
计算方法		一次可靠度方法	广义子集模拟方法	一次可靠度方法	广义子集模拟方法	一次可靠度方法	广义子集模拟方法	一次可靠度方法	广义子集模拟方法	一次可靠度方法	广义子集模拟方法
设计点	$\varphi/(°)$	26.7	26.5	26.6	26.8	29.9	30.1	29.7	28.8	29.5	28.7
	$\delta/(°)$	22.7	21.9	22.5	22.5	25.3	25.8	25.2	24.6	25.1	24.1
	$\varphi_{fdn}/(°)$	42.1	42.6	42.1	42.5	32.4	31.2	32.5	32.7	32.6	33.3
	$\gamma_d/(kN/m^3)$	18.44	17.92	18.45	18.13	18.21	17.87	18.24	17.70	18.29	18.12
	q_s/kPa	9.20	8.80	9.28	10.16	8.00	8.25	8.00	8.27	8.03	7.46
敏感性因子	φ	-2.99	-3.04	-3.02	-2.96	-2.14	-2.10	-2.18	-2.42	-2.23	-2.44
	δ	-2.85	-3.10	-2.90	-2.91	-2.03	-1.86	-2.05	-2.24	-2.08	-2.39
	φ_{fdn}	-0.05	0.08	-0.05	0.06	-2.33	-2.61	-2.31	-2.25	-2.28	-2.13
	γ_d	1.38	1.06	1.38	1.19	1.23	1.02	1.25	0.92	1.28	1.18
	q_s	1.25	0.98	1.30	1.90	0.43	0.60	0.44	0.62	0.45	0.07

参 考 文 献

秦权, 林道锦, 梅刚, 2006. 结构可靠度随机有限元: 理论及工程应用[M]. 北京: 清华大学出版社.

AU S K, WANG Y, 2014. Engineering risk assessment with subset simulation[M]. Hoboken: John Wiley & Sons.

DER KIUREGHIAN A, DAKESSIAN T, 1998. Multiple design points in first and second-order reliability[J]. Structural safety, 20(1): 37-49.

FREUDENTHAL A M, 1956. Safety and the probability of structural failure[J]. Transactions of the American society of civil engineers, 121(1): 1337-1397.

HASOFER A M, LIND N C, 1974. An exact and invariant first-order reliability format[J]. Journal of engineering mechanics, 100(1): 111-121.

LOW B K, 2005. Reliability-based design applied to retaining walls[J]. Géotechnique, 55(1): 63-75.

LOW B K, 2017. Insights from reliability-based design to complement load and resistance factor design approach[J]. Journal of geotechnical and geoenvironmental engineering, 143(11): 04017089.

LOW B K, PHOON K K, 2015. Reliability-based design and its complementary role to Eurocode 7 design approach[J]. Computers and geotechnics, 65: 30-44.

LOW B K, TANG W H, 1997. Efficient reliability evaluation using spreadsheet[J]. Journal of engineering mechanics, 123(7): 749-752.

LOW B K, TANG W H, 2004. Reliability analysis using object-oriented constrained optimization[J]. Structural safety, 26(1): 69-89.

LOW B K, TANG W H, 2007. Efficient spreadsheet algorithm for first-order reliability method[J]. Journal of engineering mechanics, 133(12): 1378-1387.

RACKWITZ R, FIESSLER B, 1978. Structural reliability under combined random load sequences[J]. Computers and structures, 9(5): 489-494.

SHINOZUKA M, 1983. Basic analysis of structural safety[J]. Journal of structural engineering, 109(3): 721-740.

第 *9* 章

岩土工程分项系数校准方法

9.1　引　　言

　　岩土工程中半概率可靠度设计方法需要对分项系数进行校准，常用的分项系数校准方法包括基于一次二阶矩的分项系数校准方法和基于设计点的分项系数校准方法。近年来，诸多学者对分项系数校准中的抗力系数校准进行了大量研究（Li et al.，2015；郑俊杰 等，2012；Kwak et al.，2010；Paikowsky，2004；Yoon and O'Neill，1997）。抗力系数通常是针对某一指定目标可靠指标，在考虑荷载和抗力偏差系数统计特征的基础上校准得到的（Yoon et al.，2008；Zhang et al.，2006）。

　　荷载和抗力系数设计中的抗力偏差系数定义为由载荷试验测得的抗力与由承载力计算模型预测的抗力之比。抗力偏差系数通常被视为随机变量以反映承载力计算模型的不确定性。因此，收集可靠的载荷试验数据是荷载和抗力系数设计与校准的重要前提（Kwak et al.，2010）。然而，在实际岩土工程中，试验数据常常质量较差或数量较少，抗力偏差系数的统计特征往往难以确定（Allen，2005），因此抗力偏差系数的统计特征本身也存在不确定性。此外，由于在分项系数校准过程中，抗力系数对抗力偏差系数的不确定性非常敏感，如果低估抗力偏差系数的变异性，使用相应抗力系数获得的最终设计方案可能不会达到目标可靠指标，导致最终设计方案偏危险。

　　为了减小数据有限引起的抗力偏差系数统计不确定性对抗力系数校准及相应的可靠度设计结果的影响，有必要在校准过程中引入可靠指标置信水平并将其作为鲁棒性指标，充分考虑抗力偏差系数变异性的影响，使最终设计方案在不确定条件下仍能以指定水平满足目标可靠性要求，且具有一定的鲁棒性。值得注意的是，Juang 等（2013）和 Gong 等（2016）对把鲁棒性设计理念融入荷载和抗力系数设计方法中做了一定的尝试，在基于可靠度理论的鲁棒性岩土工程设计方法的基础上，使用包含荷载和抗力系数的设计表达式代替功能函数，从而提出了鲁棒性荷载和抗力系数设计方法。

9.2　基于一次二阶矩的分项系数校准方法

9.2.1　方法介绍

　　基于一次二阶矩的分项系数校准方法通过应用目标可靠指标β_T、荷载和抗力偏差系数的统计特征进行校准。将抗力标准值R_n用抗力均值μ_R和抗力偏差系数的均值λ_R表示为$R_n = \mu_R / \lambda_R$，并令修正系数$\xi = 1$，则抗力系数ϕ的表达式为

$$\phi \geqslant \frac{\lambda_R}{\mu_R} \sum \gamma_i Q_i \qquad (9.2.1)$$

式中：Q_i为不同设计荷载；γ_i为Q_i相应的荷载系数。

　　根据荷载和抗力系数设计方法中的常用假定，将抗力R和荷载Q视作服从对数正态

分布且相互独立的随机变量。功能函数可以表示为

$$g(R,Q) = \ln R - \ln Q \tag{9.2.2}$$

则式（9.2.2）所对应的可靠指标 β 的表达式为

$$\beta = \frac{\mu_{\ln R} - \mu_{\ln Q}}{\sqrt{\sigma_{\ln R}^2 + \sigma_{\ln Q}^2}} \tag{9.2.3}$$

式中：$\mu_{\ln R}$、$\sigma_{\ln R}$ 分别为抗力对数的均值和标准差；$\mu_{\ln Q}$、$\sigma_{\ln Q}$ 分别为荷载对数的均值和标准差。

对于对数正态分布的随机变量 X，其对数均值 $\mu_{\ln X}$ 和对数标准差 $\sigma_{\ln X}$ 与其本身的均值 μ_X 和变异系数 COV_X 之间的关系为

$$\mu_{\ln X} = \ln \mu_X - \frac{1}{2}\ln(1 + COV_X^2) \tag{9.2.4}$$

$$\sigma_{\ln X} = \sqrt{\ln(1 + COV_X^2)} \tag{9.2.5}$$

将式（9.2.3）～式（9.2.5）代入式（9.2.1）可得（Barker et al.，1991）

$$\phi = \frac{\lambda_R \sum \gamma_i Q_i \sqrt{\dfrac{1 + COV_Q^2}{1 + COV_R^2}}}{\mu_Q \exp\left\{\beta_{\mathrm{T}}\sqrt{\ln[(1 + COV_R^2)(1 + COV_Q^2)]}\right\}} \tag{9.2.6}$$

式中：COV_R 和 COV_Q 分别为抗力和荷载偏差系数的变异系数；μ_Q 为荷载均值；β_{T} 为目标可靠指标。理想情况下，式（9.2.6）中关于荷载的参数取值可以参考结构设计规范，抗力偏差系数的变异系数 COV_R 和抗力偏差系数的均值 λ_R 可以根据载荷试验数据统计分析得到。因此，在指定目标可靠指标 β_{T} 的情况下，可以得到相应的抗力系数 ϕ。值得注意的是，受技术、经济条件的限制，工程实践中抗力试验数据一般情况下非常有限，因而其统计参数也存在一定的不确定性，这给抗力系数的校准带来了一定的影响。

9.2.2 上海规范单桩承载力分项系数校准

以广泛使用的荷载和抗力系数设计方法进行设计的单桩基础为例，Li 等（2015）介绍了上海《地基基础设计标准》（DGJ 08—11—2018）中预制桩和灌注桩单桩竖向承载力三种确定方法（载荷试验法、经验参数法、静力触探法）的抗力系数校准过程，其中单桩竖向承载力按式（9.2.7）确定：

$$\frac{R_{\mathrm{n}}}{\gamma_R} = \gamma_{\mathrm{D}}Q_{\mathrm{Dn}} + \gamma_{\mathrm{L}}Q_{\mathrm{Ln}} \tag{9.2.7}$$

式中：R_{n}、Q_{Dn} 和 Q_{Ln} 分别为抗力 R、恒荷载 Q_{D} 和活荷载 Q_{L} 的标准值；γ_R、γ_{D} 和 γ_{L} 分别为 R、Q_{D} 和 Q_{L} 的分项系数。注意到，分项系数 γ_R 为式（9.2.6）中抗力系数 ϕ 的倒数。

在 American Association of State Highway and Transportation Officials（2007）中假定抗力 R 和荷载 Q 服从对数正态分布，可靠指标 β 用一次二阶矩法计算如下（Zhang et al.，2005；Withiam et al.，2001）：

$$\beta \approx \frac{\ln\left[\dfrac{\lambda_R \gamma_R (\gamma_D + \gamma_L \rho)}{\lambda_D + \lambda_L \rho} \sqrt{\dfrac{1 + \mathrm{COV}_Q^2}{1 + \mathrm{COV}_R^2}}\right]}{\sqrt{\ln[(1 + \mathrm{COV}_R^2)(1 + \mathrm{COV}_Q^2)]}} \tag{9.2.8}$$

式中：ρ 为 Q_L 与 Q_D 之比；λ_R、λ_D 和 λ_L 分别为 R、Q_D 和 Q_L 偏差系数的均值。$Q = Q_D + Q_L$ 为总荷载，总荷载偏差系数的变异系数 COV_Q 可由式（9.2.9）计算（Li et al.，2015）：

$$\mathrm{COV}_Q = \frac{1}{1 + \rho} \sqrt{\mathrm{COV}_D^2 + \rho^2 \mathrm{COV}_L^2} \tag{9.2.9}$$

式中：COV_D 和 COV_L 分别为恒荷载和活荷载偏差系数的变异系数。

Zhang 等（2004）指出，在使用经验公式计算单桩竖向承载力时，会受到场地内变异性和场地间变异性的影响。场地内变异性主要由单桩基础周围土体的固有变异性和场地特定的施工误差产生。场地间变异性则是由区域间的土体变异性及区域间的施工误差产生。Li 等（2015）考虑了场地内变异性和场地间变异性的影响，将 λ_R 和 COV_R 进一步表示为

$$\lambda_R = \lambda_{R1} \lambda_{R2} \tag{9.2.10}$$

$$\mathrm{COV}_R = \sqrt{\mathrm{COV}_{R1}^2 + \mathrm{COV}_{R2}^2} \tag{9.2.11}$$

式中：λ_{R1} 和 COV_{R1} 分别为考虑场地内变异性的抗力偏差系数的均值和变异系数；λ_{R2} 和 COV_{R2} 分别为考虑场地间变异性的抗力偏差系数的均值和变异系数。

在抗力系数校准中，满足给定目标可靠指标 β_T 的抗力分项系数 γ_R 可通过式（9.2.8）变换得到：

$$\gamma_R = \frac{\lambda_D + \lambda_L \rho}{\lambda_R (\gamma_D + \gamma_L \rho)} \sqrt{\frac{1 + \mathrm{COV}_R^2}{1 + \mathrm{COV}_Q^2}} \exp\left\{\beta_T \sqrt{\ln[(1 + \mathrm{COV}_R^2)(1 + \mathrm{COV}_Q^2)]}\right\} \tag{9.2.12}$$

从式（9.2.12）可以看出，抗力分项系数 γ_R 是目标可靠指标 β_T、荷载偏差系数及抗力偏差系数的统计特征参数（λ_D、λ_L、COV_Q 及 λ_R、COV_R）的函数。Li 等（2015）借鉴《建筑地基基础设计规范》（GB 50007—2011）取荷载偏差系数统计特征和荷载分项系数为 $\lambda_D = 1.0$、$\lambda_L = 1.0$、$\mathrm{COV}_D = 0.07$、$\mathrm{COV}_L = 0.29$、$\gamma_D = 1.0$ 和 $\gamma_L = 1.0$；同时假定 $\rho = 0.2$。抗力偏差系数的统计特征（λ_R 和 COV_R）通过对载荷试验数据和计算模型预测结果进行统计分析得到。

场地内变异性可以通过比较场地内单桩竖向承载力来表征。Li 等（2015）统计了 32 个场地中 145 组预制桩和 10 个场地中 37 组灌注桩的单桩竖向极限承载力，结果如表 9.2.1 和表 9.2.2 所示。场地内变异性即某一场地内单桩竖向承载力大小的变异性。由统计学原理可知，样本均值是总体均值的无偏估计，因此单桩竖向承载力预测值的场地内变异性是无偏的，即 $\lambda_{R1} = 1$（Li et al.，2015；Zhang et al.，2004）。此外，COV_{R1} 则是通过计算同一场地内单桩竖向承载力测量值的变异系数得到的。值得指出的是，COV_{R1} 因场地而异。对表 9.2.1 和表 9.2.2 中数据分析可知，预制桩的 COV_{R1} 为 0.031~0.155，其均值和变异系数分别为 0.087 和 0.36，灌注桩的 COV_{R1} 为 0.049~0.179，其均值和变异系数分别为 0.093 和 0.44。类似于其他抗力系数的校准研究（Paikowsky，2004），Li 等（2015）忽略了 COV_{R1} 的变异性，直接使用 COV_{R1} 的均值校准抗力系数，如表 9.2.3 所示。

表 9.2.1 《地基基础设计标准》（DGJ 08—11—2018）单桩抗力系数校准所用预制桩单桩竖向极限承载力数据

场地号	单桩横截面尺寸 /mm	桩数	极限承载力测量值 /kN	极限承载力测量值统计特征	
				均值/kN	变异系数
1	250 × 250	6	558、496、558、558、558、550	546	0.046
2	250 × 250	3	765、720、810	765	0.059
3	250 × 250	3	980、900、1 000	960	0.055
4	300 × 300	3	462、594、600	552	0.141
5	200 × 200	3	500、450、425	458	0.083
6	250 × 250	4	750、780、720、636	722	0.086
7	200 × 200	4	460、440、396、480	444	0.081
8	250 × 250	3	240、270、210	240	0.125
9	250 × 250	8	700、770、840、770、700、770、840、630	753	0.096
10	250 × 250	5	540、540、600、540、540	552	0.049
11	250 × 250	11	403、403、403、403、403、403、403、403、403、403、358	399	0.034
12	250 × 250	3	567、491、567	542	0.081
13	250 × 250	8	461、461、461、461、461、461、461、403	454	0.045
14	250 × 250	3	736、736、644	705	0.075
15	300 × 300	3	720、600、720	680	0.102
16	300 × 300	14	786、672、784、896、672、896、672、784、784、784、1 008、1 008、1 008、1 008	840	0.155
17	300 × 300	3	448、538、538	508	0.102
18	350 × 350	3	1 550、1 639、1 806	1 665	0.078
19	350 × 350	8	1 280、1 440、1 280、1 280、1 280、1 280、1 600、1 600	1 380	0.106
20	350 × 350	3	630、720、717	689	0.074
21	350 × 350	6	1 079、960、960、960、969、969	983	0.048
22	400 × 400	3	1 425、1 425、1 350	1 400	0.031
23	—	3	1 250、1 200、1 500	1 317	0.122
24	—	3	2 700、2 300、2 600	2 533	0.082
25	—	4	470、560、440、420	473	0.131
26	—	3	890、1 050、1 100	1 013	0.108
27	—	3	1 300、1 520、1 550	1 457	0.094
28	—	4	—	—	0.060

场地号	单桩横截面尺寸/mm	桩数	极限承载力测量值/kN	极限承载力测量值统计特征	
				均值/kN	变异系数
29	—	3	—	—	0.080
30	—	4	—	—	0.103
31	—	4	—	—	0.122
32	—	4	—	—	0.097

表 9.2.2 《地基基础设计标准》（DGJ 08—11—2018）单桩抗力系数校准所用灌注桩单桩竖向极限承载力数据

场地号	单桩横截面直径/mm	桩数	极限承载力测量值/kN	极限承载力测量值统计特征		经验参数法预测值/kN
				均值/kN	变异系数	
1	850	3	8 192、8 192、7 168	7 851	0.075	9 717
2	600	3	4 008、5 025、3 685	4 239	0.165	3 900
3	600	4	3 900、3 600、3 600、3 300	3 600	0.068	2 965
4	550	6	2 420、2 420、2 240、1 960、2 240、2 800	2 347	0.119	2 140
5	700	3	8 840、8 840、7 480	8 387	0.094	7 572
6	650	3	1 860、1 780、1 670	1 770	0.054	2 218
7	600	5	2 700、2 700、3 000、2 700、2 700	2 760	0.049	2 830
8	850	3	10 000、8 000、11 500	9 833	0.179	11 529
9	900	3	5 460、5 460、4 550	5 157	0.102	4 078
10	600	4	2 400、2 400、2 400、2 700	2 475	0.061	3 273

表 9.2.3 《地基基础设计标准》（DGJ 08—11—2018）单桩抗力系数校准所用抗力偏差系数统计特征及校准结果

参数	预制桩			灌注桩	
	载荷试验法	经验参数法	静力触探法	载荷试验法	经验参数法
λ_{R1}	1	1	1	1	1
COV_{R1}	0.087	0.087	0.087	0.093	0.093
λ_{R2}	1	1.025	1.006	1	0.996
COV_{R2}	0	0.144	0.093	0	0.184
λ_R	1	1.025	1.006	1	0.996
COV_R	0.087	0.168	0.127	0.093	0.206
γ_R	1.53	1.93	1.72	1.56	2.26

9.2.3 讨论

上述抗力系数校准在考虑单桩竖向承载力场地内变异性时，仅使用考虑场地内变异性的抗力偏差系数的变异系数 COV_{R1} 均值进行了校准，如对预制桩和灌注桩，分别选取 $COV_{R1}=0.087$ 和 $COV_{R1}=0.093$。然而，如表 9.2.1 和表 9.2.2 所示，不同场地的 COV_{R1} 其实并不相同。抗力系数传统校准方法并未考虑 COV_{R1} 不确定性的影响，这就导致当使用相应抗力系数进行设计时，单桩竖向承载力预测值的变异性无法得到充分考虑。

为表征 COV_{R1} 的分布特征，根据表 9.2.1 和表 9.2.2 提供的数据，图 9.2.1（a）和（b）分别给出了预制桩和灌注桩 COV_{R1} 的累积频率图。同时，图 9.2.1（a）和（b）给出了对数正态分布的累积分布函数曲线，该对数正态分布的累积分布函数曲线的均值和变异系数由表 9.2.1 和表 9.2.2 中数据统计得到，预制桩 COV_{R1} 的均值和变异系数分别为 0.087 和 0.36，灌注桩 COV_{R1} 的均值和变异系数分别为 0.093 和 0.44。由图 9.2.1 可以看出，对数正态分布的累积分布函数曲线能较好地拟合 COV_{R1} 的累积频率。因此，本章将 COV_{R1} 视为对数正态随机变量，以考虑其不确定性对抗力系数校准及最终设计方案的影响。

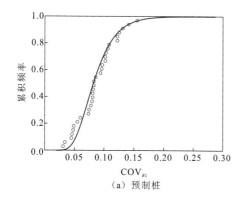
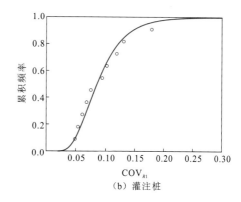

（a）预制桩   （b）灌注桩

图 9.2.1 不同桩型 COV_{R1} 的累积频率及拟合的对数正态分布累积分布函数曲线

为研究 COV_{R1} 不确定性对最终设计方案可靠指标 β 的影响，本章针对不同类型的单桩和设计方法，使用蒙特卡罗模拟方法，分别根据 COV_{R1} 的概率分布产生 5 000 个随机样本，并代入式（9.2.8）计算相应的可靠指标 β。图 9.2.2 给出了可靠指标 β 的相对频率直方图，可以看出，可靠指标 β 的变异性较大，很多设计方案的可靠指标 β 小于目标可靠指标 $\beta_T=3.7$（即 $\beta<\beta_T$）。此外，图 9.2.2 还给出了可靠指标 β 的累积频率曲线，据此可获得 $\beta<\beta_T$ 的概率。

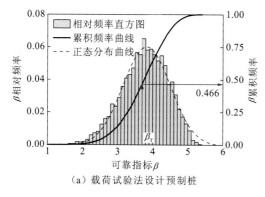
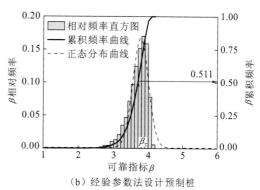

（a）载荷试验法设计预制桩   （b）经验参数法设计预制桩

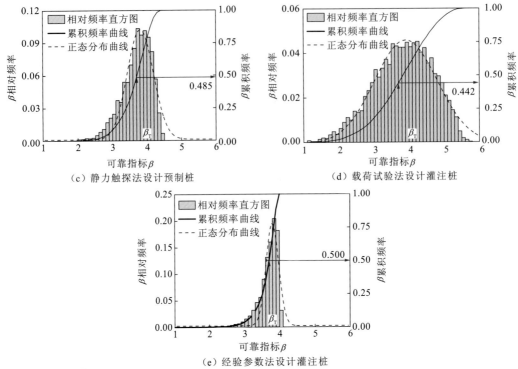

（c）静力触探法设计预制桩　　　　（d）载荷试验法设计灌注桩

（e）经验参数法设计灌注桩

图 9.2.2　不同桩型和设计方法下 β 的相对频率直方图和累积频率曲线（$\beta_T = 3.7$）

9.3　基于设计点的分项系数校准方法

9.3.1　方法介绍

　　基于一次二阶矩的分项系数校准方法选择荷载分项系数具有一定的主观性，且当岩土结构的荷载和抗力之间具有相关性时，抗力分项系数校准的复杂度将大大增加。为了弥补基于一次二阶矩的分项系数校准方法的不足，本节提出了基于设计点的分项系数校准方法。利用基于随机模拟的设计点计算方法（如广义子集模拟方法）可以高效地计算设计空间中所有可能设计方案的设计点，其校准流程如下。

　　（1）收集与结构响应相关的随机变量统计特征（均值和标准差），这些随机变量包括但不限于结构外部荷载、材料特性、几何尺寸和模型偏差。

　　（2）根据以往工程经验确定结构的校准空间和结构的极限状态方程，利用基于广义子集模拟的全概率可靠度设计方法计算设计空间内每种可能设计方案的可靠指标 β（或失效概率）并记录相应的设计点。

　　（3）根据目标可靠指标 β_T，确定临界设计方案。

　　（4）利用所有临界设计方案的设计点计算对应的分项系数，荷载（抗力）分项系数等于设计值（设计点处的值）对应的荷载（抗力）效应与标准值对应的荷载（抗力）效应的比值，然后对分项系数进行整理汇总，结合以往工程经验确定最终的分项系数。

由以上流程可知，基于设计点的分项系数校准方法中几乎不存在人为因素的干扰，对临界设计方案直接进行校准，避免了重复试错的过程，在一定程度上降低了分项系数校准的复杂度。

9.3.2 土钉墙分项系数校准

1. 校准工况说明

土钉墙采用原位土体加筋技术，使用钢筋土钉对土体进行加固，主要用于基坑支护和土方边坡加固。土钉墙具有众多优点，近年来在工程中得到了广泛应用，本节利用基于设计点的分项系数校准方法对土钉墙的分项系数进行校准。首先对校准工况进行说明，然后利用设计点对分项系数进行校准，最后通过校准的分项系数对土钉墙重新进行设计，将设计结果与全概率可靠度设计及荷载抗力分项系数设计的结果进行对比分析，验证校准的分项系数的合理性。

土钉墙由排列规律的灌浆柱和混凝土喷浆面组成。灌浆柱由抗拉构件（如钢筋和钢索）和灌浆层组成，土钉墙依靠安装在土体中的灌浆柱与其周围土体牢固黏结形成的复合体维持土体稳定，土钉墙墙体表面铺设钢筋网后进行喷浆处理，避免基坑和边坡土体受到水流剥蚀。土钉墙内部的极限状态如图 9.3.1 所示，假设存在一个潜在失效面，该潜在失效面将土体分为主动区域和被动区域两个区域。靠近墙体的部分为主动区域，该区域土体不稳定，土体易发生失稳破坏，土钉墙建造的目的就是维持该区域土体的稳定。远离墙体的部分为被动区域，该区域土体相对稳定，不易发生失稳破坏，是灌浆柱的嵌固区域。通常情况下灌浆柱需要穿透潜在失效面且在被动区域具有足够的嵌固深度。土钉墙具有多种失效模式，如倾覆失效模式、滑动失效模式、内部失效模式和墙面局部失效

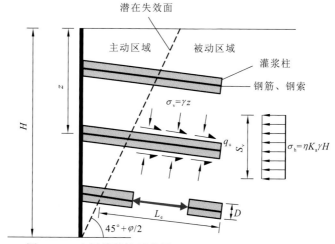

图 9.3.1 土钉墙结构示意图（Lin and Bathurst，2019）

H 为土钉墙墙高；K_a 为主动土压力系数；φ 为土体的内摩擦角；S_v 为土钉的竖向间距；σ_h 为作用在土钉上的水平应力；η 为经验分段系数

模式等。土钉墙内部失效模式是最常见的一种失效模式，包括土钉拉拔失效模式、土钉剪切失效模式和钢筋拉伸失效模式，接下来主要针对土钉拉拔失效模式的分项系数进行校准。

对于土钉拉拔失效模式而言，土钉墙中单根土钉的安全系数 FS 可用式（9.3.1）表示：

$$\text{FS} = \frac{\lambda'_R P_{\text{ult}}}{\lambda'_Q T_P} \tag{9.3.1}$$

式中：P_{ult} 为土钉的抗拔力；λ'_R 为土钉抗拔力模型偏差系数；T_P 为土钉的最大荷载；λ'_Q 为土钉最大荷载模型偏差系数。

土钉的抗拔力主要根据有效应力模型计算（Geotechnical Engineering Office，2008；Watkins and Powell，1992；Schlosser and Guilloux，1981）：

$$P_{\text{ult}} = \pi D L_e q_u = \pi D L_e \left(c + \frac{2}{\pi} \sigma_v \tan \varphi \right) \tag{9.3.2}$$

式中：D 为土钉灌浆柱的直径；L_e 为土钉在被动区域的嵌固长度；q_u 为土体和灌浆柱之间的极限黏结强度；c 为土体黏聚力；φ 为土体的内摩擦角；σ_v 为作用在土钉上的法向应力，可以使用 γz 计算，γ 为土体的重度，z 为土钉的埋深。

为了提高土钉抗拔力模型的计算精度，Lin 等（2017）根据实际土钉抗拔试验数据，对式（9.3.2）进行了改进，这里称为土钉抗拔力非线性模型：

$$P_{\text{ult}} = \pi D L_e q_u = \pi D L_e \alpha \left(\frac{\sigma_v}{p_a} \right)^k \sigma_v \tan \varphi_{\text{sec}} \tag{9.3.3}$$

式中：p_a 为标准大气压力 101 kPa；α 和 k 为量纲一的经验常数，根据土体类型进行确定；φ_{sec} 为正割摩擦角，计算公式为

$$\tan \varphi_{\text{sec}} = \frac{\pi c}{2 \sigma_v} + \tan \varphi \tag{9.3.4}$$

美国国家公路交通安全管理局的《土钉设计与施工指南》（Guide to Soil Nail Design and Construction）（Lazarte et al.，2015）和香港的岩土设计规范（Geotechnical Engineering Office，2008）中均推荐采用式（9.3.5）计算土钉的最大荷载，这里称为土钉最大荷载线性模型：

$$T_P = \eta M K_a \gamma H S_h S_v \tag{9.3.5}$$

式中：M 为量纲一的经验相关系数；S_h 为土钉水平间距。η 和 M 可以使用式（9.3.6）和式（9.3.7）计算：

$$\eta = -(z/H)^2 + b(z/H) + d \tag{9.3.6}$$

$$M = \left(\frac{S_h S_v}{A_t} \right)^e \tag{9.3.7}$$

式中：A_t 为土钉典型支护面积，等于 1.5 m×1.5 m=2.25 m² （Lazarte et al.，2015）；e、b 和 d 为量纲一的经验系数，Lin 等（2016）对来自多个试验场地的土钉荷载数据进行了反向拟合，以获取 e、b 和 d 的经验值，拟合过程中，使式（9.3.5）计算的土钉最大荷载与实测荷载之间的平均偏差为 1，对于长期荷载数据（土钉墙施工结束后数月至数年的荷载），Lin 等（2016）建议 e、b 和 d 的值分别为-0.61、0.82 和 0.50，对于短期荷载数

据（土钉墙施工结束后的荷载），建议 e、b 和 d 的值分别为-0.67、0.84 和 0.25。

在对土钉墙的分项系数进行校准时，选择的墙后填土类型为香港地区的完全风化花岗岩和完全风化火成岩，两种土体的参数统计特征见表 9.3.1（Lin and Bathurst，2019，2018a，2018b；Cheung and Shum，2012），参数的分布类型均为对数正态分布。对于完全风化花岗岩而言，土钉抗拔力非线性模型中量纲一的经验常数 α 和 k 的值分别为 2.19 和-0.35；对于完全风化火成岩而言，量纲一的经验常数 α 和 k 的值分别为 2.49 和-0.45（Lin et al.，2017）。土钉抗拔力非线性模型和土钉最大荷载线性模型的偏差系数统计特征见表 9.3.2（Lin and Bathurst，2019，2018a，2018b；Lin et al.，2017，2016），分布类型为对数正态分布。

表 9.3.1　完全风化花岗岩和完全风化火成岩土体参数统计特征（Lin and Bathurst，2019，2018a，2018b；Cheung and Shum，2012）

土体类型	重度 γ		黏聚力 c		内摩擦角 φ	
	均值/（kN/m³）	变异系数	均值/kPa	变异系数	均值/（°）	变异系数
完全风化花岗岩	21.0	0.05	4.2	0.48	35.3	0.06
完全风化火成岩	21.0	0.05	5.3	0.22	34.2	0.05

表 9.3.2　模型偏差系数统计特征（Lin and Bathurst，2019，2018a，2018b；Lin et al.，2017，2016）

模型类型	数据组数	均值	变异系数
完全风化花岗岩的土钉抗拔力非线性模型偏差系数 λ'_R	74	1.00	0.326
完全风化火成岩的土钉抗拔力非线性模型偏差系数 λ'_R	30	1.00	0.396
长期荷载作用下的土钉最大荷载线性模型偏差系数 λ'_Q	54	1.00	0.306
短期荷载作用下的土钉最大荷载线性模型偏差系数 λ'_Q	45	1.00	0.471

校准土钉墙的分项系数时，根据选择的土钉抗拔力非线性模型和土钉最大荷载线性模型，共分为 4 种工况，分别为：工况 I，完全风化花岗岩的土钉抗拔力非线性模型和长期荷载作用下的土钉最大荷载线性模型；工况 II，完全风化花岗岩的土钉抗拔力非线性模型和短期荷载作用下的土钉最大荷载线性模型；工况 III，完全风化火成岩的土钉抗拔力非线性模型和长期荷载作用下的土钉最大荷载线性模型；工况 IV，完全风化火成岩的土钉抗拔力非线性模型和短期荷载作用下的土钉最大荷载线性模型。校准时设置墙高 $H=10$ m，土钉灌浆柱的直径 $D=0.15$ m，土钉钢筋直径为 0.025 m，土钉水平方向的间距 $S_h=1.5$ m，土钉竖直方向的间距 $S_v=1.5$ m。最上面一排土钉距离地面的高度为 0.5 m，因此共设置 7 排土钉，相应的 z/H 分别为 0.05、0.20、0.35、0.50、0.65、0.80 和 0.95。假设每根土钉长度 L 的校准空间为 1～20 m，取值间距为 0.1 m，共有 191 种可能设计方案。

2. 失效概率和设计点

利用基于广义子集模拟的全概率可靠度设计方法计算设计空间内每种可能设计方案的可靠指标 β，每种校准工况的所有可能设计方案的可靠指标如图 9.3.2 所示。图 9.3.2 中横坐标为土钉的长度，纵坐标为可靠指标，黑色实线代表相同的 z/H 处设计方案的可靠指标随土钉长度的变化趋势。为了与 Lin 和 Bathurst（2019）中的结果进行对比，将三个不同量级的目标可靠指标β_T作为临界设计方案的判定依据，从小到大依次为 2.33、3.09 和 3.54，对应的目标失效概率分别为 0.01、0.001 和 0.000 2，图 9.3.2 中三条水平虚线分别对应三个不同量级的目标可靠指标。目标可靠指标水平虚线与黑色实线的交点为土钉的临界设计方案，交点的横坐标值代表相应 z/H 下土钉的最小设计长度。从图 9.3.2 中可以看出，在相同的 z/H 处，单根土钉的可靠指标随着土钉长度的增加不断增大，因为土钉的长度越长，其嵌入土体的长度越长，能够提供的抗拔力越大，土钉的可靠性越高；在相同的目标可靠指标下，随着 z/H 的增加，单根土钉的最小设计长度逐渐减小，说明单根土钉的可靠度与其所在的位置有关，土钉越靠近墙体的顶部，其可靠性越差。

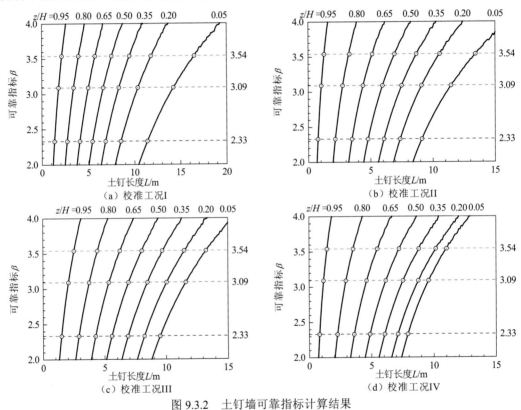

图 9.3.2　土钉墙可靠指标计算结果

利用基于随机模拟的设计点计算方法计算每种临界设计方案的设计点，表 9.3.3～表 9.3.6 中分别列举了 4 种校准工况不同目标可靠指标下的临界设计方案和相应的设计点。从表 9.3.3～表 9.3.6 中可以看出，在相同校准工况下，同一目标可靠指标对应的临界设计方案的设计点之间差异较小。例如，在校准工况 I $\beta_T=2.33$ 情形下，7 种临界设计方案的重度、黏聚力、内摩擦角、土钉抗拔力非线性模型偏差系数和土钉最大荷载线性模型偏差系数设计值的范围分别为 20.96～21.32 kN/m³、2.68～3.78 kPa、33.34°～33.70°、0.56～0.62 和 1.44～1.50。在相同的校准工况下，随着目标可靠指标的增大，重度、黏聚力和内摩擦角的设计值变化较小，土钉抗拔力非线性模型偏差系数λ'_R的设计值呈减小趋势，土钉最大荷载线性模型偏差系数 λ'_Q 的设计值呈增大趋势。例如，在校准工况 I 情形下，$\beta_T=2.33$、$\beta_T=3.09$ 和 $\beta_T=3.54$ 的临界设计方案对应的土钉抗拔力非线性模型偏差系数 λ'_R 的设计值范围分别为 0.56～0.62、0.47～0.52 和 0.44～0.48，相应的土钉最大荷载线性模型偏差系数 λ'_Q 的设计值范围分别为 1.44～1.50、1.62～1.81 和 1.82～2.00。

表 9.3.3　校准工况 I 的临界设计方案及其设计点

编号	β_T	临界设计方案		设计点				
		z/H	土钉长度 L/m	重度 γ/(kN/m³)	黏聚力 c/kPa	内摩擦角 φ/(°)	土钉抗拔力非线性模型偏差系数 λ'_R	土钉最大荷载线性模型偏差系数 λ'_Q
1		0.05	11.37	21.32	2.68	33.34	0.62	1.46
2		0.20	8.53	21.22	3.15	33.48	0.61	1.50
3		0.35	6.86	20.97	3.78	33.46	0.56	1.44
4	2.33	0.50	5.43	21.02	3.71	33.58	0.57	1.48
5		0.65	4.06	21.20	3.39	33.70	0.56	1.46
6		0.80	2.71	20.96	3.36	33.63	0.58	1.50
7		0.95	1.34	21.20	3.58	33.36	0.58	1.45
1		0.05	14.22	21.52	2.40	33.76	0.52	1.76
2		0.20	10.36	20.98	2.98	33.24	0.52	1.81
3		0.35	8.32	21.05	2.93	33.22	0.50	1.74
4	3.09	0.50	6.61	21.27	3.16	32.53	0.52	1.71
5		0.65	4.99	21.26	3.72	33.03	0.47	1.65
6		0.80	3.40	21.06	3.15	33.43	0.47	1.68
7		0.95	1.79	21.04	3.01	32.87	0.47	1.62
1		0.05	16.50	21.68	2.29	33.44	0.46	1.85
2		0.20	11.77	20.93	3.32	32.56	0.45	1.89
3		0.35	9.46	21.98	3.06	33.01	0.45	1.87
4	3.54	0.50	7.53	21.00	3.67	32.51	0.44	1.82
5		0.65	5.72	21.42	3.86	32.66	0.48	2.00
6		0.80	3.94	21.47	3.46	32.15	0.47	1.90
7		0.95	2.15	21.02	3.89	33.21	0.45	1.98

表 9.3.4　校准工况 II 的临界设计方案及其设计点

编号	β_T	临界设计方案		设计点				
		z/H	土钉长度 L/m	重度 γ/(kN/m³)	黏聚力 c/kPa	内摩擦角 φ/(°)	土钉抗拔力非线性模型偏差系数 λ'_R	土钉最大荷载线性模型偏差系数 λ'_Q
1		0.05	9.13	21.27	2.80	34.19	0.64	1.95
2		0.20	7.38	20.88	3.46	33.79	0.67	2.12
3	2.33	0.35	6.07	20.99	3.15	33.73	0.65	2.02
4		0.50	4.79	21.07	3.75	33.61	0.67	2.08
5		0.65	3.49	21.00	3.36	33.95	0.65	2.10

续表

编号	β_T	临界设计方案		设计点				
		z/H	土钉长度 L/m	重度 γ'/(kN/m³)	黏聚力 c/kPa	内摩擦角 φ'/(°)	土钉抗拔力非线性模型偏差系数 λ'_R	土钉最大荷载线性模型偏差系数 λ'_Q
6	2.33	0.80	2.15	20.78	3.52	33.59	0.70	2.16
7		0.95	0.77	20.89	3.68	33.74	0.64	2.07
1	3.09	0.05	11.45	21.59	2.68	33.33	0.59	2.61
2		0.20	9.10	21.24	3.44	33.17	0.55	2.53
3		0.35	7.50	21.32	3.48	33.42	0.53	2.49
4		0.50	5.96	21.20	3.56	32.98	0.56	2.55
5		0.65	4.38	20.91	3.89	33.11	0.58	2.69
6		0.80	2.74	21.03	3.65	32.98	0.54	2.49
7		0.95	1.04	20.97	3.64	33.81	0.55	2.76
1	3.54	0.05	13.42	21.16	2.59	32.63	0.50	2.71
2		0.20	10.56	21.27	2.84	33.14	0.47	2.71
3		0.35	8.69	21.01	3.00	33.57	0.54	3.29
4		0.50	6.93	20.96	3.80	33.47	0.49	3.05
5		0.65	5.14	21.01	3.63	33.76	0.48	3.09
6		0.80	3.30	21.23	3.71	32.59	0.56	3.30
7		0.95	1.27	20.58	3.94	33.39	0.51	3.18

表 9.3.5　校准工况 III 的临界设计方案及其设计点

编号	β_T	临界设计方案		设计点				
		z/H	土钉长度 L/m	重度 γ'/(kN/m³)	黏聚力 c/kPa	内摩擦角 φ'/(°)	土钉抗拔力非线性模型偏差系数 λ'_R	土钉最大荷载线性模型偏差系数 λ'_Q
1	2.33	0.05	9.51	21.32	4.88	32.96	0.47	1.40
2		0.20	8.21	21.02	5.13	32.81	0.50	1.48
3		0.35	6.88	21.20	4.91	32.91	0.49	1.46
4		0.50	5.57	20.96	4.89	32.86	0.51	1.50
5		0.65	4.25	20.94	5.26	33.09	0.50	1.52
6		0.80	2.88	21.02	5.22	33.00	0.47	1.41
7		0.95	1.48	21.25	5.17	33.23	0.47	1.42
1	3.09	0.05	11.59	21.01	4.65	32.95	0.40	1.72
2		0.20	10.04	21.37	4.97	32.74	0.39	1.77
3		0.35	8.46	20.92	4.68	32.65	0.42	1.78
4		0.50	6.92	20.93	4.68	33.13	0.38	1.70

续表

编号	β_T	临界设计方案		设计点				
		z/H	土钉长度 L/m	重度 γ/(kN/m³)	黏聚力 c/kPa	内摩擦角 φ/(°)	土钉抗拔力非线性模型偏差系数 λ'_R	土钉最大荷载线性模型偏差系数 λ'_Q
5		0.65	5.35	20.97	5.28	32.23	0.41	1.68
6	3.09	0.80	3.72	21.13	4.98	32.93	0.36	1.60
7		0.95	2.05	21.03	4.97	32.86	0.38	1.64
1		0.05	13.25	21.77	4.44	32.41	0.36	1.76
2		0.20	11.47	21.24	4.92	32.76	0.32	1.68
3		0.35	9.69	21.25	4.63	33.15	0.35	1.92
4	3.54	0.50	8.01	21.56	5.06	32.38	0.35	1.84
5		0.65	6.24	21.43	5.23	32.78	0.37	2.02
6		0.80	4.40	20.96	4.77	32.09	0.33	1.72
7		0.95	2.49	20.73	5.45	32.96	0.31	1.74

表 9.3.6　校准工况 IV 的临界设计方案及其设计点

编号	β_T	临界设计方案		设计点				
		z/H	土钉长度 L/m	重度 γ/(kN/m³)	黏聚力 c/kPa	内摩擦角 φ/(°)	土钉抗拔力非线性模型偏差系数 λ'_R	土钉最大荷载线性模型偏差系数 λ'_Q
1		0.05	7.92	21.23	4.83	33.21	0.53	1.90
2		0.20	7.14	21.02	4.94	32.86	0.51	1.78
3		0.35	6.06	21.20	4.89	32.89	0.52	1.81
4	2.33	0.50	4.88	20.98	5.03	33.17	0.51	1.84
5		0.65	3.61	21.03	5.31	32.88	0.55	1.95
6		0.80	2.26	21.01	5.11	33.09	0.52	1.87
7		0.95	0.83	21.16	4.79	33.37	0.54	1.99
1		0.05	9.59	21.39	4.66	33.17	0.45	2.53
2		0.20	8.78	21.44	4.75	32.50	0.45	2.36
3		0.35	7.55	21.34	4.72	32.55	0.48	2.59
4	3.09	0.50	6.16	20.90	5.11	32.79	0.45	2.50
5		0.65	4.61	20.99	5.05	33.05	0.44	2.50
6		0.80	2.94	20.89	5.15	33.40	0.40	2.33
7		0.95	1.15	21.49	5.30	32.77	0.44	2.40
1		0.05	11.02	21.27	4.51	33.39	0.40	2.92
2	3.54	0.20	10.17	21.16	4.64	32.06	0.43	2.86
3		0.35	8.82	21.30	4.77	32.90	0.43	3.14

编号	β_T	临界设计方案		设计点					
		z/H	土钉长度 L/m	重度 γ/(kN/m³)	黏聚力 c/kPa	内摩擦角 φ/(°)	土钉抗拔力非线性模型偏差系数 λ'_R	土钉最大荷载线性模型偏差系数 λ'_Q
4		0.50	7.24	20.85	5.05	33.13	0.39	3.02
5	3.54	0.65	5.48	20.97	5.17	31.99	0.43	2.96
6		0.80	3.53	21.59	5.07	33.24	0.45	3.35
7		0.95	1.43	21.22	5.11	33.12	0.43	3.21

3. 分项系数校准结果

当得到临界设计方案的设计点后，可以通过分项系数的定义对所有校准工况的分项系数进行校准。在此土钉墙分项系数校准案例中，荷载分项系数 γ_Q 可以使用式（9.3.8）计算：

$$\gamma_Q = \frac{\lambda'_{Q,\mathrm{d}} T_{P,\mathrm{d}}}{\lambda'_{Q,\mathrm{n}} T_{P,\mathrm{n}}} \qquad (9.3.8)$$

式中：$\lambda'_{Q,\mathrm{d}}$ 为土钉最大荷载线性模型偏差系数的设计值，见表 9.3.3～表 9.3.6 第 9 列；$T_{P,\mathrm{d}}$ 为参数设计值对应的最大荷载；$\lambda'_{Q,\mathrm{n}} = 1$ 为土钉最大荷载线性模型偏差系数的平均值，见表 9.3.2 第 3 列；$T_{P,\mathrm{n}}$ 为参数标准值对应的最大荷载，此处取参数标准值为平均值。抗力分项系数 γ_R 可以使用式（9.3.9）计算：

$$\gamma_R = \frac{\lambda'_{R,\mathrm{d}} P_{\mathrm{ult,d}}}{\lambda'_{R,\mathrm{n}} P_{\mathrm{ult,n}}} \qquad (9.3.9)$$

式中：$\lambda'_{R,\mathrm{d}}$ 为土钉抗拔力非线性模型偏差系数的设计值，见表 9.3.3～表 9.3.6 第 8 列；$P_{\mathrm{ult,d}}$ 为参数设计值对应的土钉抗拔力；$\lambda'_{R,\mathrm{n}} = 1$ 为土钉抗拔力非线性模型偏差系数的平均值，见表 9.3.2 第 3 列；$P_{\mathrm{ult,n}}$ 为参数标准值对应的土钉抗拔力，此处取参数标准值为平均值。

使用式（9.3.8）和式（9.3.9）计算 4 种校准工况的荷载和抗力分项系数，计算结果如图 9.3.3～图 9.3.6 所示。图中横坐标代表荷载分项系数 γ_Q，纵坐标代表抗力分项系数

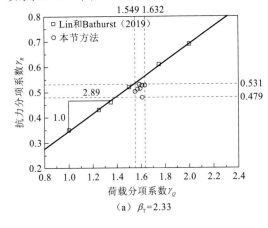

（a）$\beta_T = 2.33$

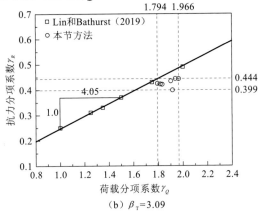

（b）$\beta_T = 3.09$

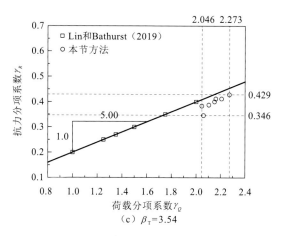

图 9.3.3　校准工况 I 分项系数校准结果

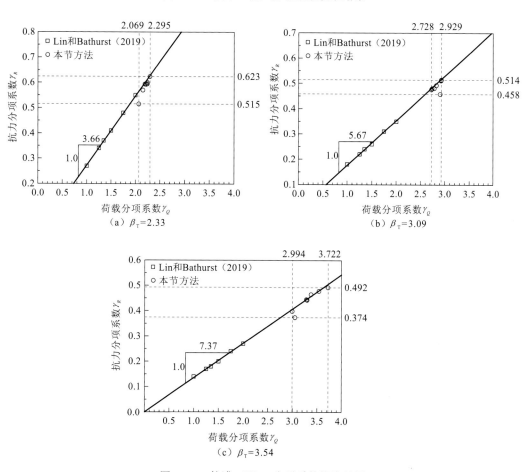

图 9.3.4　校准工况 II 分项系数校准结果

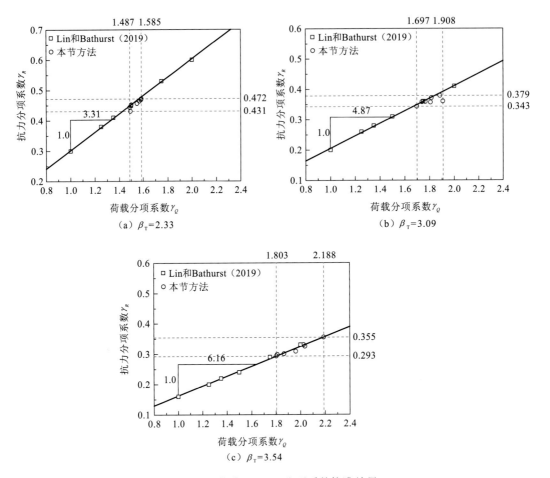

图 9.3.5　校准工况 III 分项系数校准结果

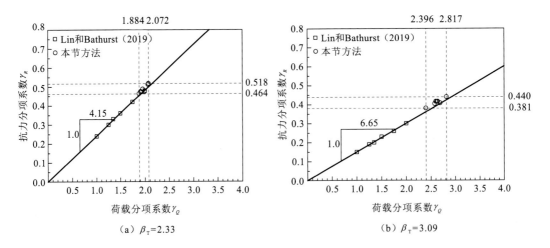

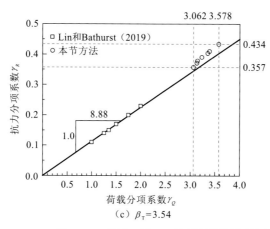

图 9.3.6　校准工况 Ⅳ 分项系数校准结果

γ_R。空心圆形代表式（9.3.8）和式（9.3.9）的校准结果，空心正方形代表 Lin 和 Bathurst（2019）的校准结果，Lin 和 Bathurst（2019）采用解析法对抗力分项系数 γ_R 进行校准，假设荷载分项系数 γ_Q 的取值为 1.0、1.25（Canadian Standards Organization，2019）、1.35（Lazarte et al.，2015）、1.50（Kim and Salgado，2012）、1.75 和 2.0（Allen et al.，2005）。图中红色虚线代表基于设计点的分项系数校准方法校准结果的上下限。

　　从图 9.3.3～图 9.3.6 中可以看出，在同一校准工况的相同目标可靠指标条件下，基于设计点的分项系数校准方法得到的分项系数较为集中，而 Lin 和 Bathurst（2019）得到的分项系数较为分散。例如，在校准工况 Ⅰ β_T=2.33 情形下，本节方法得到的荷载分项系数的范围为 1.549～1.632，抗力分项系数的范围为 0.479～0.531，而 Lin 和 Bathurst（2019）得到的荷载分项系数的范围为 1.0～2.0，抗力分项系数的范围为 0.35～0.69。按照常规分项系数校准流程，荷载分项系数是根据以往工程经验人为假设的，而抗力分项系数与假设的荷载分项系数之间又具有一一对应的关系，因此，Lin 和 Bathurst（2019）校准所得荷载分项系数和抗力分项系数之间呈明显的线性关系，如图 9.3.3～图 9.3.6 中黑色实线所示。该直线通过坐标原点，其斜率等于抗力分项系数与荷载分项系数的比值。事实上，使用常规分项系数校准流程对分项系数进行校准时，图 9.3.3（a）中黑色实线代表了由荷载分项系数和抗力分项系数构成的点的集合，常规分项系数校准方法只是根据以往工程经验，选择其中个别点作为结构设计时选用的分项系数，具有一定的主观性，设计结果的可靠性难以得到保障。而基于设计点的分项系数校准方法利用了临界设计方案的设计点信息，与目标可靠指标具有相应的联系，校准所得分项系数比较集中，更有利于工程应用。

　　得到分项系数的取值区间后，可以按照保守设计原则确定分项系数的最终值。对于荷载分项系数而言，其值越大，设计结果越保守，因此可以将荷载分项系数的上限作为最终值。对于抗力分项系数而言，其值越小，设计结果越保守，因此可以将抗力分项系数的下限作为最终值。例如，在校准工况 Ⅰ β_T=2.33 情形下，土钉墙的荷载分项系数最终值为 1.632，抗力分项系数最终值为 0.479，表 9.3.7 列举了所有校准工况下土钉墙分项系数的最终值。从表 9.3.7 中可以看出，随着目标可靠指标的不断增大，荷载分项系数逐渐增大，而抗力分项系数逐渐减小；当目标可靠指标足够大时，必须具有足够大的荷载分项系数和足够小的抗力分项系数来满足结构的可靠性要求。从图 9.3.3～图 9.3.6 中还可以看出，随着目标可靠指标的不断增大，基于设计点的分项系数校准方法得到的分项系数的离散性不断增强，但是其仍然分布于图中黑色实线附近。例如，对于校准工况 I 而言，$\beta_T=2.33$、$\beta_T=3.09$ 和 $\beta_T=3.54$ 的荷载分项系数的取值区间分别为 1.549～1.632、1.794～1.966 和 2.046～2.273，其他工况也有类似现象。

表 9.3.7　不同校准工况下土钉墙分项系数的最终值

序号	校准工况	β_T	荷载分项系数 γ_Q	抗力分项系数 γ_R
1		2.33	1.632	0.479
2	I	3.09	1.966	0.399
3		3.54	2.273	0.346
4		2.33	2.295	0.515
5	II	3.09	2.929	0.458
6		3.54	3.722	0.374
7		2.33	1.585	0.431
8	III	3.09	1.908	0.343
9		3.54	2.188	0.293
10		2.33	2.072	0.464
11	IV	3.09	2.817	0.381
12		3.54	3.578	0.357

4. 设计结果对比

利用校准后的分项系数对土钉墙每层土钉的长度进行重新设计，为了便于比较，同时采用全概率可靠度设计方法及 Lin 和 Bathurst（2019）校准的分项系数对土钉墙进行重新设计，设计时选用的参数与上面一致，设计工况与校准工况 I 一致，目标可靠指标 $\beta_T=2.33$，土钉长度设计结果如图 9.3.7 所示。图中横坐标代表土钉的设计长度，纵坐标代表不同的土钉位置，红色空心圆形代表采用本节方法校准的分项系数（$\gamma_Q=1.632$，$\gamma_R=0.479$）得到的设计结果，黑色空心正方形代表全概率可靠度设计方法的结果，蓝色空心三角形代表采用 Lin 和 Bathurst（2019）校准的分项系数（$\gamma_Q=1.35$，$\gamma_R=0.46$）得到的设计结果。通过对比不同设计方法的设计结果可以看出，利用本节方法校准的分项系数得到的设计结果总是大于但接近于全概率可靠度设计方法的设计结果，说明本节方法校准的分项系数正确，在保证结构可靠性的同时尽可能地节约了工程投资；而利用 Lin 和 Bathurst（2019）校准的分项系数得到的设计结果总是小于全概率可靠度设计方法的设计结果，说明采用相应的分项系数进行设计时，设计结果难以满足可靠性要求。

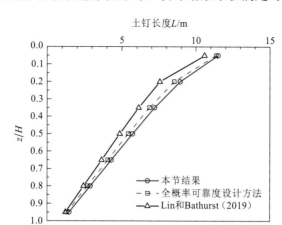

图 9.3.7 土钉墙设计结果（校准工况 I，$\beta_T = 2.33$）

5. 设计方案相关性对分项系数的影响

由图 9.3.3～图 9.3.6 可知，在同一校准工况的相同目标可靠指标条件下，基于设计点的分项系数校准方法得到的分项系数较为集中，而随着目标可靠指标的增大，基于设计点的分项系数校准方法得到的分项系数的离散性不断增强，这种现象与临界设计方案的设计点随目标可靠指标变化的规律类似，如表 9.3.3～表 9.3.6 所示。为了研究出现上述现象的原因，采用第 3 章中探讨可能设计方案之间相关性的方法，对比研究同一校准工况相同目标可靠指标条件下临界设计方案之间的相关性。首先根据土钉墙结构随机变量的统计特征生成 10 000 组随机样本，然后根据式（9.3.1）计算每个临界设计方案对应的 10 000 个安全系数，最后统计临界设计方案安全系数之间的皮尔逊相关系数，用于评定临界设计方案之间的相关性。同样，对于安全系数 FS<1 的部分区域，采用相同的方法计算临界设计方案安全系数之间的皮尔逊相关系数。图 9.3.8～图 9.3.11 分别为 4 种校准工况下临界设计方案之间的相关性图，图中横坐标和纵坐标均代表临界设计方案的编号，如表 9.3.3～表 9.3.6 第 1 列所示。临界设计方案之间相关性的强弱用蓝色的深浅进行表示，蓝色越深代表相关性越强，蓝色越浅代表相关性越弱。从图 9.3.8～图 9.3.11 中可以看出，对于全区域安全系数（FS>0）而言，临界设计方案之间具有很强的相关性，皮尔逊相关系数均大于 0.9，临界设计方案之间的强相关性将导致相应的设计点比较集中，最终得到的分项系数也比较集中。对于部分区域安全系数（FS<1）而言，临界设计方案之间的相关性随着目标可靠指标的增大而逐渐减小。例如，对于校准工况 I 而言，$\beta_T = 2.33$、$\beta_T = 3.09$ 和 $\beta_T = 3.54$ 对应的临界设计方案 1 和临界设计方案 7 之间的皮尔逊相关系数分别为 0.613、0.570 和 0.529。这种现象导致了临界设计方案的设计点随目标可靠指标的增大而不断发散，最终导致分项系数的离散性随目标可靠指标的增大而增强。

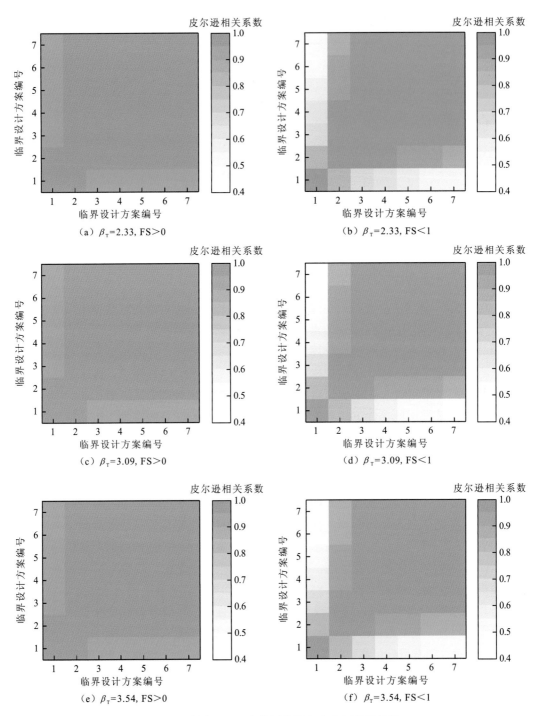

图 9.3.8　校准工况 I 各临界设计方案之间的相关性

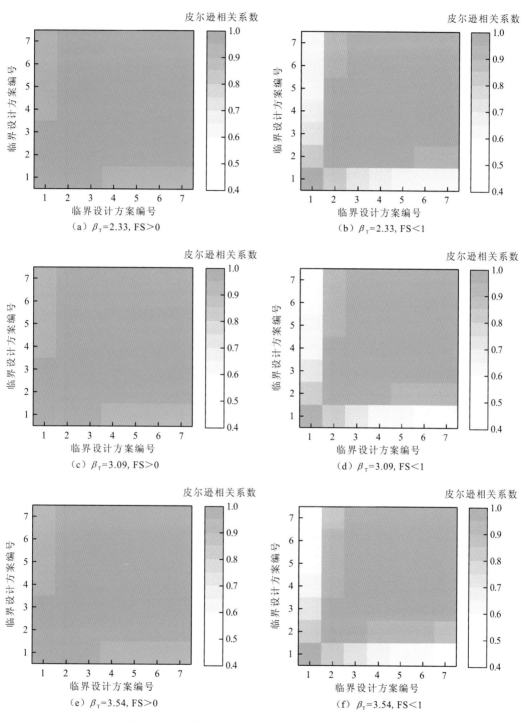

（a）$\beta_T=2.33$, FS>0

（b）$\beta_T=2.33$, FS<1

（c）$\beta_T=3.09$, FS>0

（d）$\beta_T=3.09$, FS<1

（e）$\beta_T=3.54$, FS>0

（f）$\beta_T=3.54$, FS<1

图 9.3.9　校准工况 II 各临界设计方案之间的相关性

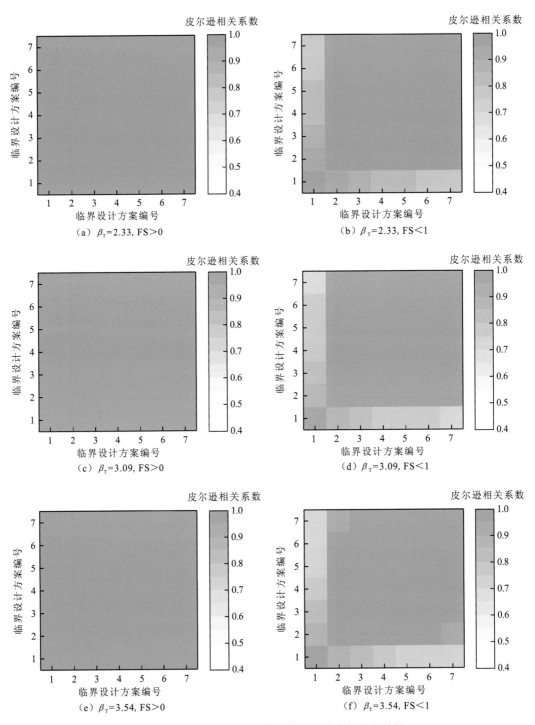

图 9.3.10　校准工况 III 各临界设计方案之间的相关性

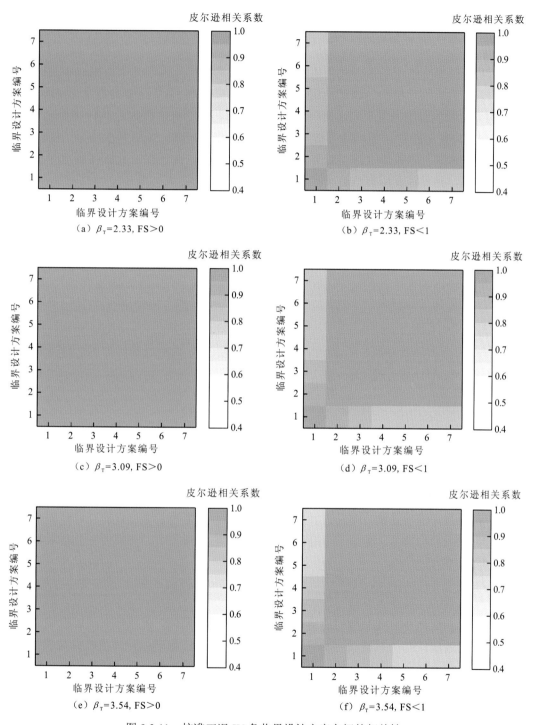

图 9.3.11　校准工况 Ⅳ 各临界设计方案之间的相关性

9.3.3 欧洲规范重力式挡土墙分项系数校准

1. 校准工况说明

本节选用第 3 章中的重力式挡土墙算例，对重力式挡土墙倾覆失效模式和滑动失效模式的分项系数进行校准。该重力式挡土墙的校准空间与 3.4.2 小节中的设计空间一致，即 a 的可能取值范围为 0.5～1.5 m，间隔为 0.05 m，b_h 的取值范围为 0.1～0.5 m，间隔为 0.1 m，共有 105 种可能设计方案。根据第 3 章相关内容，采用基于广义子集模拟的可靠度设计方法对该重力式挡土墙算例进行可靠度设计，然后根据目标可靠指标确定临界设计方案，最后计算所有临界设计方案的设计点。

2. 校准过程与结果

《欧洲规范：岩土工程设计》（EN 1997：2004）（本节以下简称《欧洲规范》）中的分项系数共分为 4 种，每种分项系数对应于不同的作用项，因此，不同类型的分项系数需要使用不同的方法进行校准。荷载分项系数使用式（9.3.10）进行校准：

$$\gamma_Q = \frac{F_d}{F_k} \tag{9.3.10}$$

式中：γ_Q 为荷载分项系数；F_d 为设计点处的荷载值；F_k 为荷载的标准值。材料分项系数使用式（9.3.11）进行校准：

$$\gamma_M = \frac{M_k}{M_d} \tag{9.3.11}$$

式中：γ_M 为材料分项系数；M_d 为设计点处的材料值；M_k 为材料的标准值。抗力分项系数使用式（9.3.12）进行校准：

$$\gamma_R = \frac{R_k}{R_d} \tag{9.3.12}$$

式中：γ_R 为抗力分项系数；R_d 为设计点处的抗力值，其值等于通过设计点计算的结构抗力；R_k 为抗力的标准值，其值等于通过标准值计算的结构抗力。荷载效应分项系数使用式（9.3.13）进行校准：

$$\gamma_E = \frac{E_d}{E_k} \tag{9.3.13}$$

式中：γ_E 为荷载效应分项系数；E_d 为设计点处的荷载效应值，其值等于通过设计点计算的结构荷载效应；E_k 为荷载效应的标准值，其值等于通过标准值计算的结构荷载效应。设计中荷载分为恒荷载和活荷载，对应于恒荷载（效应）和活荷载（效应）分项系数。

利用临界设计方案的设计点，分别计算重力式挡土墙各参数（效应）的分项系数，计算结果如表 9.3.8 所示，表 9.3.9 为《欧洲规范》中重力式挡土墙的分项系数表。表 9.3.8 中 γ_φ、γ_δ 和 $\gamma_{\varphi_{fdn}}$ 分别为参数 φ、δ 和 φ_{fdn} 的材料分项系数，其值等于各参数标准值与相应设计点处值的比值，如式（9.3.11）所示。对于设计方案 I 和设计方案 II 而言，倾覆失效模式为主要失效模式，材料分项系数 γ_φ 分别为 1.46 和 1.44，均大于《欧洲规范》DA1 (C2)和 DA3 设计方法中采用的材料分项系数 1.25；材料分项系数 $\gamma_{\varphi_{fdn}}$ 分别为 0.91 和 0.92，明显小于 1，这是因为倾覆失效模式对参数 φ_{fdn} 的敏感程度较小（表 8.4.2），且参数 φ_{fdn} 的设计值（42.6°和 42.5°）接近于其平均值（42.3°），但大于其标准值（40°）。对于设计方案 III、设计方案 IV 和设计方案 V 而言，滑动失效模式为主要失效模式，材料分项系数 γ_φ 的变化范围为 1.26～1.33，接近于《欧洲规范》DA1（C2）和 DA3 设计方法中采用的材料分项系数 1.25；材料分项系数 $\gamma_{\varphi_{fdn}}$ 分别为 1.38、1.31 和 1.28，明显大于设计方案 I 和设计方案 II 的材料分项系数 $\gamma_{\varphi_{fdn}}$，这是因为滑动失效模式对参数 φ_{fdn} 的敏感程度较大。上述结果说明对岩土结构的不同失效模式需要单独进行分项系数的校准，也就是说对不同的失效模式需要采用不同的分项系数，因为不同的失效模式对设计参数的敏感程度不尽相同。《欧洲规范》中规定的材料分项系数不能反映失效模式对不确定性参数的敏感性差异，因为《欧洲规范》中采用了相同的材料分项系数，这些分项系数用于不同的失效模式和不同的岩土结构，显然是不合理的。相反，全概率可靠度设计方法可以计算设计方案子失效模式和系统失效模式的失效概率，并可阐明不同失效模式下不确定性参数对设计结果的敏感性，可以作为《欧洲规范》的补充设计方法。Low 和 Phoon（2015）、Low（2017）提出的一次可靠度方法对依据《欧洲规范》进行可靠性分析起到了补充作用，并进行了深入的讨论。

表 9.3.8　重力式挡土墙分项系数校准结果

设计方案		I	II	III	IV	V
		$a = 1.05$ m, $b_h = 0.1$ m	$a = 0.9$ m, $b_h = 0.2$ m	$a = 0.75$ m, $b_h = 0.3$ m	$a = 0.65$ m, $b_h = 0.4$ m	$a = 0.55$ m, $b_h = 0.5$ m
主要失效模式		倾覆失效模式	倾覆失效模式	滑动失效模式	滑动失效模式	滑动失效模式
分项系数	γ_φ	1.46	1.44	1.26	1.32	1.33
	γ_δ	1.37	1.34	1.16	1.22	1.24
	$\gamma_{\varphi_{fdn}}$	0.91	0.92	1.38	1.31	1.28
	γ_{Q_D}	1.35	1.35	1.17	1.21	1.25
	γ_{Q_L}	1.26	1.43	1.03	1.08	0.98

表 9.3.9　《欧洲规范》中重力式挡土墙分项系数表（Bond and Harris，2008）

| 分项系数 | | DA1 | | | | | | DA2 | | | DA3 | | | |
| | | C1 | | | C2 | | | | | | | | | |
		A1	M1	R1	A2	M2	R1	A1	M1	R2	A1	A2	M2	R3
恒荷载 Q_D	γ_{Q_D}（不利）	1.35			1			1.35			1.35	1		
	γ_{Q_D}（有利）	1			1			1			1	1		
活荷载 Q_L	γ_{Q_L}（不利）	1.5			1.3			1.5			1.5	1.3		
	γ_{Q_L}（有利）	0			0			0			0	0		

续表

分项系数		DA1						DA2			DA3			
		C1			C2									
		A1	M1	R1	A2	M2	R1	A1	M1	R2	A1	A2	M2	R3
内摩擦角 φ	γ_{φ}		1			1.25			1				1.25	
黏聚力 c	γ_c		1			1.25			1				1.25	
滑动抗力 R_h	γ_{R_h}		1			1			1.1				1	

表 9.3.8 中 γ_{Q_D} 和 γ_{Q_L} 分别为恒荷载效应和活荷载效应的分项系数，在此重力式挡土墙设计案例中，将墙后填土引起的荷载看作恒荷载，将墙后填土上方附加荷载看作活荷载，两者均为不利荷载，γ_{Q_D} 和 γ_{Q_L} 可以通过式（9.3.13）计算。从表 9.3.8 中可以看出，荷载效应分项系数 γ_{Q_D} 和 γ_{Q_L} 的值同样与失效模式有关，以倾覆失效模式为主要失效模式的设计方案（设计方案 I 和设计方案 II）的荷载效应分项系数明显大于以滑动失效模式为主要失效模式的设计方案（设计方案 III、设计方案 IV 和设计方案 V）的荷载效应分项系数。设计方案 I 和设计方案 II 的恒荷载效应分项系数 γ_{Q_D}（1.35 和 1.35）与《欧洲规范》DA1（C1）、DA2 和 DA3（A1）设计方法中采用的恒荷载效应分项系数 1.35 一致，但是设计方案 III、设计方案 IV 和设计方案 V 的恒荷载效应分项系数（1.17、1.21 和 1.25）均小于 1.35。设计方案 I 和设计方案 II 的活荷载效应分项系数 γ_{Q_L}（1.26 和 1.43）比较接近于《欧洲规范》中采用的活荷载效应分项系数（1.3 和 1.5），但是设计方案 III、设计方案 IV 和设计方案 V 的活荷载效应分项系数（1.03、1.08 和 0.98）远远小于《欧洲规范》中的值。

分项系数的校准是一个复杂的过程，其复杂程度远远高于本章所涉及的内容，本章只是通过土钉墙和重力式挡土墙设计算例，简要说明基于设计点的分项系数校准流程，对于其他结构而言，也可以采用类似的流程对分项系数进行校准。

9.4 基于鲁棒性的分项系数校准方法

岩土工程中试验数据有限，这就导致分项系数的统计特征难以准确量化。如果在校准时低估分项系数的变异性，那么使用相应的设计方案仍有可能不满足可靠度要求。为解决这一问题，本节提出了一种有限数据条件下基于鲁棒性的分项系数校准方法，在分项系数校准过程中将可靠指标置信水平作为鲁棒性指标，充分考虑分项系数变异性的影响，使最终设计方案在承载力不确定条件下仍能以指定水平满足目标可靠度要求，具有一定的鲁棒性。以上海地区规范单桩设计常用的荷载和抗力系数设计方法为例，在考虑抗力系数变异性的基础上，对不同可靠指标置信水平下单桩竖向承载力的抗力系数进行了重新校准。以某一灌注桩设计案例为例演示使用了新的抗力系数。最后根据经济性要求和鲁棒性要求进行优化，建议了最优可靠指标置信水平和相应的抗力系数。

9.4.1　方法介绍

本节将可靠指标置信水平作为鲁棒性指标来衡量使用抗力分项系数γ_R得到的最终设计方案针对承载力预测值不确定性（即校准过程中变异系数COV_{R1}的不确定性）的鲁棒性。考虑在变异系数COV_{R1}存在不确定性的条件下将可靠指标β控制在适当范围内，即将可靠指标β满足目标可靠指标β_T要求（$\beta \geqslant \beta_T$）的置信水平作为鲁棒性指标（黄宏伟 等，2014；Juang and Wang，2013；Juang et al.，2013）：

$$P(\beta \geqslant \beta_T) \geqslant P_\beta \tag{9.4.1}$$

式中：$P(\beta \geqslant \beta_T)$为可靠指标$\beta$满足目标可靠指标$\beta_T$的概率，即可靠指标置信水平；$P_\beta$为预先指定的该概率的可接受水平。

为确定使用抗力分项系数γ_R得到的最终设计方案的可靠指标置信水平$P(\beta \geqslant \beta_T)$，需掌握相应可靠指标$\beta$的分布信息。如图 9.2.2 所示，由蒙特卡罗模拟方法得到的可靠指标β累积频率曲线可被用来评估$P(\beta \geqslant \beta_T)$，计算结果如表 9.4.1 所示。例如，用载荷试验法设计预制桩时，与抗力分项系数$\gamma_R = 1.53$相应的$P(\beta \geqslant \beta_T) = 0.534$。如果预先指定$P_\beta = 0.6$，那么使用$\gamma_R = 1.53$得到的最终设计方案不能满足可靠指标置信水平要求（因为 0.534 小于规定水平 0.6）。虽然蒙特卡罗模拟方法能被用来确定$P(\beta \geqslant \beta_T)$，但计算量较大。从图 9.2.2 可以看出，可靠指标β的相对频率直方图可以用正态分布曲线很好地拟合。因此，可以假定可靠指标β服从正态分布，在确定可靠指标均值μ_β和标准差σ_β后，就可以利用式（9.4.2）直接得到最终设计方案的$P(\beta \geqslant \beta_T)$（Wang，2013；Juang et al.，2013）：

$$P(\beta - \beta_T \geqslant 0) = \Phi\left(\frac{\mu_\beta - \beta_T}{\sigma_\beta}\right) \geqslant P_\beta \tag{9.4.2}$$

式中：$\Phi(\cdot)$为标准正态分布的累积分布函数。

因此，计算$P(\beta \geqslant \beta_T)$只需确定可靠指标均值$\mu_\beta$和标准差$\sigma_\beta$即可。本章采用第 2 章中的点估计方法（7 点）来估计μ_β和σ_β（Zhao and Ono，2000）。根据式（9.2.8）可知，可靠指标β是单个随机变量COV_{R1}的函数，所以利用点估计方法进行计算时，首先会在每个估计点处指定COV_{R1}的值，然后使用式（9.2.8）计算每个估计点处的可靠指标β_i（$i=1$，2，$\cdots$，7），用得到的 7 个β_i按式（9.4.3）、式（9.4.4）分别计算μ_β和σ_β：

$$\mu_\beta = \sum_{i=1}^{7} P_i \beta_i \tag{9.4.3}$$

$$\sigma_\beta^2 = \sum_{i=1}^{7} P_i (\beta_i - \mu_\beta)^2 \tag{9.4.4}$$

式中：P_i（$i=1$，2，$\cdots$，7）为各个估计点对应的权值。

使用点估计方法计算《地基基础设计标准》（DGJ 08—11—2018）中抗力分项系数γ_R相应的可靠指标置信水平，计算结果如表 9.4.1 所示。由表 9.4.1 可知，点估计方法得到的计算结果与蒙特卡罗模拟方法的计算结果较为一致，进一步说明了利用点估计方法计算可靠指标置信水平的有效性。

表 9.4.1 《地基基础设计标准》（DGJ 08—11—2018）单桩竖向承载力抗力分项系数 γ_R 相应的可靠指标置信水平 $P(\beta \geqslant \beta_T)$

计算方法	预制桩			灌注桩	
	载荷试验法	经验参数法	静力触探法	载荷试验法	经验参数法
蒙特卡罗模拟方法	0.534	0.489	0.515	0.558	0.500
点估计方法	0.541	0.479	0.506	0.578	0.464

9.4.2 引入可靠指标置信水平的抗力系数校准

上述计算抗力分项系数 γ_R 相应的可靠指标置信水平的过程实际上是考虑鲁棒性的抗力系数校准的逆过程。考虑鲁棒性的抗力系数校准的目的是确定抗力分项系数 γ_R，使得到的设计方案满足预先指定的可靠指标置信水平，即 $P(\beta \geqslant \beta_T)=P_\beta$。

本章提出的考虑鲁棒性的抗力系数校准可用试错法来进行，即假设一个抗力分项系数 γ_R 取值，然后使用蒙特卡罗模拟方法或点估计方法来计算该假设值相应的可靠指标置信水平，并校核其是否满足预先指定的可靠指标置信水平要求，若不满足，则调整 γ_R 直至满足要求为止。注意到，通过联立式（9.2.8）、式（9.4.2）～式（9.4.4）可将 $P(\beta \geqslant \beta_T)$ 表示为抗力分项系数 γ_R 的函数 $g(\gamma_R)$。因此，一旦指定了目标可靠指标置信水平 P_β，就可以通过求解方程 $g(\gamma_R)=P_\beta$ 来确定相应的抗力分项系数 γ_R，从而避免执行烦琐的试错法。

本章预先指定六个可靠指标置信水平（P_β=0.5、0.6、0.7、0.8、0.9 和 0.99）进行校准。在这些预先指定的目标可靠指标置信水平中，下限 P_β=0.5 是为了保证 $\mu_\beta \geqslant \beta_T$ 达到平均水平，上限 P_β=0.99 代表极端的设计情景。与 Li 等（2015）一致，本次校准目标可靠指标 β_T=3.7。根据本章提出的校准程序[即求解方程 $g(\gamma_R)=P_\beta$]，确定了针对不同桩型和设计方法的达到预先指定可靠指标置信水平且与荷载分项系数 γ_L=1.0 和 γ_D=1.0 相匹配的抗力分项系数 γ_R，校准结果如表 9.4.2 所示。例如，当目标可靠指标置信水平设为 P_β=0.5 时，用载荷试验法、经验参数法和静力触探法设计预制桩的抗力分项系数 γ_R 分别为 1.52、1.95 和 1.72；使用载荷试验法和经验参数法设计灌注桩的抗力分项系数 γ_R 分别为 1.53 和 2.30。

表 9.4.2 针对不同可靠指标置信水平校准得到的抗力分项系数 γ_R

P_β	预制桩			灌注桩	
	载荷试验法	经验参数法	静力触探法	载荷试验法	经验参数法
0.5	1.52	1.95	1.72	1.53	2.30
0.6	1.55	1.98	1.75	1.57	2.34
0.7	1.59	2.01	1.79	1.62	2.38
0.8	1.64	2.05	1.83	1.69	2.44
0.9	1.72	2.11	1.90	1.81	2.52
0.99	2.04	2.27	2.10	2.39	2.76

注：校准中使用的荷载分项系数分别为 γ_L=1.0 和 γ_D=1.0。

由表 9.4.2 可知，抗力分项系数 γ_R 随着目标可靠指标置信水平 P_β 的增加而增加。为达到相同的 P_β，因为经验参数法的不确定性最大，它所需的抗力分项系数 γ_R 最大；而载荷试验法不确定性较小，它相应的抗力分项系数 γ_R 也就较小。注意到在校准过程中，使用的荷载分项系数为 $\gamma_L = 1.0$ 和 $\gamma_D = 1.0$，由式（9.2.7）可知校准得到的抗力分项系数 γ_R 与名义安全系数相同。因此，通过比较抗力分项系数 γ_R 的大小可知，尽管载荷试验法要求的名义安全系数较小，但由它产生的最终设计方案相应的可靠度水平和鲁棒性水平与要求较大名义安全系数的经验参数法相同，进一步说明了 ASD 方法的局限性，即名义安全系数不能准确反映真实安全水平。根据表 9.4.2，工程师可以针对具体设计案例选择 P_β，然后使用相应的抗力分项系数 γ_R 进行设计。这样可以保证得到的最终设计方案的可靠指标置信水平为 P_β，即在变异系数 COV_{R1} 或单桩竖向承载力计算值存在不确定性的情况下，最终设计方案仍有 P_β 的概率满足目标可靠度要求。

此外，利用式（9.4.3）和式（9.4.4）得到了不同可靠指标置信水平下，表 9.4.2 中抗力分项系数 γ_R 相应的可靠指标均值 μ_β 和标准差 σ_β，结果如表 9.4.3 所示。注意到在相同目标可靠指标置信水平 P_β 下，载荷试验法得到的 μ_β 最大，如当 $P_\beta=0.8$ 时，预制桩和灌注桩的 μ_β 分别为 4.38 和 4.54，这进一步说明了载荷试验法是三种设计方法中最可靠的方法。另外，经验参数法得到的 μ_β 最小，当 $P_\beta=0.8$ 时，预制桩和灌注桩的 μ_β 均为 3.98。值得注意的是，μ_β 和 σ_β 都随着 P_β 的增加而增加，参照式（9.4.2）可知可靠指标置信水平主要受 μ_β 的影响。

表 9.4.3　不同可靠指标置信水平下可靠指标均值 μ_β 和标准差 σ_β

P_β	预制桩						灌注桩			
	载荷试验法		经验参数法		静力触探法		载荷试验法		经验参数法	
	μ_β	σ_β	μ_β	σ_β	μ_β	σ_β	μ_β	σ_β	μ_β	σ_β
0.5	3.70	0.67	3.70	0.30	3.70	0.43	3.70	0.83	3.70	0.30
0.6	3.88	0.70	3.79	0.30	3.80	0.44	3.90	0.89	3.79	0.31
0.7	4.11	0.74	3.87	0.31	3.95	0.46	4.18	0.93	3.86	0.31
0.8	4.38	0.79	3.98	0.32	4.10	0.47	4.54	1.01	3.98	0.32
0.9	4.81	0.87	4.13	0.33	4.36	0.50	5.14	1.13	4.12	0.33
0.99	6.32	1.13	4.53	0.36	5.04	0.56	7.56	1.65	4.54	0.36

9.4.3　灌注桩设计案例

为了说明如何使用表 9.4.2 中考虑鲁棒性校准得到的抗力分项系数 γ_R，本节利用经验参数法对某一土层剖面内的灌注桩进行了设计，单桩竖向抗力标准值 R_n 可根据土层条件按式（9.4.5）估算（Li et al.，2015）：

$$R_n = R_t + R_s = q_t A_t + U_p \sum_{j=1}^{n} f_{sj} z_j \tag{9.4.5}$$

式中：R_t 为桩端阻力；R_s 为桩侧摩阻力；q_t 为桩端处的极限端阻力标准值；A_t 为桩端横截面面积；U_p 为桩身截面周长；f_{sj} 为桩周第 j 层土的极限摩阻力标准值；z_j 为桩在第 j 层土中的桩段长度；n 为桩周土层数量。其中，q_t 和 f_{sj} 可根据桩型、土的类型、土的埋藏深度及土的性质按《地基基础设计标准》（DGJ 08—11—2018）选用。

本节采用的灌注桩设计案例如图 9.4.1 所示，桩直径 $D_p = 0.85$ m，桩长为 L_p。桩周土体被划分为 5 个土层，每个土层的厚度 d_j、q_t 和 f_{sj} 也在图 9.4.1 中给出。该灌注桩竖向承受恒荷载 $Q_D = 2\,500$ kN 及活荷载 $Q_L = 500$ kN。当 $\gamma_L = 1.0$ 和 $\gamma_D = 1.0$ 时，相应的荷载设计值为 3 000 kN。

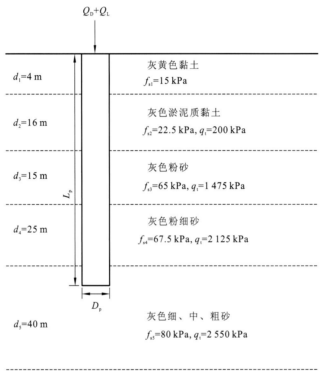

图 9.4.1　灌注桩示意图

工程师可以根据实际工程选择不同的可靠指标置信水平，然后从表 9.4.2 中选取相应的抗力分项系数 γ_R，利用式（9.4.5），计算桩长 L_p，具体设计结果如图 9.4.2 所示。例如，当 $P_\beta = 0.5$ 和 $P_\beta = 0.99$ 时，最终设计方案的桩长分别为 $L_p = 45.9$ m 和 $L_p = 53.6$ m。从图 9.4.2 可以看出，桩长 L_p 随着可靠指标置信水平 P_β 的增加而增加。也就是说，为了满足更高的可靠指标置信水平（即更大的 P_β），所需的桩长 L_p 也更大。注意到在给定桩直径 D_p 时，桩长 L_p 可以被近似当作经济成本指标，这就意味着为了得到对承载力变异性具有较高鲁棒性的最终设计方案，必须以牺牲经济成本为代价。因此，必须在经济成本和鲁棒性之间进行权衡。

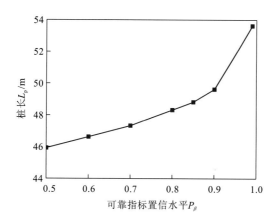

图 9.4.2　不同可靠指标置信水平下的设计结果

9.4.4　最优抗力系数校准

表 9.4.2 给出了目标可靠指标为 $\beta_T = 3.7$ 时，不同可靠指标置信水平相应的抗力分项系数 γ_R。工程师可以根据具体工程酌情选择合适的抗力分项系数 γ_R 用于设计。一般来说，工程师期望在经济成本较低的情况下得到鲁棒性水平较高的设计方案。但是高鲁棒性水平和低经济成本是相互矛盾的目标。当工程师在这两者之间没有明显的偏好时，可以在对这两个目标进行优化得到的抗力分项系数 γ_R 基础上进行设计。

由式（9.2.7）可知，当给定荷载时，使用更大的抗力分项系数 γ_R 意味着需要更大的名义承载力，故经济成本也更高。因此，经济成本可以有效地由抗力分项系数 γ_R 反映。本节考虑在一个离散的可靠指标置信水平空间内（$P_\beta = 0.5, 0.51, 0.52, \cdots, 0.99$，共 50 个可靠指标置信水平）来优化抗力分项系数 γ_R，如图 9.4.3 所示。

> 求：抗力分项系数 γ_R
> 约束条件：$g(\gamma_R) = P_\beta \in \{0.5, 0.51, 0.52, \cdots, 0.99\}$
> 优化目标：$\max P_\beta$　（鲁棒性最强）
> 　　　　　$\min \gamma_R$　（经济成本最低）

图 9.4.3　抗力分项系数 γ_R 优化示意图

通过求解 $g(\gamma_R) = P_\beta$ 可以得到与 50 个可靠指标置信水平 P_β 相对应的抗力分项系数 γ_R。图 9.4.4 给出了抗力分项系数 γ_R 随 P_β 的变化曲线，可以看出抗力分项系数 γ_R 随 P_β 的增大而增大。因此，设计方案的鲁棒性与经济成本为相互冲突的目标，这种冲突关系构成图 9.4.4 所示的帕累托前沿，帕累托前沿上的关节点（Deb and Gupta，2011）产生了相互矛盾的目标之间的最优选择，实现了设计方案鲁棒性和经济成本的最佳平衡。本章采用最小距离法（Gong et al.，2016）来确定关节点，在目标函数的标准化空间中距理想点最近的点即关节点，如图 9.4.4 所示。

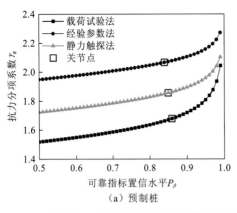 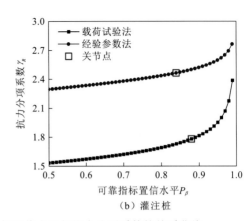

（a）预制桩　　　　　　　　　　　　（b）灌注桩

图 9.4.4　不同桩型和设计方法下可靠指标置信水平与抗力分项系数的关系曲线

　　例如，使用载荷试验法设计预制桩时，图 9.4.4（a）中关节点对应的可靠指标置信水平和抗力分项系数分别为 P_β=0.86 和 γ_R=1.68。从图9.4.4（a）可以看出，关节点左侧的曲线相对平坦，这表明轻微降低抗力分项系数 γ_R（即经济成本降低）会导致设计方案鲁棒性的大幅下降（P_β 显著降低）；关节点右侧曲线的斜率较大，这表明略微提高 P_β（即可靠指标置信水平略有改善），需要以大幅增加经济成本为代价（即 γ_R 显著增加）。这进一步说明帕累托前沿上的关节点在鲁棒性和经济成本之间达到了平衡。

　　表 9.4.4 给出了图 9.4.4 中关节点相应的可靠指标置信水平 P_β 和抗力分项系数 γ_R。注意到，不同桩型和设计方法的最优 P_β 在 0.84～0.88 小范围内变化。为了保持设计统一，在所有情况下将 P_β 指定为 0.85，相应的抗力分项系数 γ_R 稍作调整后如表 9.4.4 所示，建议将调整后的抗力分项系数 γ_R 用于工程实践。以 9.4.3 小节灌注桩为例，用抗力分项系数 γ_R=2.47 对其重新设计，得到桩长 L_p=48.75 m 时能满足 P_β=0.85 的鲁棒性要求。

表 9.4.4　帕累托前沿上的关节点对应的 P_β 和 γ_R 及最终建议值

桩型	设计方法	关节点代表值		最终建议值	
		P_β	γ_R	P_β	γ_R
预制桩	载荷试验法	0.86	1.68	0.85	1.67
	经验参数法	0.84	2.07	0.85	2.08
	静力触探法	0.85	1.86	0.85	1.86
灌注桩	载荷试验法	0.88	1.78	0.85	1.74
	经验参数法	0.84	2.46	0.85	2.47

参 考 文 献

黄宏伟, 龚文平, 庄长贤, 等, 2014. 重力式挡土墙鲁棒性设计[J]. 同济大学学报(自然科学版), 42(3):

377-385.

郑俊杰, 徐志军, 刘勇, 等, 2012. 基桩抗力系数的贝叶斯优化估计[J]. 岩土工程学报, 34(9): 1716-1721.

ALLEN T M, 2005. Development of geotechnical resistance factors and downdrag load factors for LRFD foundation strength limit state design: Reference manual[R]. Washington, D.C.: U.S. Department of Transportation, Federal Highway Administration, National Highway Institute.

ALLEN T M, NOWAK A S, BATHURST R J, 2005. Calibration to determine load and resistance factors for geotechnical and structural design[M]. Washington, D.C.: Transportation Research Board.

American Association of State Highway and Transportation Officials, 2007. AASHTO load and resistance factor design bridge design specifications: LRFDBDS-2007[S]. Washington, D.C.: American Association of State Highway and Transportation Officials.

BARKER R M, DUNCAN J M, ROJIANI K B, et al., 1991. Manuals for the design of bridge foundations, shallow foundations, driven piles, retaining walls and abutments, drilled shafts, estimation tolerable movements, load factor design specifications, and commentary[R]. Washington, D.C.: Transportation Research Board, National Reasearch Council.

BOND A, HARRIS A, 2008. Decoding Eurocode 7[M]. Boca Raton: CRC Press.

Canadian Standards Organization, 2019. Canadian highway bridge design code: CSA S6-19[S]. Toronto: CSA.

CHEUNG R W M, SHUM K W, 2012. Review of the approach for estimation of pullout resistance of soil nails[R]. Hong Kong: Geotechnical Engineering Office, Civil Engineering and Development Department, Hong Kong Government.

DEB K, GUPTA S, 2011. Understanding knee points in bicriteria problems and their implications as preferred solution principles[J]. Engineering optimization, 43(11): 1175-1204.

Geotechnical Engineering Office, 2008. Geoguide 7: Guide to soil nail design and construction[S]. Hong Kong: Geotechnical Engineering Office, Civil Engineering and Development Department, The Government of the Hong Kong Special Administrative Region.

GONG W P, JUANG C H, KHOSHNEVISAN S, et al., 2016. R-LRFD: Load and resistance factor design considering robustness[J]. Computers and geotechnics, 74: 74-87.

JUANG C H, WANG L, 2013. Reliability-based robust geotechnical design of spread foundations using multi-objective genetic algorithm[J]. Computers and geotechnics, 48: 96-106.

JUANG C H, WANG L, LIU Z F, et al., 2013. Robust geotechnical design of drilled shafts in sand: New design perspective[J]. Journal of geotechnical and geoenvironmental engineering, 139(12): 2007-2019.

KIM D, SALGADO R, 2012. Load and resistance factors for internal stability checks of mechanically stabilized earth walls[J]. Journal of geotechnical and geoenvironmental engineering, 138(8): 910-921.

KWAK K, KIM K J, HUH J, et al., 2010. Reliability-based calibration of resistance factors for static bearing capacity of driven steel pipe piles[J]. Canadian geotechnical journal, 47(5): 528-538.

LAZARTE C A, ROBINSON H, GOMEZ J E, et al., 2015. Geotechnical engineering circular No. 7: Soil nail walls, reference manual[R]. Washington, D.C.: Federal Highway Administration.

LI J P, ZHANG J, LIU S N, et al., 2015. Reliability-based code revision for design of pile foundations: Practice in Shanghai, China[J]. Soils and foundations, 55(3): 637-649.

LIN P Y, BATHURST R J, 2018a. Influence of cross-correlation between nominal load and resistance on reliability-based design for simple linear soil-structure limit states[J]. Canadian geotechnical journal, 55(2): 279-295.

LIN P Y, BATHURST R J, 2018b. Reliability-based internal limit state analysis and design of soil nails using different load and resistance models[J]. Journal of geotechnical and geoenvironmental engineering, 144(5): 04018022.

LIN P Y, BATHURST R J, 2019. Calibration of resistance factors for load and resistance factor design of internal limit states of soil nail walls[J]. Journal of geotechnical and geoenvironmental engineering, 145(1): 04018100.

LIN P Y, BATHURST R J, JAVANKHOSHDEL S, et al., 2017. Statistical analysis of the effective stress method and modifications for prediction of ultimate bond strength of soil nails[J]. Acta geotechnica, 12(1): 171-182.

LIN P Y, BATHURST R J, LIU J Y, 2016. Statistical evaluation of the FHWA simplified method and modifications for predicting soil nail loads[J]. Journal of geotechnical and geoenvironmental engineering, 143(3): 04016107.

LOW B K, 2017. Insights from reliability-based design to complement load and resistance factor design approach[J]. Journal of geotechnical and geoenvironmental engineering, 143(11): 04017089.

LOW B K, PHOON K K, 2015. Reliability-based design and its complementary role to Eurocode 7 design approach[J]. Computers and geotechnics, 65: 30-44.

PAIKOWSKY S G, 2004. Load and resistance factor design(LRFD) for deep foundations[R]. Washington, D.C.: Transportation Research Board of the National Academies.

SCHLOSSER F, GUILLOUX A, 1981. Le frottement dans le renforcement des sols[J]. Revue Française de Géotechnique, 16: 65-77.

WANG Y, 2013. MCS-based probabilistic design of embedded sheet pile walls[J]. Georisk: Assessment and management of risk for engineered systems and geohazards, 7(3): 151-162.

WATKINS A T, POWELL G E, 1992. Soil nailing to existing slopes as landslip preventive works[J]. Hong Kong engineering, 20(3): 20-27.

WITHIAM J L, VOYTKO E P, BARKER R M, et al., 2001. Load and resistance factor design (LRFD) for highway bridge substructures[R]. Washington, D.C.: Federal Highway Administration.

YOON G L, O'NEILL M W, 1997. Resistance factors for single driven piles from experiments[J]. Journal of the transportation research board, 1569: 47-54.

YOON S, ABU-FARSAKH M, TSAI C, et al., 2008. Calibration of resistance factors for axially loaded concrete piles driven into soft soils[J]. Journal of the transportation research board, 2045: 39-50.

ZHANG L M, LI D Q, TANG W H, 2005. Reliability of bored pile foundations considering bias in failure criteria[J]. Canadian geotechnical journal, 42(4): 1086-1093.

ZHANG L M, LI D Q, TANG W H, 2006. Level of construction control and safety of driven piles[J]. Soils and foundations, 46(4): 415-425.

ZHANG L M, TANG W H, ZHANG L L, et al., 2004. Reducing uncertainty of prediction from empirical correlations[J]. Journal of geotechnical and geoenvironmental engineering, 130(5): 526-534.

ZHAO Y G , ONO T, 2000. New point estimates for probability moments[J]. Journal of engineering mechanics, 126(4): 433-436.